Privatbahnen
in Deutschland

Verlag Podszun-Motorbücher GmbH
Elisabethstraße 23-25, D-59929 Brilon
Herstellung Druckhaus Cramer, Greven
ISBN 3-86133-287-6

Wolfgang Schmidt ■ Karl-Werner Friedrich

Privatbahnen
in Deutschland

PODSZUN

Liebe Leserin, lieber Leser.

Wir freuen uns sehr, Ihnen eine bunte Mischung aus der Welt der Privatbahnen mit ihren unterschiedlichsten Fahrzeugen, Bauarten und mit ihrer vielfältigen Farbenpracht anbieten zu können. Privatbahnen bedeutet in diesem Buch, dass es sich um Unternehmen handelt, die nicht direkt der Deutschen Bahn AG zuzuordnen sind. Hier finden sich Unternehmen von Anschlussbahnen, Bauzugfirmen, Eisenbahn-Verkehrsunternehmen, Gesellschaften, Hafenbahnen, Industriebahnen, Kleinbahnen, Lok-Pools beziehungsweise Leasinggesellschaften, Nebenbahnen, Privatfirmen und Privatbahnen, die mit den Bahnen und Gesellschaften zusammenarbeiten.

Die Vielfalt der Fahrzeuge wie Dampflokomotiven, Dampfspeicherloks, Diesellokomotiven mit ihren unterschiedlichsten Bauarten, Elektroloks und Triebwagen der einzelnen Dienstleister im Werksverkehr, Bauzugbetrieb, Fern- und Personenverkehr wurde mit technischen Daten wie Bauart, Hersteller, Herstellernummer und Baujahr erfasst. Das Buch soll ein Nachschlagewerk für die Freunde der Eisenbahn sein. Die Auflistung der Unternehmen mit ihren Fahrzeugen entstand in langjähriger Kleinarbeit, um den Verbleib von Fahrzeugen aus den Bereichen der Deutschen Bahn AG, der Deutschen Reichsbahn und der Privatbahnen nach ihrem Verkauf nachvollziehen zu können. Die Unternehmen sind hierbei in alphabetischer Reihenfolge nach ihrer Abkürzung – manche sind frei vergeben – mit Angabe von Firmenname, Ort und Bundeslande sortiert.

Doppelte Nennungen von Fahrzeugen sind bedingt durch das Umsetzen und die Umnummerierung vornehmlich bei Fahrzeugen von Leasing- beziehungsweise Lok-Pool-Gesellschaften, die ihre Fahrzeuge an Dritte vermarkten. Reine Museums-Unternehmen, die nicht über eine Zulassung als Eisenbahn-Verkehrs-Unternehmen verfügen, wurden in diesem Buch nicht aufgenommen, weil sie den Rahmen dieses Buches gesprengt hätten.

Ein Dank gilt es an dieser Stelle allen Unternehmen, die freundlich, bereitwillig und geduldig Auskünfte gaben und Daten für dieses Buch zur Verfügung gestellt haben. Desweiteren möchten wir uns bei den Bildgebern bedanken, die uns Ihr hervorragendes Bildmaterial bereitwillig überlassen haben. Diese Bildgeber sind jeweils bei den Abbildungen genannt, alle anderen Bilder entstammen den Archiven der Verfasser.

Ihnen liebe Leserin, lieber Leser, nun viel Vergnügen bei der Lektüre des Buches.

Wolfgang Schmidt und Karl-Werner Friedrich

Privatbahnen

In den letzten Jahren hat sich sichtlich einiges auf den Gleisen der Deutschen Bahn AG verändert. Still liegende Güterbahnhöfe, durch Warntafeln gesperrte Gleise und von Unkraut überwucherte Schienenwege zeugen von einem Rückgang von Leistungen im Güterzugverkehr seitens der Deutschen Bahn AG. Was war geschehen? Die neue Bahnreform trat am 1. Januar 1994 in Kraft und brachte starke Veränderungen im Bereich des Personen- und Güterverkehrs mit sich. Es begann ein Wandel in den alten, eingefahrenen Strukturen. Mit Beginn der Reform können nun auch konzessionierte beziehungsweise zugelassene Eisenbahnverkehrsunternehmen neben der Deutschen Bahn AG Dienstleistungen auf den Gleisen des ehemaligen Monopolisten erbringen.

Wen mag es da verwundern, wenn er auf den Strecken der Deutschen Bahn AG heute neue, farbenfrohe und mit Schriftzügen von privaten Dienstleistern verzierte Triebfahrzeuge an sich vorbeifahren sieht. Die neuen Dienstleistungsunternehmen beleben den Markt mit zeitgerechten Angeboten. So konnten stillgelegte Strecken wieder reaktiviert und andere vor der Stilllegung bewahrt werden. Kundengerechte Angebote und Verbesserungen im Personenverkehr ließen innerhalb von kurzer Zeit auf vielen Strecken, die von Privatunternehmen übernommen wurden, die Fahrgastzahlen in die Höhe schnellen. Es war also der richtige Weg eingeschlagen worden. Die Anschaffung neuer Fahrzeuge verbesserte das Angebot weiter.

Aber auch im Bereich des Güterverkehrs traten nun Veränderungen ein. Auch hier konnten die Privatanbieter ihre Leistungen offerieren und sich als Dienstleister dem Wettbewerb. Immer häufiger sieht man Fahrzeuge privater Eisenbahn-Verkehrs-Unternehmen auf den Gleisanlagen der Deutschen Bahn AG. Im Bauzugdienst werden mit eigenen oder angemieteten Fahrzeugen Leistungen erbracht. Güterzugleistungen wie Holz-, Kerosin-, Tank- oder Ganzzüge werden nun ebenfalls von Privatunternehmen beziehungsweise Privatbahnen mit Elektro- oder Diesellokomotiven durchgeführt.

Die Ausmusterung von Diesellokomotiven der Deutschen Bahn AG und der damaligen Deutschen Reichsbahn führte zum Verkauf und zur Weitergabe der Fahrzeuge an Lokomotiv- und Schrotthändler und an Museums- sowie Privatbahnen mit DB-Zulassung. Diesen Vorstoß in die Welt des Marktführes Deutsche Bahn AG konnte auch ein Verbot des Ankaufs von ausgemusterten Fahrzeugen an Dritte diese Leute nicht stoppen. Immer mehr neue Eisenbahn-Verkehrs-Unternehmen und Handelsgesellschaften drängen auf den Markt.

Nachfolgend soll einen kleiner Überblick gegeben werden, welche Fahrzeuge bei welcher Privatbahn oder eines der vielen neuen Privatunternehmen eingesetzt war beziehungsweise wird. Aufgelistet wurde nach alphabetischer Reihenfoge der Eisenbahnverkehrsunternehmen und nach Fahrzeugen, die einmal bei einem dieser Unternehmen angemietet, eingestellt oder im Besitz gewesen sind.

Allerdings fällt es hierbei schwer, den Überblick zu behalten. Durch laufende Veränderungen bei der Vermietung von Fahrzeugen wird diese Übersicht schon bald Historie sein.

AAE Ahaus-Alstätter Eisenbahn GmbH Ahaus NRW

Die Ahaus-Alstätter Eisenbahn GmbH (AAE) ist als Eisenbahn-Verkehrs-Unternehmen weit über die Grenzen Deutschlands bekannt. Mehr als 11000 Güterwagen verschiedenartiger Bauarten werden an europäische Kunden vermietet. Auf der 9,3 km langen Strecke Ahaus–Alstätte, die der AAE ihren Namen gab, findet wenig Verkehr statt. Eigene Überführungsfahrten von Wagen zur Werkstatt in Alstätte machen den Großteil der Streckennutzung aus. DB-Gleise werden seit Mai 1998 bis Lünen befahren. Bedient werden auch DB-Cargotarifpunkte an dieser Strecke. Zum Einsatz kommt meist die Ex-DR-Lok 201 878 mit der Aufschrift „Red Bull", eine von Adtranz aufgearbeitete Diesellok. Ferner besitzt die AAE noch einen ehemaligen DDR-Regierungswagen mit der Kennung 63 68 89-40 001-7 in einem sehr guten Zustand.

Beschriftung	Baureihe	Name	Bauart-Typ	Firma	Nr.	Baujahr
AAE Alstätte 1	-	Edewecht	R 30 C	Jung	12 991	1958
AAE Alstätte 2	201 890	Red Bull	V 100. Ost	VEB Lokbau E. Werke	16 384	1978
AAE DDR-Regierungswagen		63 68 89 - 40 001 - 7				

Wochendruhe für den „Red Bull" der Ex-DR-Lok 201 890 der AAE in Ahaus-Alstätte

Der ehemalige DDR-Salonwagen 63 68 89-40 001-7 am 20. Oktober 2001 in Ahaus-Alstätte

AB Angeln-Bahn GmbH Flensburg Schleswig-Holstein

Die Angeln-Bahn ist aus der Betriebsgesellschaft der Freunde des Schienenverkehrs Flensburg (FSF) hervorgegangen. Dieses Eisenbahn-Verkehrsunternehmen ist in erster Linie für den Museumsbahnverkehr auf der Strecke Kappeln–Süderbarup gedacht. Jedoch auch für Leistungen auf DB-Gleisen wie Bauzugdienst und Güterzüge können die Loks eingesetzt werden. Die Fahrzeuge sind in der Lokhalle im ehemaligen Bahnbetriebswerk Flensburg untergebracht. Hier können nun die Fahrzeuge der Angeln-Bahn geschützt überwintern und die anfallenden Instandsetzungsarbeiten durchgeführt werden. Zur Zeit überführt sie DSB-Diesellokomotiven von Kiel nach Padborg. Sonderverkehr wird zwischen Kappeln-Süderbarup auch in Zukunft erbracht. Touristikverkehr findet nach Dagebüll und Westerland statt.

Beschriftung	Baureihe	Ex-Bezeichnung	Bauart-Typ	Firma	Nr.	Baujahr
AB DL 1		Zuckerfabrik Schleswig	DH 240 B	Henschel	29 776	1959
AB DL 2		Kabelwerk Schwerin	V 60 D	LEW	15 632	1978
AB DL 3		Kieswerk Langhagen	V 60 D	LEW	15 373	1974
AB DL 101	220 027		M 62	Lugansk	0 161	1967

ABE Ankum-Bersenbrücker Eisenbahn Ankum Niedersachsen

Auf der Strecke der Ankum-Bersebrücker Eisenbahn findet seit 1962 kein Personenverkehr mehr statt und der Güterzugverkehr wird durch die DB-AG erbracht. Einen neuen Oberbau erhielt fast die gesamte Strecke durch eine Streckenumlegung 1995. Dieser Streckenabschnitt beträgt zwischen Ankum und Bersenbrück allerdings nur 5,3 km.

ABH Aschaffenburger Hafenbahn Aschaffenburg Bayern

Die Aschaffenburger Hafenbahn ist als öffentliche Bahngesellschaft tätig, obwohl der Name Hafenbahn eine andere Aussage zulässt. Diese Hafenbahn verfügt über ein eigenes kleines, modernes Betriebswerk im Gelände der Hafenverwaltung Aschaffenburgs. Das Tätigkeitsfeld ist der Aschaffenburger Mainhafen, wobei von der ABH teilweise drei Lokomotiven eingesetzt werden. Sollte der Hauptkunde, ein Kohlekraftwerk, seinen Betrieb einstellen, wäre es um die Bestandssicherheit dieser Bahn nicht gut gestellt.

Beschriftung	Baureihe	Ex-Bezeichnung	Bauart-Typ	Firma	Nr.	Baujahr
ABH 1			ME 05	Krauss-Maffei	19 881	1981
ABH 2			KG 230 B	Deutz	57 501	1963
ABH 3			KG 230 B	Deutz	57 500	1963

ADAM Sylvia und Uwe Adam-Transporte Sättelstedt Thüringen

Die Sylvia und Uwe Adam-Transporte aus Sättelstedt in Thüringen ist ein recht neues Eisenbahn-Verkehrs-Unternehmen. Durch einen der ehemaligen Geschäftsführer der AMP-Logistik, Herrn Adam, wurde dieses Unternehmen neu gegründet. Vornehmlich im Bauzugdienst sind diese Lokomotiven, an denen seitlich eine Beschriftung und ein Elefant angebracht sind, eingesetzt und dadurch schnell erkennbar. Einige Fahrzeuge der Adam-Transporte wurden im Sommer auf der Strecke Essen–Langenberg im Bauzugdienst eingesetzt. Bei EBM und PSBV sind Triebfahrzeuge eingestellt und werden zur Zeit auch von dort aus eingesetzt.

Beschriftung	Baureihe	Ex-Bezeichnung	Bauart-Typ	Firma	Nr.	Baujahr
ADAM 1 V 180 256	228 656	ex AMP 8	V 180 6	LOB	280 056	1967
ADAM 2 V 180 392	228 792	ex AMP 9	V 180 3	VEB Lokbau K. Marx	280 201	1969
ADAM 3	344	ex AMP 3	V 60 D	LEW	13 347	1972
ADAM 4	-	ex AMP 4	V 60 D	LEW	15 613	1977
ADAM 5	344					
ADAM 6		ex HTB V 6 7	V 60 D	LEW	11 344	1967
ADAM 7	346 182	106 182	V 60 D	LEW	12 264	1969
ADAM 8 V 180	228 721 - 7	Sylvia	V 180 CC	VEB Lokbau K. Marx	280 125	1968

V 180 256 bringt im Bauzugdienst auf der Strecke E-Kupferdreh im Sommer 2001 neuen Schotter zur Baustelle

V 180 392 im Bauzugdienst auf der Strecke E-Kupferdreh im Sommer 2001

ADAM & MaLoWa   Adam & MaLoWa Lokvermietungs-GmbH

Die Adam & MaLoWa-Lokvermietungs-GmbH ist eine im Jahr 2001 neugegründete Gesellschaft. Die Adam-Transporte und die MaLoWa-Bahnwerkstatt GmbH sind beide mit 50 Prozent an diesem Unternehmen beteiltigt. Die Vermietung von Eisenbahnfahrzeugen für Arbeitszugeinsätze ist das Ziel dieses aus ehemaligen AMP- bzw. Adam-Fahrzeugen bestehenden Unternehmens.

Beschriftung	Baureihe	Ex-Bezeichnung	Bauart-Typ	Firma	Nr.	Baujahr
ADAM 1 V 180 256	228 656	ex AMP 8	V 180 CC	LOB	280 056	1967
ADAM 2	-	ex AMP 2	V 60 D	LEW	12 343	1969
ADAM 5 V 180 392	228 792	ex AMP 9	V 180 CC	VEB Lokbau K. Marx	280 201	1969

ADtranz   Lokpool-Verwaltungsgesellschaft mbH & Co Vermietungs-KG

Die Lokpool-Verwaltungsgesellschaft veräußert nicht nur Fahrzeuge an Dritte sondern vermietet bzw. verleast ihre Fahrzeuge aus dem Lok-Pool an andere Dienstleistungs-Unternehmen oder eine der vielen Privatbahnen in ganz Deutschland. Schon auf der Verkehrstechnikmesse Inno Trans 1998 wurde bekannt, daß sich ein Lok-Pool im Aufbau befindet. Ein erster Lok-Pool-Kundentag fand im November 1999 in Kassel statt. Seither steigt die Zahl der zu vermietenden Loks ständig. Unter anderem werden auch Neubau-Elloks der Baureihe 145 vermarktet. Durch kundennahe Pool-Stützpunkte in Augsburg, Berlin, Henningsdorf, Kassel, Köln, Ludwigshafen, Mosbach, Reichenbach und Viechtach wird diese Entwicklung gefördert und ihr Rechnung getragen. Von diesen Stützpunkten werden die verschiedensten Lokomotivtypen und Triebwagen für ihren Einsatz vorgehalten und eingesetzt. Durch den Verkauf der ADtranz, bzw. der Anteile, heißt dieses Unternehmen seit November 1999 nun Bombardier. (Siehe auch unter Bombardier)

Beschriftung	Baureihe	Ex-Bezeichnung	Bauart-Typ	Firma	Nr.	Baujahr
ADtranz E 109 084	109 - 02	E 11 084				
ADtranz E 109 - 02	109 013	E 11 013				
ADtranz E 109 026	109 026	E 11 026; ex KEG		LEW	9 937	1963
ADtranz E 109 - 28	109 028	E 11 028				
ADtranz E 109 032	109 032	E 11 032; ex KEG		LEW	9 943	1963
ADtranz E 109 073	109 073	E 11 073; ex Falz		LEW	15 105	1975
ADtranz E 128 001	128 001	12 X	BR 128 DB	AD tranz		
ADtranz E 143 001	143 001	Weiße Lady	BR 143 DB	AD tranz		
ADtranz E 145 - CL 001	145 - CL 001		BR 145 DB	AD tranz	33 356	1999
ADtranz E 145 - CL 002	145 - CL 002		BR 145 DB	AD tranz	33 366	2000
ADtranz E 145 - CL 003	145 - CL 003		BR 145 DB	AD tranz	33 815	2000
ADtranz E 145 - CL 004	145 - CL 004		BR 145 DB	AD tranz	33 841	2000
ADtranz E 145 - CL 005	145 - CL 005		BR 145 DB	AD tranz	33 843	2001
ADtranz E 145 - CL 011	145 - CL 011		BR 145 DB	AD tranz	33 823	2000
ADtranz E 145 - CL 012	145 - CL 012		BR 145 DB	AD tranz	33 821	2000

Beschriftung	Baureihe	Ex-Bezeichnung	Bauart-Typ	Firma	Nr.	Baujahr
ADtranz E 145 - CL 013	145 - CL 013		BR 145 DB	AD tranz	33 826	2001
ADtranz E 145 - CL 014	145 - CL 014		BR 145 DB	AD tranz	33 828	2001
ADtranz E 145 - CL 015	145 - CL 015		BR 145 DB	AD tranz	33 842	2001
ADtranz	199 863	110 863; ex HSB	V 100.1	LEW	15 381	1976
ADtranz	199 870	110 870; ex HSB	V 100.1	LEW	15 388	1976
ADtranz	199 879	110 879; ex HSB	V 100.1	LEW	16 373	1977
ADtranz	201 004		V 100.4 Umbau	VEB Lokbau E. Werke	11 212	1966
ADtranz	201	BASF 2 Heinerle	V 100.4 Umbau			
ADtranz	201	BASF 3 Grüne Minna	V 100.4 Umbau			
ADtranz Weisser Bär	201	White Bear	V 100.	LEW	72 350	1999
ADtranz	201 049		V 100.4 Umbau	LEW	11 887	1968
ADtranz	201 056		V 100.4 Umbau	VEB Lokbau E. Werke	11 894	1968
ADtranz Blue Cat	201 075	Blue CAT	V 100.4 Umbau	VEB Lokbau E. Werke	11 913	1968
ADtranz	201 812	BASF 1 Grüner Klaus	V 100.4 Umbau	VEB Lokbau E. Werke	15 084	1975
ADtranz	201 881 / 999	293	V 100.4 Umbau	VEB Lokbau E. Werke	16 375	1996
ADtranz Grashopper	201 883	Grashopper	V 100.4 Umbau	VEB Lokbau E. Werke	16 377	1977
ADtranz V 115 001	202	WAB 12, EBGO	V 100	AD tranz	72 510	2000
ADtranz V 115 002	202	WAB 13, EBGO	V 100	AD tranz	72 520	2000
ADtranz	216 122		V 160	Deutz	58 144	1967
ADtranz	219 116	119			24 467	1982
ADtranz	228 104	in Aufarbeitung	V 180	VEB Lokbau K. Marx	275 091	1965
ADtranz V 180 001	228 168	ex WAB 26	V 180	LOB	285 155	1966
ADtranz	228 550	in Aufarbeitung	V 180 0	VEB Lokbau K. Marx	275 050	1964
ADtranz	231 070		V 300	Lugansk	0 184	1967
ADtranz	232	TE 109 001 B	V 300	Lugansk		1967
ADtranz	232	TE 109 002 B	V 300	Lugansk		1967
ADtranz	232	TE 109 026	V 300	Lugansk	0 853	1978
ADtranz	242	TE 125 001	V 400	Lugansk	0 037	1979
ADtranz	242 001	TE 129 001	V 400	Lugansk	0 293	1971
Bombardier W 232.01	242 002			Lugansk	0 003	1977
Bombardier W 232.02	242 003			Lugansk	0 002	1976
Bombardier W 232.03	242 004			Lugansk	0 004	1977
Bombardier W 232.04	242 005			Lugansk	0 005	1978
Bombardier W 232.05	231 015		V 300	Lugansk	0 117	1972
Bombardier W 232.06	231 004		V 300	Lugansk	0 106	1967
Bombardier W 232.07	231 011		V 300	Lugansk	0 113	1967
Bombardier W 232.08	231 018		V 300	Lugansk	0 120	1967
Bombardier W 232.09	232 714	TE 109 026	V 300	Lugansk	0 853	1978
Bombardier W 232.10	232 711	TE 109 015	V 300	Lugansk	0 842	1978
Bombardier W 232.11	232 712	TE 109 033	V 300	Lugansk	0 860	1978
ADtranz	250 001	Blue Tiger	DE - AC 33 C	AD tranz	33 293	1996
ADtranz		Hoesch 701	M 700 C	Krauss-Maffei	18 846	1962
ADtranz		Hoesch 708	M 700 C	Krauss-Maffei	18 990	1962
ADtranz		Hoesch 710	M 700 C	Krauss-Maffei	18 892	1962
ADtranz			DHG 240 B	Henschel		
ADtranz VT 3.00			LVT / S	DWA		
ADtranz VT 504 001	504 001		LVT / S	DWA		
ADtranz VT 504 002	504 002		LVT / S	DWA		
ADtranz VT 504 003	504 003		LVT / S	DWA		
ADtranz VT 504 004	504 004		LVT / S	DWA		
ADtranz VT 504 005	504 005		LVT / S	DWA		
ADtranz V 200.05	781 365	EBGO	M 62	Lugansk		
ADtranz V 200.06	781 412-2	WAB 32	M 62	Lugansk		
ADtranz V 200.07	781 430-4	WAB 33 / EBGO	M 62	Lugansk		

Auf den nächsten Einsatz wartet der Grashopper im Bahnbetriebswerk Oberhausen-Osterfeld

ADtranz-Lok 2 mit Regio-Shuttle der SWEG VT 503 in Henningsdorf-Nord
Foto: Geißler

Beschriftung	Baureihe	Ex-Bezeichnung	Bauart-Typ	Firma
ADtranz V 200.08	781 448-6	WAB 34 / EBGO	M 62	Lugansk
ADtranz V 200.09	781 545-9	WAB 35	M 62	Lugansk
ADtranz V 200.10	781 540	EBGO	M 62	Lugansk
ADtranz	781 450 / 469	WAB 37	M 62	Lugansk
ADtranz	781 450 / 487	WAB 38	M 62	Lugansk
ADtranz	781 530 / 557	WAB 39	M 62	Lugansk
ADtranz	781 505 / 566 / 598	WAB 40	M 62	Lugansk
ADtranz	781 324 / 412	WAB 41	M 62	Lugansk
ADtranz	781 469 / 550	WAB 42	M 62	Lugansk
ADtranz	781 482 / 355	WAB 43	M 62	Lugansk
ADtranz	781 349 / 591	WAB 44	M 62	Lugansk
ADtranz	781 433 / 540	WAB 45	M 62	Lugansk
ADtranz	781 484	WAB 46	M 62	Lugansk
ADtranz	781 501 / 555	WAB 47	M 62	Lugansk
ADtranz	781 518 / 580	WAB 48	M 62	Lugansk

ADtranz-Lok V 180 001 steht zu Wartungszwecken im Stützpunkt Hof

AHG Handel & Logistik GmbH & Co KG Cottbus Brandenburg

Dieses Lausitzer Unternehmen für Baulogistik und Hochbau wurde Oktober 1998 gegründet und besitzt seit Juni 2001 eine eigene Lok der Baureihe 202 der DR, die mit einer blauen Lackierung mit weissem Streifen versehen ist. Mit dieser Lok bedient die AHG als Eisenbahn-Verkehrs-Unternehmen mehrere Anschlussbahnen, vornehmlich das Heizkraftwerk in Cottbus. Aber auch als Bauzuglok wurde diese Lok auf der Strecke Cottbus und Peitz-Ost eingesetzt. Haupteinsatzgebiet ist der Rangierdienst im Bahnhof Forst.

Beschriftung	Baureihe	Ex-Bezeichnung	Bauart-Typ	Firma	Nr.	Baujahr
AHG 01	202 298		V 100.4	LEW	11 936	1968
AHG 02			V 23			
AHG			V 23			

AKN AKN-Eisenbahn AG Kaltenkirchen Hamburg

Die AKN ist hervorgegangen aus der Eisenbahngesellschaft Altona-Kaltenkirchen-Neumünster und betreibt im Bereich Hamburg wichtige Strecken wie zum Beispiel: Hamburg–Eidelstedt–Kaltenkirchen–Neumünster mit einer Streckenlänge von 65 km, Neumünster–Heide–Büsum mit 63 km und Elmshorn–Barmstedt–Ulzburg mit nur 24 km. Bis Ende des Jahres 2001 sollten alle neuen Triebwagen der Bauart Lint 41 vom Hersteller Alstom an die AKN ausgeliefert worden sein. Die zweiteiligen farbenfrohen modernen Triebwagen V T 2.71 und V T 2.72 wurden als erste an die AKN geliefert. Ausgestattet mit Videoüberwachung, Klimaanlage und 131 Sitz- sowie 103 Stehplätzen sollen diese Wagen zum Wohl der Fahrgäste im Personenverkehr der Altona-Kaltenkirchener Eisenbahn beitragen. Im Güterverkehr bedient die AKN im Auftrag der DB Gütertarifpunkte in Bad Segeberg, Fahrenkrug, Wahlstedt, Bad Oldesloe Hamburg-Eidelstedt, Tornech und Elmshorn. Abgestellt werden die Fahrzeuge im Kaltenkirchener Lokschuppen.

AKN-Triebwagen VT 2.46 am Bahnsteig in Elmshorn auf dem Weg nach Ulzburg

Beschriftung	Baureihe	Ex-Bezeichnung	Bauart-Typ	Firma	Nr.	Baujahr
AKN KLv 1			KLv	Robel		1982
AKN KLv 2			KLv	Robel		1993
AKN KLv 3			KLv	Waggon Union	16 730	1971
AKN V 2.001		V1	WR 360 C 14	KHD	46 837	1948
AKN V 2.001 II			600 D	MaK	500 007	1954
AKN V 2.002		V 2	600 D	MaK	500 005	1953
AKN V 2.003		V 3	600 D	MaK	500 006	1953
AKN V 2.004		V 4	600 D	MaK	500 004	1953
AKN V 2.005		V 5	A 4 M 22 OR	KHD	23 296	1939
AKN V 2.006		V 6	WR 360 C 14	KHD	46 838	
AKN V 2.007		V 7	WR 360 C 14	Orenstein & Koppel	21 342	1940
AKN V 2.008		V 8	240 B	MaK	220 021	1954
AKN V 2.009		V 9	240 B	MaK	220 022	1954
AKN V 2.010		V 10	400 C	MaK	400 002	1955
AKN V 2.011			175 B	DWK	572	1935
AKN V 2.012			DG 1200 BBM	KHD	57 689	1964
AKN V 2.013			MG 530 C	KHD	57 876	
AKN V 2.013 II			DG 1000 BBM	KHD	58 233	1968
AKN V 2.014			DG 1000 BBM	KHD	58 232	1968
AKN V 2.015			DG 1000 BBM	KHD	58 234	1968

Beschriftung	Baureihe	Ex-Bezeichnung	Bauart-Typ	Firma	Nr.	Baujahr
AKN V 2.016			G 1100 BB	MaK	800 166	1970
AKN V 2.017			G 1100 BB	MaK	800 167	1972
AKN V 2.018			G 1100 BB	MaK	800 168	1972
AKN V 2.019			G 1100 BB	MaK	800 169	1972
AKN V 2.020			DHG 700 C	Henschel	31 687	1974
AKN V 2.021			DE 1002	MaK	1 000 830	1985
AKN V 2.022		TWE VE 152	DE 1002	MaK	1 000 792	1982
AKN VT 2.32			VT 2 E	LHB	02A + 02B	1976
AKN VT 2.33			VT 2 E	LHB	03A + 03B	1976
AKN VT 2.34			VT 2 E	LHB	04A + 04B	1976
AKN VT 2.35			VT 2 E	LHB	05A + 05B	1976
AKN VT 2.36			VT 2 E	LHB	16A + 06B	1977
AKN VT 2.37			VT 2 E	LHB	07A + 07B	1976
AKN VT 2.38			VT 2 E	LHB	08A + 08B	1976
AKN VT 2.39			VT 2 E	LHB	09A + 09B	1976
AKN VT 2.40			VT 2 E	LHB	10A + 10B	1977
AKN VT 2.41			VT 2 E	LHB	11A + 11B	1977
AKN VT 2.42			VT 2 E	LHB	01A + 12B	1976
AKN VT 2.43			VT 2 E	LHB	13A + 13B	1977
AKN VT 2.44			VT 2 E	LHB	14A + 14B	1977
AKN VT 2.45			VT 2 E	LHB	15A + 15B	1977
AKN VT 2.46			VT 2 E	LHB	06A + 16B	1976
AKN VT 2.51			VT 2 A	LHB	2.51 1+2	1993
AKN VT 2.52			VT 2 A	LHB	2.52 1+2	1993
AKN VT 2.53			VT 2 A	LHB	2.53 1+2	1993
AKN VT 2.54			VT 2 A	LHB	2.54 1+2	1993
AKN VT 2.55			VT 2 A	LHB	2.55 1+2	1993
AKN VT 2.56			VT 2 A	LHB	2.56 1+2	1993
AKN VT 2.57			VT 2 A	LHB	2.57 1+2	1993
AKN VT 2.58			VT 2 A	LHB	2.58 1+2	1993
AKN VT 2.59			VT 2 A	LHB	2.59 1+2	1993
AKN VT 2.60			VT 2 A	LHB	2.60 1+2	1993
AKN VT 2.61			VT 2 A	LHB	2.61 1+2	1993
AKN VT 2.62			VT 2 A	LHB	2.62 1+2	1993
AKN VT 2.63			VT 2 A	LHB	2.63 1+2	1993
AKN VT 2.64			VT 2 A	LHB	2.64 1+2	1993
AKN VT 2.65			VT 2 A	LHB	2.65 1+2	1993
AKN VT 2.66			VT 2 A	LHB	2.66 1+2	1993
AKN VT 2.67			VT 2 A	LHB	2.67 1+2	1993
AKN VT 2.68			VT 2 A	LHB	2.68 1+2	1993
AKN VT 2.71		„Schleswig-Holstein"	LINT 41 Coradia	Alstom / LHB		2001
AKN VT 2.72		„Dithmarschen"	LINT 41 Coradia	Alstom / LHB		2001
AKN VT 2.73			LINT 41 Coradia	Alstom / LHB		2001
AKN VT 2.74			LINT 41 Coradia	Alstom / LHB		
AKN VT 2.75			LINT 41 Coradia	Alstom / LHB		
AKN VT 3.07	728 001	Indusi-Prüfwagen	VT 98	LHB	146 595	1962
AKN VT 3.08	795		VT 95	Uerdingen	68 640	1961
AKN VT 3.09	795		VT 95	Uerdingen	72 837	1967

AKN-Triebwagen VT 2.55 steht abfahrbereit am 4. August 2001 in Heide

Ausfahrt eines AKN-Triebwagens am 7. Juli 1989 in Neumünster

AL Augsburger Localbahn GmbH Augsburg Bayern

Bei der Augsburger Localbahn AG wurde schon im Mai 1892 die 8,98 km lange Ringlinie als erste Strecke eröffnet. Zwischen den Jahren 1895 und 1899 konnten noch einmal 12 km Strecke von Augsburg-Göggingen und Haunstetten in Betrieb genommen werden. Von der Königlich Bayerischen Staatsbahn, seit 1913 Augsburger Localbahn und mit eigener Betriebsführung ab 1961 wurde aus dieser Bahn eine Gesellschaft mit beschränkter Haftung. Dampflokomotiven haben hier den Dieselloks Platz gemacht. Die Augsburger Localbahn führt nun auf etwa 25 km rund um

Augsburg regen Güterverkehr mit großen Transportmengen durch. Auf DB-AG-Gleisen zwischen Augsburg und Schongau sind die Lokomotiven der AL anzutreffen. Neben anderen Diesellokomotiven sind hier auch ehemalige Fahrzeuge der Deutschen Reichsbahn bzw. der DB-AG anzutreffen. Der größte Bahnhof, der Augsburger Ring, befindet sich in der Friebergstraße. Die Werkstatt der AL ist dort ebenfalls ansässig, wo neben den eigenen Fahrzeugen auch Fremdfahrzeuge untersucht werden.

Beschriftung	Baureihe	Ex-Bezeichnung	Bauart-Typ	Firma	Nr.	Baujahr
AL 1			Dampflok C 1'n2t	Krauss	6 591	1913
AL 2			Dampflok C 1'n2t	Krauss	6 592	1913
AL 3			Dampflok C 1'n2t	Krauss	6 593	1913
AL 4			Dampflok C 1'h2t	Krauss	8 440	1928
AL 5			Dampflok C 1'h2t	Krauss-Maffei	15 593	1936
AL 7	98 7101		Dampflok C 1'n2vt	Krauss	3 252	1895
AL 8	98 7102		Dampflok C n2vt	Krauss	3 334	1895
AL 10	98 683		Dampflok C 1'n2t	Krauss	6 072	1908
AL 11	89 626		Dampflok C n2vt	Maffei	2 129	1900
AL V 6				KHD	39 799	1941
AL V 7				KHD	33 115	1940
AL V 12	V 115 001	von AD tranz angemietet	V 100	AD tranz	72 510	2000
AL V 21		Ersatzteilspender	ML 440 C	Krauss-Maffei	18 325	1956
AL V 22			ML 440 C	Krauss-Maffei	18 326	1956
AL V 23			ML 440 C	Krauss-Maffei	18 327	1956
AL V 24			ML 440 C	Krauss-Maffei	18 328	1956
AL V 25			ML 440 C	Krauss-Maffei	18 329	1956
AL V 26			ML 440 C	Krauss-Maffei	18 383	1958
AL V 31		Cargolok-Allrad	Allrad	Allrad	180	1997
AL V 41	201 828	110 828	V 100.4 Umbau	VEB Lokbau E. Werke	14 892	1975
AL V 42	201 884	110 884	V 100.4 Umbau	VEB Lokbau E. Werke	16 378	1978
AL V 43	201 891	110 891 / 199 891 HSB	V 100.4 Umbau	VEB Lokbau E. Werke	16 385	1978
AL V 44	201	AD tranz-Lokpool	V 100.4 Umbau	AD tranz-Umbau	72 580	2001
AL V 45	201	AD tranz-Lokpool	V 100.4 Umbau	AD tranz-Umbau		
AL 360	360 234	angemietet				

Oben: Lok 43 als Zuglok des DNR 80 782 mit Silberlingen 4. September 1999 im Bahnhof Kaufering

Links: Lok 24 der AL während einer Fahrzeugausstellung am 6. Juli 1996 im Bahnhof Augsburg

Fotos: Janikowski

AMP AMP Bahnlogistik GmbH Hörselberg Thüringen

Die ersten Buchstaben ihrer Geschäftsführer Adam, Müller und Pfotenhauer stehen für AMP-Bahnlogistik. Das Geschäftsgebiet dieses Unternehmens liegt in der Eisenbahnlogistik und in der Lokomotiv-Vermietung für den Bauzug- oder Ganzzugverkehr. Obwohl die AMP-Bahnlogistik erst im August 1999 gegründet wurde, ging ein Teil der Triebfahrzeuge der AMP wieder verloren. Mittlerweile hat Herr Adam eine neue Transportgesellschaft, die Adam Transporte, gegründet. Darauf folgte nun der Zusammenschluss mit der MaLoWa als Lokvermietungs-GmbH.

Beschriftung	Baureihe	Ex-Bezeichnung	Bauart-Typ	Firma	Nr.	Baujahr
AMP 1		Phönix	V 60 D	VEB Lokbau E. Werke	18 008	1983
AMP 2			V 60 D	VEB Lokbau E. Werke	12 343	2969
AMP 3			V 60 D	VEB Lokbau E. Werke	13 347	1972
AMP 4	-		V 60 D	VEB Lokbau E. Werke	15 613	1977
AMP 5	-	IGE Werrabahn	V 60 D	VEB Lokbau E. Werke	11 344	1967
AMP 6	201 211		V 100.4	VEB Lokbau E. Werke	12 493	1971
AMP 7	228 672		V 180 BB	LOB	280 072	1967
AMP 8	228 656		V 180 BB	LOB	280 056	1966
AMP 9	228 792		V 180 BB	LOB	280 021	1969
AMP 10 Fred	-	Fels D 02	N 4	LOB	251 185	1957
AMP	228 578		V 180 BB	VEB Lokbau K. Marx	275 078	1965

ASP Schienenfahrzeugdienst GmbH

Beschriftung	Baureihe	Ex-Bezeichnung	Bauart-Typ	Firma	Nr.	Baujahr
ASP 220 295	220 295	ztw. bei EBM	M 62	Lugansk	1 007	2000

AV Auguste Victoria Marl NRW

Die Zeche Auguste Victoria besitzt mittlerweile keine eigenen Triebfahrzeuge mehr. Der Lokpark wird von der RAG gestellt. Die Betriebsführung ist aber nach wie vor eigenständig und liegt somit in dem Verantwortungsbereich der Auguste Victoria in Marl. Die Diesellokomotiven der AV trugen früher die Lokbeschriftung AV 10-16 und wurden mittlerweile an das Nummernschema der RAG angepasst. Sie tragen nun die Kennung RAG 410-416. Übergabefahrten der Kohlezüge wurden zum Bahnhof Marl-Sinsen gefahren.

Lok 410 mit RAG-Beschriftung, dahinter verbirgt sich die alte AV-Lok 10

Beschriftung	Baureihe	Ex-Bezeichnung	Bauart-Typ	Firma	Nr.	Baujahr
RAG 410		AV 10	C-dh 5	Gemeinder	5 275	1962
RAG 411		AV 11	C-dh 5	Gemeinder	5 277	1962
RAG 412		AV 12	C-dh 5	Gemeinder	5 278	1963
RAG 413		AV 13	C-dh 5	Gemeinder	5 279	1963
RAG 414		AV 14	C-dh 5	Gemeinder	5 281	1964
RAG 415		AV 15	C-dh 5	Gemeinder	5 282	1965
RAG 416		AV 16	C-dh 5	Gemeinder	5 376	1965

AVG Albtal-Verkehrs-Gesellschaft mbH Karlsruhe Baden-Württemberg

Die Albtal-Verkehrs-Gesellschaft ist eine der bemerkenswertesten Privatbahnen Deutschlands. Auf ihrem umfangreichen Streckennetz betreibt die AVG das Karlsruher Stadtbahnsystem, Personenverkehr auf DB-AG-Gleisen und Güterverkehr auf eigenen Gleisen. Zu den besonders stark expandierenden Privatbahnen gehört die AVG. So konnte sie in den letzten zehn Jahren ihr Fahrgastaufkommen mehr als verdoppeln, von etwa 8,3 auf 19,0 Mio. in den Jahren 1980 bis 1990. Dies war möglich durch die Nutzung der Gleise der Straßenbahn sowie Teilen der DB-Strecken. Hierbei wird der Hauptbahnhof von Karlsruhe direkt angefahren. Über den Gleisen der AVG fahren auch mit Dampflok geführte Museumszüge der Ulmer Eisenbahnfreunde UEF. Auch der beträchtliche Güterverkehr wird mit eigenen Dieselloks abgewickelt, wie zum Beispiel ein Müllzug vom Karlsruher Hafen zur Deponie Ubstedt und Schotterzüge von Hagenbach nach Wörth. Grund zum Feiern hatte die Albtal-Verkehrsgesellschaft im Jahr 1998. Anlaß dazu war das hundertjährige Bestehen dieser bemerkenswertesten Privatbahn in Baden-Württemberg.

Beschriftung	Baureihe	Ex-Bezeichnung	Bauart-Typ	Firma	Nr.	Baujahr
AVG 70		Nr. 51	Turmtriebwagen	Robel	4 458	1963
AVG 80		VBK 100	Mannschaftswagen	Rastatt		1930
AVG 90		VBK 134	Salontriebwagen	Rastatt		1957
AVG 475	Skl 53					
AVG 479	Kla 03					
AVG 501-560	501-560	nicht auf DB zugelassen	Stadtbahntriebwagen	Waggon Union		
AVG 571-580	571-580	nicht auf DB zugelassen	Stadtbahntriebwagen	Duewag		
AVG 801-816	801-816	auf DB zugelassen	Stadtbahntriebwagen	Duewag		
AVG 817	450 001 DB	auf DB zugelassen	Stadtbahntriebwagen	Duewag	38 054	1994
AVG 818	450 002 DB	auf DB zugelassen	Stadtbahntriebwagen	Duewag	38 055	1994
AVG 819	450 003 DB	auf DB zugelassen	Stadtbahntriebwagen	Duewag	38 056	1994
AVG 820	450 004 DB	auf DB zugelassen	Stadtbahntriebwagen	Duewag	38 057	1994
AVG 821-836	821-836	auf DB zugelassen	Stadtbahntriebwagen	Duewag		
AVG 837-876	837-876	auf DB zugelassen	Stadtbahntriebwagen	Duewag		
AVG Klv 53 071	Klv 53 071					
AVG V 461	211 358		V 100.10	Esslingen	5 294	1958
AVG V 462	462	SWEG V 101	G 1203 BB	MaK	1 000 802	1982
AVG V 463	463	AVG 63	M 500 C	Krauss-Maffei	18 819	1976
AVG V 464	464	VKP V 103	G 1203 BB	MaK	1 000 799	1982
AVG V 465	213 340	213 340	V 100.	MaK	1 000 387	1966
AVG VB 475	475	SWEG VB 470		MaK	512	1955
AVG VB 476	476	VT 65 TWE		Esslingen	23 606	1953
AVG VB 477	477	VT 81 Kiel-Schönberg		Waggon Union	33 635	1985

Beschriftung	Baureihe	Ex-Bezeichnung	Bauart-Typ	Firma	Nr.	Baujahr
AVG VB 478	478	VT				
AVG VS 470	470	SWEG VS 200		Waggon Union	33 629	1985
AVG VS 471	471	SWEG VS 201	NE 81	Waggon Union	33 630	1985
AVG VT 452	-	SWEG VT 108		Esslingen	25 206	1958
AVG VT 453		SWEG VT 123	NE 81	Waggon Union	30 898	1981
AVG VT 454		SWEG VT 124	NE 81	Waggon Union	30 899	1981

Stadtbahntriebwagen 814 (links) und 821 (rechts) am 10. Juli 1997 in Karlsruhe Bf.

Als Sonderzug ist am 7. Oktober 2000 der Stadtbahntriebwagen 845+847 unterwegs

Foto: John

Stadtbahntriebwagen 866 und 821 am 10. Juli 1997 in Karlsruhe Bf.

AVL Arbeitsgemeinschaft Verkehrsfreunde Lüneburg Niedersachsen

Die Arbeitsgemeinschaft Verkehrsfreunde Lüneburg wurde 1981 gegründet. Seit 1997 betreibt die AVL und die Tochtergesellschaft Touristik-Eisenbahn Lüneburger Heide GmbH den Heide-Express. Ihre Fahrzeuge sind in Lüneburg-Süd und Amelinghausen-Sottorf untergebracht. Des weiteren konnte die AVL ehemalige Triebwagen der OHE von der ACT Reggio-Emilia Italien zurückkaufen. Im Jahre 2000 gelangten diese Triebwagen zur AVL nach Lüneburg. Im Februar 2002 wurden sie zur PEG nach Prignitz gebracht. Dort sollen sie durch die PEG demnächst aufgearbeitet werden. Nur noch ein Triebwagen bleibt im Besitz der AVL Lüneburg, alle anderen verbleiben bei der PEG.

Beschriftung	Baureihe	Ex-Bezeichnung	Bauart-Typ	Firma	Nr.	Baujahr
AVL DL 0601		OHE DL 0601		BMAG	11 399	1941
AVL DT 0504		OHE DT 0504	Klb. Wittingen	Gotha		1933
AVL GDT 0515		OHE GDT 0515		MaK	508	1955
AVL GDT 0516		OHE GDT 0516		MaK	509	1955
AVL GDT 0517		OHE GDT 0517		MaK	510	1955
AVL GDT 0518		OHE GDT 0518		MaK	511	1955
AVL GDT 0520		OHE GDT 0520		MaK	513	1959
AVL GDT 0522		OHE GDT 0522		MaK	515	1959
AVL Lok 1		Kieselgurwerk Uelzen		Deutz	7 038	1926
AVL Lok 2		DASA Finkenwerder		Deutz	57 675	1963
AVL Lok 5		Emslandstärke Wietzendorf		LHB	3 087	1963
AVL V 46 01		EVB V 280		MaK	500 013	1955

BASF BASF-AG Ludwigshafen Rheinland-Pfalz

Die BASF-AG, eines der größten Chemieunternehmen in Deutschland, transportiert ihre Güter auch auf dem Schienenweg. Für die Bewältigung ihrer Transporte in Ganzgüterzügen und zahllosen Rangierfahrten setzt die BASF-AG auch von ADtranz umgebaute ehemalige DB-AG bzw. DR-Fahrzeuge aus dem ADtranz-Lok-Pool ein. Eine Zeit lang fuhr die BASF selbst einen Teil ihrer Ganzzüge. Seit dem 4. März 2001 übernahm die neue Gesellschaft rail 4 chem, an der mit 25 Prozent die BASF-AG beteidigt ist, die Abwicklung dieser Aufgaben, wobei auch Neubau-Loks der Baureihe 145 eingesetzt werden.

Beschriftung	Baureihe	Ex-Bezeichnung	Bauart-Typ	Firma	Nr.	Baujahr
BASF 311						
BASF 312						
BASF 831-angemietet		HLB 831	DE 1002	MaK	1 000 831	1988
BASF-angemietet		AD tranz; ex Hoesch 701	M 700 C	Krauss-Maffei	18 846	1962
BASF 1001	201 812	Grüner Klaus	V 100. 4 Umbau	VEB Lokbau E. Werke	15 084	1975
BASF 1002	201	Heinerle	V 100. 4 Umbau	AD tranz / LEW	72 030	1999
BASF 1003	201	Grüne Minna	V 100. 4 Umbau	AD tranz / LEW	70 110	1999
BASF 145-CL 001			BR 145 DB	ADtranz	33 356	1999
BASF 145-CL 002			BR 145 DB	ADtranz	33 366	2000
BASF 145-CL 003			BR 145 DB	ADtranz	33 815	2000
BASF 145-CL 004			BR 145 DB	ADtranz	33 841	2000

Werklok BASF 311 im Bahnhof Ruhland nach einer Übergabefahrt

Werklok BASF 312 beim Schrotthandel Plessa in Ruhland

BASF-Lok 1002 „Heinerle" im Bahnhof Neustadt

BASF-Lok 1002 145-CL 001 mit einem Kesselzug bei der Durchfahrt am 11. Mai 2000 Kassel-Wilhelmshöhe

BBAG BbSA Bergbahnen im Siebengebirge Drachenfels AG Königswinter NRW

Bei den Bergbahnen Drachenfels handelt es sich um Deutschlands älteste Bergbahn, einer Zahnradbahn aus dem Jahr 1883, besser bekannt als Drachenfelsbahn. Seit ihrer Inbetriebnahme gilt diese Bahn als eine technische Sensation und besitzt eine geschickt geführte Trassenführung. Man kann schon während der Fahrt zum Gipfel eine wunderschöne Aussicht genießen. Am Ende der Bahn angekommen, hat man neben einem Blick auf den Drachenfels auch einen wunderschönen Ausblick ins romantische Rheintal und bis in die Eifel.

Beschriftung	Firma	Baujahr
BB AG II	Rastatt	1955
BB AG III	Rastatt	1957
BB AG IV	Rastatt	1959
BB AG V	Rastatt	1960
BB AG VI	Eigenbau	1979

Triebwagen der Drachenfels AG

BBB Bayern Bahn Betriebsgesellschaft mbH Nördlingen Bayern

Die Bayern Bahn Betriebsgesellschaft mbH führt den Betrieb des Bayerischen Eisenbahn-Museums Nördlingen auf den Strecken Nördlingen–Dinkelsbühl und Nördlingen–Harburg durch. Das Museum besitzt eine stattliche Anzahl von Fahrzeugen, die sie unterhält und betriebsfähig macht, um sie der Nachwelt zu bewahren. Die Anfänge des Eisenbahnmuseums reichen in das Jahr 1969 zurück. Aus der Umbenennung des ECM, der schon seit 1969 bestand, ging das Bayrische Eisenbahnmuseum Nördlingen hervor. Domizil der ständig wachsenden Fahrzeugsammlung wurde das Bw Nördlingen.

Dampflok 18 478 der BBB-BEM Nördlingen als Sonderzug Dz 28 176 im Bahnhof Kaufbeuren

110 005, hier noch als DB-Lok im Bf. Nürnberg, ist mittlerweile Museumslok der BEM

50 0072 der BBB-BEM Nördlingen am 9. September 1995 in Maisach

Beschriftung	Baureihe	Ex-Bezeichnung	Bauart-Typ	Firma	Nr.	Baujahr
BEM 2			Bn 2t			
BEM 3		Luci	Bn 2t	O&K	7 790	1916
BEM 4		05	Bfl	Maffei	3 884	1913
BEM 5		EWAG 5	Bfl	Hohenzollern	3 869	1918
BEM 8		TAG 8	1'C 2'h2t	Krauss-Maffei	16 317	1943
BEM 9		Ries 2	Bn2t	Henschel	26 165	1941
BEM 111				Deutz		1916
BEM 112				Windhoff	144	1925
BEM	01 1104	012 104-6	2'C 1'h3	Schwartzkopff	11 360	1940
BEM	01 2024-?	01 2024-?	2'C 1'h2	Henschel	20 827	1927
BEM	01 2066-7	01 2066-7	2'C 1'h2	Schwartzkopff	9 020	1928
BEM	03 2295	03 2295-8	2'C 1'h3	Borsig	14 692	1937
BEM	18 478	018 422-?	2'C 1'h4v	Maffei	4 536	1918
BEM	22 029	39 1029-?	1'D 1'h3	Linke-Hoffmann	2 925	1924
BEM	22 064	39 1064-3	1'D 1'h3	Henschel	20 216	1924
BEM	38 3180	CFR 230 105	2'C h2	LHB	2 257	1921
BEM	41 1122	41 1122-	1'D 1'h2	BMAG	11 061	1938
BEM	41 1150	41 1150-6	1'D 1'h2	Schichau	3 356	1938
BEM	42 2768	42 2768	1'E h2	Florisdorf	17 654	1949
BEM	44 381	043 381-3	1'E h3	MF Esslingen	4 446	1941
BEM	44 2546		1'E h3	Krauss-Maffei	16 151	1941
BEM	50 481	50 0072-4	1'E h2	Krauss-Maffei	15 382	1940
BEM	50 775	50 3600-?	1'E h2	Henschel	25 859	1940
BEM	50 778	050 778-0	1'E h2	Henschel	25 862	1941
BEM	50 955	50 955-?	1'E h2	Krupp	2 320	1941
BEM	50 0072	50 0072-4	1'E h2	Krauss-Maffei	15 382	1940
BEM	50 2146	50 2146-4	1'E h2	Franco-Belge	2 568	1943
BEM	50 2273	50 3559	1'E h2	Henschel	26 604	1942
BEM	50 3548	50 3548-?	1'E h2	Schwartzkopff	11 788	1941
BEM	50 3559	50 3559-7	1'E h2	Krauss-Maffei	26 295	1942
BEM	50 3600	50 3600-9	1'E h2	Henschel	25 859	1941
BEM	50 4073	50 4073-?	1'E h2	LKM-Babelsberg	124 073	1960
BEM	52 2195	52 2195-7	1'E h2	Henschel	27 046	1943
BEM	52 3548	52 3548-6	1'E h2	Krauss-Maffei	16 685	1943
BEM	52 8098	52 8098-7	1'E h2	Krauss-Maffei	16 546	1943
BEM	52 8152	52 8152-2	1'E h2	Schwartzkopff	12 523	1943

Beschriftung	Baureihe	Ex-Bezeichnung	Bauart-Typ	Firma	Nr.	Baujahr
BEM	52 8168	52 8168-8	1'E h2	Krauss-Maffei	16 711	1943
BEM	57 3525	50 227	G 10 pr.	Eh2		
BEM	64 419	064 419-5	1'C 1'h2t	MF Esslingen	4 312	1937
BEM	80 014	80 014	Ch 2t	Hagans / Wolf	1 928	1927
BEM	89 837	89 837	Cn 2t	Krauss & Co	7 917	1921
BEM	93 1394	BBÖ 378.94	1'D 1'h2t	StEG	4 813	1927
BEM	94 1697	094 697-0	Eh 2t	BMAG	8 401	1924
BEM E	110 005	E 10 005	E 10	Henschel	28 467	1936
BEM E	169 003	E 69 03	E 69			
BEM E	194 192	E 94 192	E 94	Krauss-Maffei	18 185	1956
BEM E	244 051-9	E 44	E 44	Krauss-Maffei	15 554	1936
BEM Kla 01-0104						
BEM Kla 01-0546-0						
BEM Kla 03-0221-6				Robel		
BEM Kla 03-0247-1				Waggon Union		
BEM Klv 12-4984						
BEM Klv 53-0059				IWK		1967
BEM Klv 53-0726				Sollinger Hütte		1979
BEM V		Ks 4909	Ks	Windhoff	359	1936
BEM V		Ks 4910	Ks	Windhoff	360	1936
BEM V		Ks 4979	Ks	Windhoff	398	1938
BEM V		Köf 6498	Köf II	Gmeinder	5 132	1959
BEM V		Köf 6732	Köf II	Jung	13 170	1960
BEM V	-	Rudi		Windhoff	144	1924
BEM V 36 211	236 211	V 36 211	V 36	Berliner Maschinenbau	11 460	1942
BEM V 36 220	236 220	V 36	V 36	Orenstein & Koppel	21 134	1939
BEM V 102			110 B	DWK	639	1939
BEM V 105			NB 180	Ardlertwerke	28	1939
BEM V 311 212	311 116	Kö 0116	Kö	Windhoff	276	1934
BEM V 322 157	322 157	Köf 4880	Köf	Jung	6 715	1937
BEM V 323 683	323 683	Köf 6501	Köf	Gmeinder	5 135	1959
BEM V 381 101	381 101	Ka 4015	Ka	AEG	4 561	1930
BEM VB	7 081 023-9		VB 98	SGP		
BEM VB	998 078-0		VB 98	WMD	1 124	1955
BEM VB 10.11			VB 98	Uerdingen	69 576	1962
BEM VB 20.04			VB 98	Uerdingen	73 623	1968
BEM VS	6 581 055-8		VB 98	SGP		
BEM VS	998 724-9		VB 98	WMD	145 044	1960
BEM VS	998 877-5		VB 98	WMD	1 409	1950
BEM VT	5 081 051-4		VT 98	SGP	78 190	1965
BEM VT	515 011	ETA 150 011	ETA 150	O&K	224 421	1954
BEM VT	798 522-9	VT 15	VT 98	Uerdingen	60 262	1955
BEM VT	798 632-6		VT 98	Uerdingen	61 987	1956
BEM VT	798 675-5		VT 98	Uerdingen	66 567	1959
BEM VT 10.08		GKB VT 10.08	VT 98	Uerdingen	69 574	1962
BEM VT 52		HEG VT 52	VT 98	Uerdingen	65 316	1959
BEM VT 92-Leihgabe	692 501	VT 92 501	Prototyp	MAN	140 522	1949

BBG Bahnbetriebsgesellschaft Stauden mbH Westheim Bayern

Ein neues Eisenbahnverkehrsunternehmen gibt es seit Gründung im April 2000 in Bayern. Die Bahnbetriebsgesellschaft Stauden mbH erhielt am Ende des Jahres 2001 ihre Zulassung als EVU. Somit konnte die BBG nach Aufarbeitung der von der RBG übernommenen Triebwagen ihren Betrieb 2002 aufnehmen. Auf dem Sektor Güterverkehr übernahm sie die Bedienung der Tarifpunkte Diedorf und Westheim von der DB-Cargo.

Beschriftung	Baureihe	Ex-Bezeichnung	Bauart-Typ	Firma	Nr.	Baujahr
BBG VT		RGB VT 03		Esslingen	23 350	1951
BBG VS		RGB VS 11		Esslingen	23 440	1952

BE Bentheimer Eisenbahn AG Bad Bentheim Niedersachsen

Im Jahr 1924 beginnt die Geschichte der Bentheimer Eisenbahn und seit 1935 ist sie im Besitz des Kreises Grafschaft Bentheim. Früher wurden auch Dampfloks und Triebwagen auf den Gleisen der Bentheimer Eisenbahn eingesetzt. Sie ist die einzige grenzüberschreitende Regionalbahn Deutschlands, und betreibt die Strecke Coevoerden (NL)–Bad Bentheim–Ochtrup–Brechte mit einer Streckenlänge von 72,5 km. Obwohl nur noch Güterverkehr abgewickelt wird, kommen an den drei Wochenenden um den Nikolaustag, Reisezüge des Grafschafter Modelleisenbahn-Club Nordhorn (Graf MEC) zum Einsatz. Der Güterverkehr, der stark ausgeprägt ist, wird aus Ganzzügen von Erdöltransporten sowie Zementtransporten erstellt. Der Übergabebahnhof zur DB-AG befindet sich in Bad Bentheim Nord, zur NS in Coevorden. Der neue Betriebshof für Eisenbahn und Busse der BE liegt im Gewerbegebiet Nordhorn-Süd. Meist drei Dieselloks übernachten im Bahnhof Bad Bentheim Nord. Zu dem eigenen Wagenpark gehören unter anderem 66 Staubgutwagen für den Zementverkehr. Von der Ahaus-Alstätter Eisenbahn sind Container-Tragwagen sowie Schiebewandwagen angemietet.

Beschriftung	Baureihe	Ex-Bezeichnung	Bauart-Typ	Firma	Nr.	Baujahr
Diesellokomotiven						
BE D 1			A 6 M 420	Klöckner-Humboldt-Deutz	42 860	
BE D 1 II		nach Italien verkauft	600 D	Maschinenbau AG Kiel	500 018	1955
BE D 1 III	332 306		Köf III	Orenstein & Koppel	26 421	1966
BE D 2		nach Italien verkauft	600 D	Maschinenbau AG Kiel	500 024	1955
BE D 2 II	265 004	nach Italien verkauft	650 D	Maschinenbau AG Kiel	600 007	1956
BE D 2 III	332 103		Köf III	Orenstein & Koppel	26 341	1964
BE D 3		nach Italien verkauft	1000 D	Maschinenbau AG Kiel	1 000 011	1958
BE D 3 II	332 161		Köf III	Jung	13 774	1964
BE D 4		an OHE > Ersatzteilspender	1000 D	Maschinenbau AG Kiel	1 000 017	1959
BE D 5		nach Italien verkauft	1000 D	Maschinenbau AG Kiel	1 000 056	1961
BE D 6			800 D	Maschinenbau AG Kiel	800 141	1960
BE D 7			800 D	Maschinenbau AG Kiel	800 093	1957
BE D 8		nach Italien verkauft	1000 D	Maschinenbau AG Kiel	1 000 153	1962
BE D 10		an Fa. Temming	WR 360 C	Deutsche Werke Kiel	683	1940
BE D 10 II				Klöckner-Humboldt-Deutz	46 516	1941
BE D 10 III	323 036	an Stadskanal Rail		Klöckner-Humboldt-Deutz	46 539	1943
BE D 11		ex BE D1	A 6 M 420	Klöckner-Humboldt-Deutz	42 860	
BE D 11 II		verschrottet 1988	A 6 M 517 R	Klöckner-Humboldt-Deutz	47 390	
BE D 11 III	323 939	ex DB 321 156	Köf III	Gmeinder	4 671	1951
BE D 12				Maschinenbau AG Kiel	220 028	1956
BE D 12 II	323 488	ex DB 321 076	Köf III	Deutz	33 271	1941
BE D 13		nach Italien verkauft	240 C	Maschinenbau AG Kiel	220 029	1955
BE D 13 I	323 306		Köf III	Orenstein & Koppel	26 421	1966
BE D 13 II	323 970	ex DB 321 234	Köf III	Orenstein & Koppel	20 975	1938
BE D 14	323 969	ex DB 321 122	Köf III	Deutz	47 356	1944
BE D 15	323 405		Köf III	Jung	5 494	1934
BE D 16	323 555		Köf III	Gmeinder	4 877	1955
BE D 17	323 820		Köf III	Jung	13 188	1960
BE D 20	211 074		V 100.10	Maschinenbau AG Kiel	1000 092	1962
BE D 21		an IDR - Nr. 3	G 1100 BB	Maschinenbau AG Kiel	800 165	1970
BE D 21 II	211 125		V 100.10	Deutz	57 362	1962
BE D 22			G 1100 BB	Maschinenbau AG Kiel	800 180	1972
BE D 23		Grafschaft Bentheim	G 1202 BB	Maschinenbau AG Kiel	1 000 790	1980
BE D 24		Neuenhaus-Veldhausen	DE 1002	Maschinenbau AG Kiel	1 000 795	1983
BE D 25	211 345	V 100 1345	V 100.10	Jung	13 472	1962
BE SKL 53-0401				Waggon Union		1974
Triebwagen						
BE T 1		verkauft	A A	Wismarer	20 214	1933
BE T 2		ex EBOE VT 3.11	A 1	Uerdingen	60 044	1954
BE VT 1		an RBG VT 07	B' 2'	Esslingen	23 436	1952
BE VT 2		an RBG VT 05	B' 2'	Esslingen	23 437	1952
BE VT 3		an RBG VT 06	B' 2'	Esslingen	23 348	1952
BE VT 4		an AVG-Ersatzteilsp.	B' B'	Esslingen	25 058	1958
BE VB 21		an RBG VS 11	2' 2'	Esslingen	23 440	1952
BE VB 22		an Pfalzbahn	2' 2'	Esslingen	23 439	1952
BE VB 23		nach Italien verkauft	2' 2'	Esslingen	23 441	1952
BE VB 24		an EBOE VB 3.090	2' 2'	Uerdingen	60 445	1954
BE VB 25		nach Italien verkauft	2' 2'	Esslingen	25 059	1958
BE VB 26		nach Italien verkauft	2' 2'	Esslingen	25 620	1960

Hinter der D1 der Bentheimer Eisenbahn verbirgt sich Ex-DB-Lok 323 306

Ex-DB-Diesellok 332 161 als BE D 03 am 31. Mai 1997 in Bad Bentheim

Im Bahnhof von Bad Bentheim macht BE D 11 Ex-DB-Lok 323 939 eine kleine Betriebsruhe

D 13 Ex-323 970 der DB am 20. Mai 1982 im Bahnhof Bad Bentheim

Foto: Janikowski

Diesellok D 20 im Bahnhof Bad Bentheim

Bei der Diesellok D 22 der BE handelt es sich um eine MaK-Lok der Bauart G 1100 BB

Foto: John

Diesellok D 24 der BE am 28. Juli 2001 im Bf. Bad Bentheim, eine MaK-Lok der Bauart DE 1002

Diesellok D 25 der BE (Ex-DB-Lok 211 345) bei der Einfahrt in Bad Bentheim

Foto: John

Benteler Benteler AG Paderborn NRW

Beschriftung	Baureihe	Ex-Bezeichnung	Bauart-Typ	Firma	Nr.	Baujahr
Benteler Werke AG	324 055	321 008	Kbe 4089	Kb		
Benteler Werke AG	323 474	321 153	Köf 6115	Köf		

BGW Bahngesellschaft Waldhof AG Mannheim Baden-Württemberg

Güterverkehrsleistungen werden bei dieser Regionalbahn schon seit 1900 auf der 4,5 km langen Strecke Mannheim–Waldhof–Mannheim–Sandhofen erbracht. In neuester Zeit betreibt die BGW Verkehre zwischen Langenlonsheim–Stromberg–Simmern–Morbach, Müllzüge von Hildesheim nach Buschhaus in der Nähe Helmstedts und Kalkzüge von Stromberg-Ludwigshafen BASF. Der Fahrzeugpark besteht überwiegend aus ehemaligen Ex-DB-Loks der Baureihen 211, 219 und 232.

DE 300.01 der BGW mit Güterzug DFR 80 381 bei der Durchfahrt Bad Zwischenahn
Foto: John

Müllzug nach Hildesheim bespannt mit BGW DE 280.01 am 25. Mai 2000 in Gladbeck-West

Der Müllzug nach Hildesheim bespannt mit BGW DE 300.02 durchfährt am 25. Juni 2000 Gladbeck-West

Beschriftung	Baureihe	Ex-Bezeichnung	Bauart-Typ	Firma	Nr.	Baujahr
BGW 323 912	323 912	Köf 4712	Köf			
BGW 495		Guilini-Chemie	M 275 B	Krauss-Maffei	19 400	1969
BGW 609		NME 00 608	G 321 B	MaK	220 117	1991
BGW 802			D 35 B	Gmeinder	5 250	1962
BGW 821		V 21	D 35 B	Gmeinder	5 230	1960
BGW 822		V 22	D 35 B	Gmeinder	5 231	1960
BGW 823		V 23	D 35 B	Gmeinder	5 286	1963
BGW DE 300.01	232 103		232-Bauart	Lugansk	0 325	1974
BGW DE 300.02	232 057		232-Bauart	Lugansk	0 248	1974
BGW DH 110.01	211	V 100.10	V 100.10			
BGW DH 110.02	211 271	V 100.1271	V 100.10	Krupp	4 381	1962
BGW DH 110.03	211 020	verkauft nach Italien	V 100.10	MaK	1 000 038	1967
BGW DH 280.01	219 001	V 169 001	V 169	Deutz	57 846	1965
BGW E 900.01	152 902	Dispo-Pool-Lok angemietet	E 152	Krauss-Maffei / Siemens	20 448	2000

BHE Buxtehuder-Harsefelder Eisenbahn GmbH Buxtehude Niedersachsen

Die Strecke der Buxtehuder-Harsefelder Eisenbahn wurde am 22. Dezember 1928 eröffnet. Duch die Fusion mit der Elbe-Weser Verkehrsbetriebe gelangte die Buxtehuder-Harsefelder Eisenbahn GmbH im Juli 1993 an die Privatbahn EVB. Ein Triebwagen, der VT 175, bei der DB als VT 66 904 in Diensten, gelangte 1956 durch den Verkauf der DB zur BHE. Dieser Wumag-Triebwagen wurde dort bis Ende 1969 im Personenverkehr eingesetzt. Die Buxtehuder Eisenbahnfreunde nahmen sich dieses Triebfahrzeuges an, restaurierten später den VT 175 und versetzten ihn wieder in seine Ursprungslackierung. Von nun an wird er als VT 761 der Deutschen Reichsbahn geführt. Bei der Fahrzeugparade 1985 in Nürnberg zählte er zu den vorgesstellten Fahrzeugen.

Beschriftung	Baureihe	Bemerkung	Bauart-Typ	Firma	Nr.	Baujahr
BHE 223			B-dm	KHD	1 703	1916
BHE 224						
BHE 276			C-dh	BMAG	11 449	1941
BHE 281			650 D	MaK	600 414	1965
BHEF VT 175		DB-VT 66 904		WUMAG	761	1926
BHEF VT 761		VT 175		WUMAG	761	1926

Lok 281 der BHE am 27. Juni 1982 in Buxtehude-Süd Foto: Janikowski

WUMAG-Triebwagen VT 175 der BHE bzw. BHEF während der Fahrzeugparade 1985 in Nürnberg

BHEb Bremische Hafeneisenbahn Bremen

Die Bremische Hafeneisenbahn gehört der Stadtgemeinde Bremen und sorgt als öffentliches Eisenbahn-Verkehrs-Unternehmen für die Anbindung der Häfen Bremen und Bremerhaven an das Schienennetz der Deutschen Bundesbahn. Schon 1860 ließ die Stadt Bremen Gleise in seinen Häfen verlegen und das Wirtschaftsaufkommen konnte dadurch gesteigert werden. Die gesamte Gleislänge war zwar beträchtlich, aber durch die kurzen Fracht-Strecken konnten keine größeren Gewinne erzielt werden. In den Jahren 1930 wurden etwa 23 Dampflokomotiven bei der Bremischen Hafenbahn eingesetzt. Heute dagegen werden keine eigenen Triebfahrzeuge vorgehalten.

BHG Brinker Hafengesellschaft Städtische Häfen Hannover Hannover Niedersachsen

In den Jahren 1914/1915 wurde der Brinker Hafen in Hannover-Vinnhorst als privatrechtliches Wirtschaftsunternehmen gegründet. Der Brinker Hafen wird als Zwischen- und Verteilerlager für Stahlprodukte der angesiedelten Stahlhandelshäuser genutzt. Im Hafen sind rund 30 Betriebe angesiedelt. Der Hafen- und Bahnbetrieb liegt in der Hand der Brinker Handelsgesellschaft. In dem Hafenareal von 24 ha, inklusive der Flächen der angesiedelten Partner, wird auf einem 23 km Gleisnetz der Hafeneisenbahn der Brinker Hafengesellschaft der Betrieb mit zwei Diesellokomotiven abgewickelt. Der Tarifbahnhof ist Hannover-Vinnhorst.

Beschriftung	Firma	Nr.	Baujahr
BHG 1	Deutz	57 810	1964
BHG 3	O & K	26 775	1971

BKB Borkumer Kleinbahn und Dampfschiffahrt GmbH Borkum Niedersachsen

Die Borkumer Inselbahn wurde schon im Jahr 1888 eröffnet und befördert seit ihrem Bestehen die kleinen und großen Gäste der Insel Borkum mit ihren Diesselloks. Der Betrieb findet zwischen Borkum Bf. nach Borkum-Reede und zurück statt. Die Bahn betreibt ihren Schmalspur-Zugverkehr auf einer Spurweite von 900 mm und hat dabei eine Streckenlänge von 7,4 km. Die Borkumer Inselbahn verfügt über eine eigene Werkstatt, die in der Nähe des Ortsbahnhofes liegt. In den Sommermonaten ist der Verkehr auf der Inselbahn am größten, so dass zeitweilig sogar zwei Zuggarnituren eingesetzt werden.

Lok Emden am 15. April 1989 im Bahnhof Borkum

Beschriftung	Baureihe	Ex-Bezeichnung	Bauart-Typ	Firma	Nr.	Baujahr
BKB Aurich			B n2t	Hohenzollern	2 039	1906
BKB Borkum			B n2t	Krauss	1 933	1888
BKB Borkum			B n2t	O&K	13 051	1937
BKB Dollart			B n2t	O&K	13 571	1940
BKB Emden			B n2t	Hohenzollern	2 037	1906
BKB Leer			B n2t	O&K	10 925	1925
BKB Melitta			B n2t	Krauss	631	1877
BKB Moritz			B n2t	Krauss		
BKB Münster			B n2t	Hohenzollern	4 509	1925

Beschriftung	Baureihe	Ex-Bezeichnung	Bauart-Typ	Firma	Nr.	Baujahr
Diesellokomotiven						
BKB Berlin			CFL 150 DA	Schöma	5 343	1994
BKB Emden		an DEV		Henschel	25 955	1942
BKB Emden II			CFL 200 DA	Schöma	3 222	1969
BKB Hannover			CFL 150 DA	Schöma	5 342	1994
BKB Leer		ex Marine Borkum	55 B	DWK	551	1935
BKB Münster				Schöma	1 989	1957
BKB Münster II			CFL 150 DA	Schöma	5 385	1994
Triebwagen						
BKB T 1				Wismar	21 145	1940
BKB T 2		an Öchsle VT 133 523		Wismar	21 123	1939
BKB T 3				Wismar	23 145	1942

Lok Hannover am 6. Juli 1998 im Bahnhof Borkum Foto: John

Wagen 1 Gesellschaftswagen der Borkumer Inselbahn am 15. April 1989

BLB Burgenlandbahn GmbH Sachsen-Anhalt

Nach europaweiter Ausschreibung für Verkehrsunternehmen im Jahre 1996 erhielt die gemeinsame Tochter der Karsdorfer Eisenbahngesellschaft mbH und DB-Regio den Zuschlag. Als Burgenlandbahn GmbH fährt diese Gesellschaft seit Januar 1999 auf den Strecken Zeitz–Weißenfels, Zeitz–Naumburg, Naumburg–Karsdorf–Artern, Merseburg–Querfurt und Röblingen–Querfurt im Bundesland Sachsen-Anhalt. Die Burgenlandbahn GmbH wurde pünktlich in Betrieb genommen und zeichnet sich durch ihre Leistungsfähigkeit und hohe Pünktlichkeitsquote von mehr als 98 Prozent aus und konnte das erste Geschäftsjahr mit positivem Ergebnis abschließen. Eingesetzt werden dabei Triebwagen des Typs LVT/S, die sich im Eigentum der Karsdorfer Eisenbahn-Gesellschaft mbH befinden.

Beschriftung	Baureihe	Bemerkung	Bauart-Typ	Firma	Nr.	Baujahr
BLB VT 3.01	672 901	Eigentum der KEG	LVT/S	DWA	0 006	1998
BLB VT 3.02	672 902				0 007	1998
BLB VT 3.03	672 903				0 008	1998
BLB VT 3.04	672 904				0 009	1998
BLB VT 3.05	672 905				0 010	1998
BLB VT 3.06	672 906				0 011	1998
BLB VT 3.07	672 907				0 012	1998
BLB VT 3.08	672 908				0 001	1999
BLB VT 3.09	672 909				0 002	1999
BLB VT 3.10	672 910				0 003	1999
BLB VT 3.11	672 911				0 004	1999
BLB VT 3.12	672 912				0 005	1999
BLB VT 3.13	672 913				0 006	1999
BLB VT 3.14	672 914				0 007	1999
BLB VT 3.15	672 915				0 008	1999
BLB VT 3.16	672 916				0 009	1999
BLB VT 3.17	672 917				0 010	1999
BLB VT 3.18	672 918				0 011	1999

BLE Butzbach-Licher Eisenbahn AG Butzbach Hessen

Die Butzbach-Licher Eisenbahn betreibt den öffentlichen Personenverkehr mit ihren Triebwagen in der Wetterau. Von Bad Nauheim und Butzbach aus bedient die BLE mit ihren Diesellokomotiven ihre Strecken im Güterverkehr. Sonderverkehr in Form von Dampfzugfahrten wird auf BLE-Gleisen durch die Eisenbahnfreunde Wetterau nach Münzberg durchgeführt.

Der Triebwagen VT 123 der BLE auf dem Weg nach Hungen am 13. April 2001 bei der Ausfahrt in Gießen

Beschriftung	Baureihe	Bemerkung	Bauart-Typ	Firma	Nr.	Baujahr
BLE 12		angemietet Siegener Kreisb.	R 42 C	Jung	13 117	1960
BLE 13		SK 13	R 42 C	Jung	13 406	1961
BLE 17		SK 17	R 42 C	Jung	13 286	1962
BLE 32		HLB 32	G 1300 BB	Jung		
BLE V 100 PA 32		verkauft 2000 an Rail-Impex	V 100	MaK	1 000 245	1965
BLE V 116	-		DH 1200 D	Henschel	29 802	1962
BLE V 126		verschrottet		Henschel		
BLE VT 104	509 104		GTW 2/6	AD tranz / DWA	509 001	
BLE VT 105	509 105		GTW 2/6	AD tranz / DWA	509 002	
BLE VT 106	509 106		GTW 2/6	AD tranz / DWA	509 003	
BLE VT 107	509 107		GTW 2/6	AD tranz / DWA	509 004	
BLE VT 108	509 108		GTW 2/7	AD tranz / DWA	509 005	
BLE VT 109	509 109		GTW 2/6	AD tranz / DWA	509 006	
BLE VT 110	509 110		GTW 2/6	AD tranz / DWA	509 007	
BLE VT 111	509 111		GTW 2/6	AD tranz / DWA	509 008	
BLE VT 112	509 112		GTW 2/6	AD tranz / DWA	509 009	
BLE VT 113	508 113		GTW 2/6	AD tranz / DWA	508 004	
BLE VT 114	508 114		GTW 2/6	AD tranz / DWA	508 005	
BLE VT 115	508 115		GTW 2/6	AD tranz / DWA	508 006	
HTB VT 116	525 116	Hellertalbahn	GTW 2/7	AD tranz / DWA	525 001	
HTB VT 117	525 117	Hellertalbahn	GTW 2/8	AD tranz / DWA	525 002	
HTB VT 118	525 118	Hellertalbahn	GTW 2/9	AD tranz / DWA	525 003	
BLE VT 119	526 119		GTW 2/6	AD tranz / DWA	526 001	
BLE VT 120	526 120		GTW 2/6	AD tranz / DWA	526 002	
BLE VT 121	526 121		GTW 2/6	AD tranz / DWA	526 003	
BLE VT 122	526 122		GTW 2/6	AD tranz / DWA	526 004	
BLE VT 123	526 123		GTW 2/6	AD tranz / DWA	526 005	
BLE VT 124	526 124		GTW 2/6	AD tranz / DWA	526 006	
BLE VT 125	526 125		GTW 2/6	AD tranz / DWA	526 007	
BLE VT 126	526 126		GTW 2/6	AD tranz / DWA	526 008	
BLE VT 127	526 127	an DB-AG vermietet	GTW 2/6	AD tranz / DWA	526 009	
BLE VT 128	526 128	an DB-AG vermietet	GTW 2/6	AD tranz / DWA	526 010	
BLE VT 129	526 129	an DB-AG vermietet	GTW 2/6	AD tranz / DWA	526 011	
BLE VT 130	526 130	an DB-AG vermietet	GTW 2/6	AD tranz / DWA	526 012	

BOB Bayerische Oberlandbahn GmbH Bayern

Die BOB ist ein Unternehmen der Connex-Gruppe. Der Start der Bayrischen Oberlandbahn begann mit einer Pannenserie. Die geplanten Triebwagen vom Typ Integral wurden mit viel Verspätung ausgeliefert. Die modernen Triebwagen hatten kaum Testfahrten absolviert und somit tauchten die unterschiedlichsten Probleme auf, die einen fahrplanmäßigen Einsatz erst nach einer gründlichen Überarbeitung im Jahre 2001 erlaubten. Eingesetzt werden die Triebwagen der BOB zwischen Schliersee und Bayrischzell. Mit Werbung für die Kreissparkasse Miesbach-Tegernsee ist der BOB-Integral-Triebwagen VT 111 unterwegs.

Beschriftung	Bauart-Typ	Firma	Nr.	Baujahr
BOB VT 101	Integral	Jenbacher Werke	J 3 155-01	1998
BOB VT 102			J 3 155-02	1998
BOB VT 103			J 3 155-03	1998
BOB VT 104			J 3 155-04	1998
BOB VT 105			J 3 155-05	1998
BOB VT 106			J 3 155-06	1998
BOB VT 107			J 3 155-07	1998
BOB VT 108			J 3 155-08	1998
BOB VT 109			J 3 155-09	1998
BOB VT 110			J 3 155-10	1998
BOB VT 111			J 3 155-11	1998
BOB VT 112			J 3 155-12	1998
BOB VT 113			J 3 155-13	1998
BOB VT 114			J 3 155-14	1998
BOB VT 115			J 3 155-15	1998
BOB VT 116			J 3 155-16	1998
BOB VT 117			J 3 155-17	1998

VT 103 der Bayerischen Oberlandbahn im Münchener Hauptbahnhof
Foto: Janikowski

VT 109 der Bayerischen Oberlandbahn bei München-Pasing
Foto: Janikowski

V 170 1149 im Auftrage der Bayrischen Oberlandbahn bei der Durchfahrt München-Pasing am 6. Juli 1999 Foto: Janikowski

V 170 1151 bei der Durchfahrt München-Pasing am 17. September 1999 Foto: Janikowski

BOB Bodensee-Oberschwaben-Bahn GmbH Friedrichshafen Baden-Württemberg

Die sieben Triebwagen der BOB werden ausschließlich zwischen Aulendorf und Friedrichshafen eingesetzt. Der Verkehr im Personennahverkehr findet nur auf Gleisen der DB-AG statt. Die Triebwagen übernachten in Friedrichshafen-Stadt, wo sich eine Fahrzeughalle befindet. Gewartet und instandgesetzt werden die Triebwagen in Gammertingen bei der HzL. Sie wird auch liebevoll die Geißbockbahn genannt. Triebwagen der Bauart NE 81 und Regio-Shuttle versehen bei der BOB ihren Dienst.

Beschriftung	Bauart-Typ	Firma	Nr.	Baujahr
BOB VT 60	NE 81	Waggon-Union	36 107	1993
BOB VT 61	NE 81	Waggon-Union	36 108	1993
BOB VT 62	NE 81	ABB	36 289	1994
BOB VT 63	Regio-Shuttle 1	AD tranz	36 782	1998
BOB VT 64	Regio-Shuttle 1	AD tranz	36 783	1998
BOB VT 65	Regio-Shuttle 1	AD tranz	36 784	1998
BOB VT 66	Regio-Shuttle 1	AD tranz	36 785	1998

VT 62 der Bodenseebahn nach Ankunft in Ravensburg

Der VT der Bodenseebahn wartet vor Betriebsstelle in Friedrichshafen auf seinen nächsten Einsatz

BOE Bremervörde-Osterholzer Eisenbahn Bremervörde Niedersachsen

Die im Besitz der ehemaligen Bremervörde-Osterholzer Eisenbahn befindlichen historischen Triebwagen kommen gelegentlich noch im Sonderverkehr am Wochenende zum Einsatz, um Ausflügler zu befördern. Die BOE gibt es heute nicht mehr als eigenständiges Unternehmen, sondern gehörte zu den Gesellschaften, aus der die EVB später hervorging.

Abfahrbereit steht der BOE-Triebwagen T 164, gebaut von Talbot, im Bremer Hauptbahnhof

Beschriftung	Baureihe	Ex-Bezeichnung	Bauart-Typ	Firma	Nr.	Baujahr
BOE 275						
BOE T 101		nun DHEF-Delmenhorst		Gotha	26 052	1934
BOE T 162						
BOE T 164		T 164	(1A)' (A1)' dh	Talbot	97 213	1955
BOE T 170		DB - VT 51 104	B' 2' dh	LHW	1 959	1935
BOE VB 824	940 022	VB 140 022		Talbot	79 967	1937

Bombardier Bombardier-Transportation = Lok-Pool-Gesellschaft

Die Bombardier Lok-Poolgesellschaft ist der neue Name der ehemaligen Adtranz-Lokvermarktungsgesellschaft. Seit einiger Zeit kursieren jedoch Gerüchte oder Hinweise, dass sich Bombardier aus diesem Geschäftsbereich zurückziehen will.

Beschriftung	Baureihe	Ex-Bezeichnung	Bauart-Typ	Firma	Nr.	Baujahr
Bombardier VT 3.00		fährt bei der KEG	LVT/S	DWA		1996
Bombardier VT 504 001	504 001		LVT/S	DWA		1998
Bombardier VT 504 002	504 002		LVT/S	DWA		1998
Bombardier VT 504 003	504 003		LVT/S	DWA		1998
Bombardier VT 504 004	504 004		LVT/S	DWA		1998
Bombardier VT 504 005	504 005		LVT/S	DWA		1998
Bombardier VT 670				DWA		1994
Bombardier VT 670				DWA		1996
Bombardier W 232.01	242 003			Lugansk	0 003	1977
Bombardier W 232.02	242 002			Lugansk	0 002	1976
Bombardier W 232.03	242 004			Lugansk	0 004	1977
Bombardier W 232.04	242 005			Lugansk	0 005	1978
Bombardier W 232.05	231 015		V 300	Lugansk	0 117	1972
Bombardier W 232.06	231 004		V 300	Lugansk	0 106	1967
Bombardier W 232.07	231 011		V 300	Lugansk	0 113	1967
Bombardier W 232.08	231 018		V 300	Lugansk	0 120	1967
Bombardier W 232.09	232 714	TE 109 026	V 300	Lugansk	0 853	1978
Bombardier W 232.10	232 711	TE 109 015	V 300	Lugansk	0 842	1978
Bombardier W 232.11	232 712	TE 109 033	V 300	Lugansk	0 860	1978

Bothe Bothe Gleisbau GmbH Rostock MVP

Die Bothe Gleisbau GmbH hat ihren Sitz in Rostock. Im Hohenwulsch bei Stendal ist noch eine Aussenstelle, in der eine ehemalige DB-Lok der Baureihe 211 zum Einsatz auf verschiedenste Gleisbaustellen kommt. Hierbei handelt sich es um die Diesellok, Ex-CTTG 22, die früher ihren Dienst auf der Eurotunnel-Baustelle verrichtete. Ende des Jahres 2001 soll sie an die ITL Dresden verkauft worden sein.

Beschriftung	Baureihe	Ex-Bezeichnung	Bauart-Typ	Firma	Nr.	Baujahr
Bothe 49 W 001	211 134	verkauft an ITL	V 100.10	Deutz	57 371	1962

BoxXpress BoxXpress GmbH

Die Net-Log-BoxXpress hat seit Oktober ein neues Zugpaar zwischen Hamburg und München eingesetzt. Die dafür benötigten Waggons werden von AAE in Ahaus und der RAR Eisenbahnservice Gesellschaft angemietet und auf der Strecke Hamburg–Waltershof und München–Riem eingesetzt.

Dispo-Lok 1116 903 und 152 901 im Bahnhof München-Pasing mit Zug DFG 80 062
Foto: Janikowski

BSB Breisgau-S-Bahn GmbH Baden-Württemberg

Die BSB betreibt mit ihren RegioShuttle von Adtranz SPNV auf der Strecke Freiburg–Breisach in Baden-Württemberg. Auf der Strecke Freiburg–Breisach betreibt die erst 1995 gegründete Tochtergesellschaft der SWEG und der Freiburger Verkehrs-AG den SPNV mit ihren Regio-Shuttles von Adtranz. Zur Zeit sind neun Triebwagen vorhanden, die aber nicht mehr ausreichen, da ab Dezember 2002 weitere SPNV-Leistungen erbracht werden. Es sind bereits weitere Regio-Shuttle bestellt worden.

Beschriftung	Bauart-Typ	Firma	Nr.	Baujahr
BSB VT 001	Regio-Shuttle 1	ADtranz	36 606	1998
BSB VT 002			36 607	1998
BSB VT 003			36 608	1998
BSB VT 004			36 609	1998
BSB VT 005			36 610	1998
BSB VT 006			36 611	1998
BSB VT 007			36 612	1998
BSB VT 008			36 613	1998
BSB VT 009			36 614	1998

BSEG Brohltal Schmalspur-Eisenbahn Betriebs-GmbH Brohl Rheinland-Pfalz

Auf 1000 mm Spurweite betreibt die Brohltal-Eisenbahn-Betriebsgesellschaft den Ausflugs-SPNV. Die Streckenlänge zwischen Brohl und Engeln beträgt 17,6 km. Durchgeführt werden auch Güterzugfahrten von einem Phonolith-Bruch in Brenk und dem Bahnhof Brohl. Reisezugverkehr fand auf der Strecke der Brohltalbahn bis 1961 statt.

Beschriftung	Baureihe	Ex-Bezeichnung	Bauart-Typ	Firma	Nr.	Baujahr
BSEG 11 sm			B' B n 4 v t	Humboldt	348	1906
BSEG D 1				O&K	26 528	1965
BSEG D 2				O&K	26 529	1965
BSEG D 3				O&K	26 623	1966
BSEG D 5				Henschel	31 004	1966
BSEG D 7			V 10 C	LKM	250 349	1967
BSEG D 10			V 10 C	LKM	250 435	1967
BSEG D 11			V 10 C	LKM	250 566	1967
BSEG D 005			L 18 H-C	Bukarest		1984
BSEG D 006			L 18 H-C	Bukarest		1984
BSEG Skl 53		SKL 53		Robel		1977
BSEG V		PKP Px 48 3906		Chrzanow		1952
BSEG VI		PKP Px48 3913		Chrzanow		1952
BSEG VB 50		WEG VT 50		DWK	80	1924
BSEG VS 150		WEG		Auwärter		
BSEG VT 30		WEG VT 30		Fuchs	9 053	1956

BSM Bahnen der Stadt Monheim GmbH Monheim NRW

Heute verkehren auf der als einst elektrisch-betriebenen Strecke zwei Dieselloks. Die Personenbeförderung übernahmen ab 1963 Omnibusse. Nachdem 1983 zwei Neubaustrecken die Stadt Monheim nördlich und südlich umfahren, konnte die Ortsdurchfahrt rückgebaut werden. Die Fahrzeugwerkstatt ist in Monheim-Nord. Vor dem Betriebshof ist als Denkmal an Kleinbahnzeiten die Ellok E 15 (Bo, AEG 1928/4099) aufgestellt.

Fahrzeug der Stadt Monheim bei den ADtranz-Werken in Henningsdorf

Beschriftung	Baureihe	Ex-Bezeichnung	Bauart-Typ	Firma	Nr.	Baujahr
BSM 80		Max	MC 700 C	O&K	26 880	1979
BSM 81		Moritz	MC 700 C	O&K	26 881	1979
BSM 405		ex SVB	Bereisungswagen	Uerdingen		1954
BSM E 15				AEG	4 029	1928

BTE-BTH Bremen-Thedinghauser Eisenbahn GmbH Bremen

Die BTE ist aus der früheren Eisenbahn Bremen-Thedinghausen BTH hervorgegangen. Der Personenverkehr ist seit 1955 auf dieser Strecke eingestellt. Für die Abwicklung des Güterverkehrs benutzt die BTE auch auf den DB-Gleisen eine Diesellok des Typs V 100.4. Mittlerweile wurde die Lok umnummeriert und umlackiert, ihr Aussehen ähnelt nun einer schwarzweißen Kuh. Hierbei handelt es sich um eine Ex-Lok des Braunkohlekraftwerks Welzow. Gefahren werden Leistungen auf der 26,2 km langen Strecke Bremen–Huchtig–Leeste–Theddinghausen. Ebenso auf den DB-Strecken Bremen–Delmenhorst und Kirchweyhe–Bremen. Über die Wiederaufnahme des Personenverkehrs auf der BTE werden Überlegungen angestellt.

BTE-Lok 1001 mit der Farbgebung einer Kuh im Bremer Hauptbahnhof
Foto: John

Beschriftung	Baureihe	Ex-Bezeichnung	Bauart-Typ	Firma	Nr.	Baujahr
BTE 1001	201	BTE V 105	V 100.4 Umbau	VEB Lokbau E. Werke	16 672	1981
BTE 1099	Klv					
BTH V 62		FVE V 62	600 D		600 129	1958
BTH V 102		FVE V 102	1000 D	MaK	1 000 010	1958
BTH V 105	201		V 100.4 Umbau	VEB Lokbau E. Werke	16 672	1981

BVO Busverkehr Ober- und Westerzgebirge-Bahn Oberwiesenthal Sachsen

Neben einem großen Busnetz betreibt die BVO auch die Ex-DB-Schmalspurbahn mit einer Spurweite von 750 mm zwischen Cranzahl und Oberwiesenthal. Gerüchte über einen erweiterten Einsatz im SPNV über Königewalde nach Annaberg-Buchholz wollen nicht verstummen. Mit der Fichtelbergbahn kommt man in die höchste Stadt Deutschlands.

Beschriftung	Baureihe	Ex-Bezeichnung	Bauart-Typ	Firma	Nr.	Baujahr
BVO 099 772	099 772	099 1772	Schmalspur 750 mm	LKM	32 011	1952
BVO 099 773	099 773	099 1773			32 012	1952
BVO 099 776	099 776	099 1776			32 015	1953
BVO 099 785	099 785	099 1785			32 026	1954
BVO 099 786	099 786	099 1786			32 027	1954
BVO 099 794	099 794	099 1794			32 035	1955
BVO L45 H-083		Rumänien				1985

Dampflok 99 1785 durchfährt am 2. Oktober 1990 Unterneudorf

BZB Bayerische Zugspitzbahn AG Garmisch-Partenkirchen Bayern

Seit Eröffnung im Jahre 1930 wird die Bahn elektrisch mit einer Gleichspannung von 1500 V betrieben. Von den ehemals 4 Talloks sind noch 3 vorhanden. Bei den ursprünglichlichen 8 Bergloks sind ebenfalls noch 3 vorhanden, die ihren Dienst vor Güterzügen und zum Schneeräumen antreten. Die Triebwagen haben schon in frühen Jahren sowie 1978 bzw. 1987 die Personenbeförderung übernommen. Die Strecke führte bis 1987 nur bis zum Schneefernerhaus (2650 m ü. NN). Eine Neubaustrecke schaffte die Verbindung zum Zugspitzblatt. Die Werkstatt befindet sich in Grainau. Dort herrscht ganztätig ein reger Betrieb. Kreuzungen der Berg- und Talfahrten, Austausch von Fahrzeugen, Einsätze von Güterzügen und Lokwechsel bei lokgeführten Talzügen. Bei einem gebrochenem Betrieb dient dieser Bahnhof dann als Umsteigebahnhof.

Beschriftung	Bauart-Typ	Firma	Nr.	Baujahr
BZB E 1	Tal-Lok	AEG	4 268	1929
BZB E 2	Tal-Lok	AEG	4 269	1929
BZB E 3	Tal-Lok	AEG	4 270	1929
BZB E 4	Tal-Lok	AEG	4 271	1929
BZB E 11	Berg-Lok	AEG	4 260	1929
BZB E 14	Berg-Lok	AEG	4 263	1929
BZB E 15	Berg-Lok	AEG	4 264	1929
BZB T 1	Berg-Triebwagen	MAN / SLM	140 874	1954
BZB T 2	Berg-Triebwagen	MAN / SLM	141 470	1956
BZB T 3	Berg-Triebwagen	MAN / SLM	143 474	1958
BZB T 4	Berg-Triebwagen	MAN / SLM	143 475	1958
BZB T 5	Berg-Triebwagen	SLM	5 132	1978
BZB T 6	Berg-Triebwagen	SLM	5 133	1978
BZB DTw 10	Gesamt-Strecke	SLM	5 316	1987
BZB DTw 11	Gesamt-Strecke	SLM	5 317	1987

BZB-Lok mit ihrem Zug in Richtung Grainau

BZB-Triebwagen der Zugspitzbahn in Garmisch-Patenkirchen

CB City Bahn Chemnitz GmbH Chemnitz Sachsen

Die Citybahn Chemnitz in Sachsen soll als Stadtbahn ähnlich der Karlsruher Stadtbahn im Herbst 2002 in Betreib genommen werden. Der Streckenabschnitt der Citybahn von Chemnitz nach Stolberg ist zur Zeit gesperrt. Seit Juni 2001 wird dieser Streckenbereich elektrifiziert. Das sorgte für die vorübergehende Einstellung des Vorlaufbetriebes. Eingesetzt werden sollen dann elektrische Stadtbahntriebwagen des Typ Variobahn, von dem sechs Fahrzeuge bestellt worden sind.

CLG EKML Eisenbahn Köln-Mülheim-Leverkusen Leverkusen NRW

seit 1. Juli 2001 Chemion Logistik GmbH-Bahnbetriebe

Die Eisenbahn Köln-Mülheim-Leverkusen, kurz EKML genannt, transportiert und befördert heute nur noch Güter für die Bayer-Werke in Leverkusen. Der Personenverkehr auf der 5 km langen Strecke von Köln–Mülheim wurde bereits im Jahr 1971 eingestellt. Die Werkstatt der EKML ist im Werksgelände der Bayer AG. Dieses Unternehmen hat seit dem 1. Juli 2001 einen neuen Namen. Die Chemion Logistik GmbH ist die neue Bezeichnung der ehemaligen Eisenbahn Köln-Mülheim-Leverkusen und verfügt nun nach Einbringung der Bayer-Werkbahnen über 140 Kilometer Gleisanlagen in den Standorten der Bayer-Werke.

Beschriftung	Baureihe	Ex-Bezeichnung	Bauart-Typ	Firma	Nr.	Baujahr
CLG 20			ZL 233 1000 mm	Jung	11 724	1953
CLG 22		ex. Bayer	Bfl	Hohenzollern	3 636	1917
CLG 80-03				Daimler Benz	421 113	1970
CLG 102						
CLG 103		EKML 103	MC 500 N	O&K	26 710	1971
CLG 105		EKML 105	G 1300 BB	MaK	1 000 243	1963
CLG 108		EKML 108	G 763 C	MaK	700 088	1986
CLG 109		EKML 109	G 763 C	MaK	700 091	1987
CLG 110		EKML 110	G 763 C	MaK	700 094	1990
CLG Bettina		EKML Bettina	G 1204 B	MaK	1 000 866	1991
CLG. LE 1				Daimler Benz	105 274	1983

Connex Connex-Verkehr GmbH / DEG-Verkehrs-GmbH

Die Connex-Gruppe hat die Betriebsführung folgender Verkehrsunternehmen übernommen:

BOB Bayrische Oberlandbahn
FVE Farrge-Vegesacker Eisenbahn
GBRE Groß-Bieberau-Reinheimer Eisenbahn GmbH
HTB Hörsetal-Bahn GmbH
NOB Nord-Ostsee-Bahn
NWB Nord-West-Bahn GmbH
OME Ostmecklenburgische Eisenbahn
RBB Regio-Bahn-Bitterfeld GmbH
RBE Rheinisch-Bergische Eisenbahn GmbH
TWE Teutoburger Wald-Eisenbahn
WEG Württembergische Eisenbahn-Gesellschaft

CSB Chiemseebahn Prien Bayern

Die Chiemseebahn betreibt auf ihrer etwa 1,7 km langen Schmalspurstrecke, Spurweite von 1000 mm, reinen Personenverkehr zwischen Prien DB-Bf. und Prien-Stock mit einer alten Kastenlok, noch im Originalzustand von 1887. Einen neuen Kessel bekam sie im Jahr 1958. Elf Personenzugpaare mit Wagen aus dem Jahre 1887 verkehren hier täglich von Mai bis September. Die Dampflok der Chiemseebahn verrichtete bis 1984 den Zugdienst alleine. Erst dann bekam sie Verstärkung in Form einer Diesellok von Deutz, die von nun an als Reserve- bzw. Verstärkungslok bei der Chiemseebahn vorgehalten wird.

Beschriftung	Bauart-Typ	Firma	Nr.	Baujahr
CSB-Dampflok	LV III K	Krauss	1 813	1887
CSB-Diesellok	KG 125 BS	Deutz	57 499	1962

Dampflok der Chiemseebahn mit ihrem Wagenpark am 16. August 1992 im Bahnhof Stock

Dampflok und Diesellok der Chiemseebahn am 16. August 1992 im Bahnhof Stock

CSB-Lok 2 mit dem Wagenpark in Stock am 28. Juni 1992

CTT Classic Train Tours Gelsenkirchen NRW

Beschriftung	Baureihe	Ex-Bezeichnung	Bauart-Typ	Firma	Nr.	Baujahr
CTT 220 017	220 017		V 200 West	MaK	2 000 017	1957
CTT 220 077	220 077		V 200 West	Krauss-Maffei	18 586	1959

D&D D&D Eisenbahn-Transport Logistik GmbH Hagenow-Land Mecklenburg-Vorpommern

Gründer der D&D ist ein ehemaliger Mitarbeiter der EVB. Ansässig ist das Unternehmen in einem von der DB gekauften Bahnbetriebswerk in Hagenow-Land. In der eigenen Werkstatt können nun die Fahrzeuge des D&D und anderer Dienstleister, die im Bereich als Eisenbahn-Verkehrs-Unternehmen tätig sind, überholt und instandgesetzt werden. Bei bundesweiten Güterverkehren, Überführungen und Arbeitszugleistungen kommen die Fahrzeuge der D&D zum Einsatz.

Beschriftung	Baureihe	Ex-Bezeichnung	Bauart-Typ	Firma	Nr.	Baujahr
D&D 323	323 686	Werkstattverschub	Köf II	LKM	270 154	1953
D&D 651			V 60	LKM	270 154	1953
D&B 1401	202 319	110 319	V 100.1	LEW	12 828	1970
D&D 2401	228 705		V 180 CC			
D&D 2402	228 757	118 757	V 180 CC	VEB Lokbau K. Marx	280 166	1969
D&D 2403	228 758	118 758	V 180 CC			
D&D	228 721		V 180 CC			

DB-Lokpool DB Regio-Schienenfahrzeugzentrum Stendal Sachsen-Anhalt

Die Deutsche Bahn aus dem Schienenfahrzeugzentrum Stendal vermietet aufgearbeitete Dieselloks der Baureihe V 100. Zahlreiche Unternehmen haben von diesem Leasing-Angebot schon Gebrauch gemacht und die Dienste vom DB-Lok-Pool in Anspruch genommen und Fahrzeuge aus diesem Lok-Pool kurz- bzw langfristig angemietet. Somit kann man Lokomotiven im gesamten Bundesgebiet antreffen, sei es im Bauzugdienst oder bei Leistungen im Güterverkehr bei Privatbahnen.

Diesellok 203 503 aus dem Lok-Pool der DB-Stendal beim Bauzugdienst in Essen

Beschriftung	Baureihe	Ex-Bezeichnung	Bauart-Typ	Firma	Nr.	Baujahr
DB-Stendal-Lokpool	202 371		V 100.4 Umbau	VEB Lokbau E. Werke	120 880	1971
DB-Stendal-Lokpool	202 562		V 100.4 Umbau	VEB Lokbau E. Werke	13 880	1973
DB-Stendal-Lokpool	202 726		V 100.4 Umbau	VEB Lokbau E. Werke	14 427	1974
DB-Stendal-Lokpool	203 001	202 349	V 100.4 Umbau	VEB Lokbau E. Werke	12 858	1971
DB-Stendal-Lokpool	203 501	202 260	V 100.4 Umbau	VEB Lokbau E. Werke	12 562	1970
DB-Stendal-Lokpool	203 502	202 483	V 100.4 Umbau	VEB Lokbau E. Werke	13 522	1972
DB-Stendal-Lokpool	203 503	202 787-7	V 100.4 Umbau	VEB Lokbau E. Werke	14 844	1975
DB-Stendal-Lokpool	203 504	202 264	V 100.4 Umbau	VEB Lokbau E. Werke	12 546	1970
DB-Stendal-Lokpool	203 505	202 326	V 100.4 Umbau	VEB Lokbau E. Werke	12 835	1971
DB-Stendal-Lokpool	203 506		V 100.4 Umbau	VEB Lokbau E. Werke		

DE Dortmunder Eisenbahn Dortmund NRW

Nach mehreren Namensgebungen wie ab 1898 „Städtische Hafenbahn" und im Jahre 1907 nach Zusammenschluss der Dortmunder Stahlwerke „Dortmunder Hafenbahn und Kleinbahn" bekam 1980, nach einer Fusion mit der Werkbahn Hoesch AG, die jetzt DE, 65 Dieselloks zu den 17 eigenen Loks hinzu. Die Länge der Gleise betrug nun 238 Kilometer. 1994 kamen neun Loks der Krupp-Stahl AG dazu. Die meisten der DE-Loks verbringen ihren Tag mit Rangierdiensten in den einzelnen Werksteilen. Die DE setzte zeitweise im Jahr 2001 Fahrzeuge von Euro Trac und dem ADtranz-Pool ein.

Beschriftung	Baureihe	Ex-Bezeichnung	Bauart-Typ	Firma	Nr.	Baujahr
DE	250 001	Blue Tiger	DE-AC 33C	AD tranz	33 293	1996
DE 011		nach Italien verkauft	1000 D	MaK		
DE 012		nach Italien verkauft	1000 D	MaK		
DE 013		nach Italien verkauft	1200 D	MaK		
DE 022		DE D 22	G 1200 BB	MaK	1 000 599	1975
DE 023		DE D 23	G 1200 BB	MaK	1 000 600	1975
DE 024		DE D 24	G 1200 BB	MaK	1 000 601	1975
DE 025		DE D 25	G 1200 BB	MaK		
DE 026		DE D 26	G 1200 BB	MaK	1 000 602	1976
DE 027		DE D 27	G 1200 BB	MaK	1 000 774	1976
DE 028		DE D 28	G 1200 BB	MaK	1 000 775	1976
DE 031			DE 1002	MaK	1 000 794	1982
DE 032			DE 1002	MaK	1 000 829	1985
DE 131		Hoesch 131	KK 130 B	Deutz	56 484	1957
DE 133		Hoesch 133	KK 130 B	Deutz	57 534	1963
DE 322		an Fa. Stora Hagen verkauft	G 320 B	MaK	220 100	1974

Beschriftung	Baureihe	Ex-Bezeichnung	Bauart-Typ	Firma	Nr.	Baujahr
DE 388		EH 400		Krupp	3 614	1957
DE 401			G 1206	VSFT	1 001 008	1998
DE 402			G 1206	VSFT	1 001 009	1998
DE 403			G 1206	VSFT	1 001 010	1998
DE 404			G 1206	VSFT	1 001 011	1998
DE 405			G 1206	VSFT		
DE 406	NEG 06	angemietet LSG	G 1206	VSFT	1 001 017	2000
DE 407	NEG 07	angemietet LSG	G 1206	VSFT	1 001 018	1999
DE 410	V 170 1125	angemietet	MY 1125	Nottab	2 366	1957
DE 411	V 170 1131	angemietet	MY 1131	Nottab	2 372	1957
DE 701		Hoesch 701	M 700C	Krauss-Maffei	18 846	1962
DE 702		Hoesch 702	M 700C	Krauss-Maffei	18 847	1962
DE 704		Hoesch 704	M 700C	Krauss-Maffei	18 849	1962
DE 707		Hoesch 707	M 700C	Krauss-Maffei	18 989	1962
DE 708		Hoesch 708	M 700C	Krauss-Maffei	18 990	1962
DE 710		Hoesch 710	M 700C	Krauss-Maffei	18 892	1962
DE 730			G 761C	MaK	700 023	1978
DE 731		Krupp	G 761C	MaK	700 027	1979
DE 732		Krupp	G 761C	MaK	700 030	1979
DE 733		Krupp	G 761C	MaK	700 031	1979
DE 734		Krupp	G 761C	MaK	700 028	1979
DE 735		Krupp	G 761C	MaK	700 029	1979
DE 736		Krupp	G 762C	MaK	700 032	1984
DE 737		Krupp	G 762C	MaK	700 033	1984
DE 751		Hoesch 751	MC 700 N	O&K	26 817	1976
DE 752		Hoesch 752	MC 700 N	O&K	26 818	1976
DE 761			ME C 502	O&K	26 954	1980
DE 762			ME C 502	O&K	26 955	1980
DE 764			ME C 502	O&K	26 957	1980
DE 765			ME 05	Krauss-Maffei	19 888	1982
DE 766			ME 05	Krauss-Maffei	19 889	1982
DE 767			ME 05	Krauss-Maffei	19 980	1982
DE 768			ME 05	Krauss-Maffei	19 891	1982
DE 769			ME 05	Krauss-Maffei	19 892	1982
DE 770			ME 05	Krauss-Maffei	19 970	1988
DE 771		angemietet von TWE	ME 05	Krauss-Maffei	19 971	1988
DE 772		angemietet von EH 907	ME 05	Krauss-Maffei	19 972	1988
DE 773			ME 05	Krauss-Maffei	19 973	1988
DE 801		Hoesch 801	DHG 1200 BB	Henschel	31 950	1975
DE 802		Hoesch 802	DHG 1200 BB	Henschel	31 951	1975
DE 803		Hoesch 803	DHG 1200 BB	Henschel	31 952	1975
DE 804		Hoesch 804	MBB 1200 N	O&K	26 814	1975
DE 805			G 1203 BB	MaK	1 000 848	1990
DE 806			G 1203 BB	MaK	1 000 849	1990
DE 811			G 1203 BB	MaK	1 000 848	1990
DE 812			G 1203 BB	MaK	1 000 849	1990
DE VT 1		ex RBG		Dessau	2 423	1938
DE 1807	201 056	AD tranz-Pool	V 100.4 Umbau	VEB Lokbau E. Werke	11 894	1968

Diesellok DE 403 einer MaK-Lok Bauart G 1206 mit Torpedo-Wagen bei der Durchfahrt Wanne-Eickel

DE 24 am 23. April 1999 mit OnRail-Güterwagen bei der Einfahrt zum Dortmunder Hauptbahnhof

NoHab Lok V 170 1125 und V 170 1131 als DE 410 und DE 411 aus dem Lok-Pool EuroTrac

NoHab Lok V 170 1125 und V 170 1131 als DE 410 und DE 411 abfahrfertig in BO-Präsident

DEG Deutsche-Eisenbahn-Gesellschaft Frankfurt Hessen

siehe Connex-Gruppe

Beschriftung	Baureihe	Ex-Bezeichnung	Bauart-Typ	Firma	Nr.	Baujahr
DEG V 122		RStE	1200 D	MaK	1 000 057	1961
DEG V 133		RStE	G 1300 BB	MaK	1 000 257	1968

DGT Deutsche Gleis- und Tiefbau GmbH Berlin

Die DGT aus Berlin gehört zur Deutschen Bahn-Gruppe und hat ihren Sitz in Berlin. Von dort aus setzt die Deutsche Gleis- und Tiefbau GmbH ihre gelb-lackierten, ehemaligen Grabenräumeinheiten, von ADtranz modernisierten Dieselloks vor Bauzügen ein.

Beschriftung	Baureihe	Ex-Bezeichnung	Bauart-Typ	Firma	Nr.	Baujahr
DGT 710 964	710 964	Grabenräumeinheiten	V 100.5	VEB Lokbau E. Werke	17 313	1983
DGT 710 965	710 965	Grabenräumeinheiten	V 100.5	VEB Lokbau E. Werke	17 314	1983
DGT 710 966	710 966 II	Grabenräumeinheiten	V 100.5	ADtranz-Umbau		
DGT 710 967	710 967	Grabenräumeinheiten	V 100.5	VEB Lokbau E. Werke	17 316	1983
DGT 710 968	710 968 II	Grabenräumeinheiten	V 100.5	ADtranz-Umbau		

DGT-Werklok 10 am 8. August 2001 in Pirna

DGT 710 968 im Bahnhof Gladbeck-West

DHE Delmenhorst-Harpstedter Eisenbahn GmbH Delmenhorst Niedersachsen

Die Delmenhorster-Harpstedter Eisenbahn GmbH entstand aus der 1910 gegründeten Kleinbahn Delmenhorst-Harpstedt GmbH, auf der im Jahre 1912 schon die Einweihung der Strecke gefeiert werden konnte. Die Umbenennung in ihren jetzigen Namen erfolgte dann 1951. Die Einstellung des Personenverkehrs mußte die DHE im Jahre 1967 verzeichnen. Ihren Triebwagen T 121 hat sie allerdings noch behalten. Für Sonderfahrten von Gruppen und Vereinen sowie als Schlepptriebwagen im Güterverkehr wird er heute noch eingesetzt. Die Streckenlänge beträgt 22,6 km. Die Werkstatt befindet sich in Harpstedt. Ehemalige Fahrzeuge der DB-AG oder DR sind hier nicht anzutreffen.

DHE-Lok 6 am 24. März 1985 in Harpstedt
Foto: John

Beschriftung	Baureihe	Ex-Bezeichnung	Bauart-Typ	Firma	Nr.	Baujahr
DHE 6		an DHEF	DH 360 C	Henschel	28 638	1956
DHE 7		an DBG	A6 M 436	KHD	56 105	
DHE 8		an Schrotthändler	MV 6 B	O&K	25 624	1956
DHE 9			CFL 250 DVR	Schöma	5 173	1991
DHE 282		angemietet von EVB	G 500 C	MaK		
DHE T 121		Butjadinder Eb. T 121		Wumag	71 004	1940

Die Bahnen Verband aus mehreren Eisenbahnunternehmen

Der Verband „Die Bahnen" wurde im Oktober 2001 in Berlin aus den untengenannten nichtbundeseigenen EVU gegründet. Ziel dieser Verkehrsunternehmen ist es, mit guten und kostensenkenden Lösungen mehr Verkehr auf die Schiene zu verlagern. Der Name „Die Bahnen" bereitet der DB-AG wegen der Verwechslungsgefahr erhebliche Schwierigkeiten und so wurde beim Landgericht Hamburg im November 2001 eine einstweilige Verfügung gegen diese Namensgebung erwirkt. Mittlerweise soll dieser Verband mit einem neuen Namen firmieren: „Mehr Bahnen".

Folgende Eisenbahn-Verkehrs-Unternehmen gehören dem Verband an:

Connex Connex-Regiobahn GmbH
NEB Niederbarnimer Eisenbahn AG, Berlin
NNVG Norddeutsche Nahverkehrsgesellschaft
Rhenus Rhenus Keolis GmbH & KG, Dortmund, NRW
RMA Regionalverkehr Mittelland AG
RPE Rheinland-Pfalz-Eisenbahngesellschaft, Rheinland-Pfalz

DKB Dürener Kreisbahn GmbH Düren NRW

Geschichtlich gibt es die Dürener Kreisbahnen seit 1921. Die Deutsche Eisenbahn-Gesellschaft übernahm 1960 die Betriebsführung.Die eigene Betriebsführung wurde dann im Jahr 1969 von der Dürener Kreisbahn übernommen. Nach einem Zusammenschluss mit der Jülicher Kreisbahn JKB im Januar 1984 gelangte die Strecke Jülich Nord–Puffendorf in den Besitz der Dürener Kreisbahn, ausserdem die Diesellok V 35 und der Triebwagen T 1. Nach Übernahme der DB-Strecken Linnich–Jülich–Düren und Düren–Heimbach im Mai 1993 begann bei der DKB ein reger Betrieb. Nachdem 1995 neue Triebwagen des Typs Regio-Sprinter beschafft wurden, wurde der Fahrplan verdichtet. Ein neuer Betriebshof ist in Düren-Dieselrath entstanden. Im Auftrag der DB-AG fahren bzw. fuhren Triebwagen der Dürener Kreisbahn auf den Strecken Oberhausen–Bottrop, Oberhausen–Duisburg Ruhrort und Duisburg-Hbf–Duisburg-Entenfang. Für Güterverkehr setzt sie auch ehemalige Dieselloks der DB-AG ein, die von OnRail in Moers umgebaut wurden.

Beschriftung	Baureihe	Ex-Bezeichnung	Bauart-Typ	Firma	Nr.	Baujahr
DKB DL 1		KBE V 19	600 D	MaK	600 142	1958
DKB DL 2		Niebüll V 1		Klöckner-Humboldt-Deutz	19 755	1938
DKB V 1		Jülich Nr. 1	KG 130 B	Deutz	57 884	1966
DKB 301		JKB V 35	G 320 B	MaK	220 090	1968
DKB 302		HGK V 24	KG 130 B	Deutz	56 935	1959
DKB 303	333 020		Köf III	Jung	14 060	1968
DKB 6.304.1	211 235	On Rail DH 1004-4	V 100.10	Krupp	4 345	1961
DKB 6.305.1	211 276	On Rail DH 1004-5	V 100.10	Krauss-Maffei	18 872	1962
DKB 6.001.1			Regio-Sprinter	Duewag	91 345	1995
DKB 6.002.1			Regio-Sprinter	Duewag	91 346	1995
DKB 6.003.1			Regio-Sprinter	Duewag	91 347	1995
DKB 6.004.1			Regio-Sprinter	Duewag	91 348	1995
DKB 6.005.1			Regio-Sprinter	Duewag	91 349	1995
DKB 6.006.1			Regio-Sprinter	Duewag	91 350	1995
DKB 6.007.1			Regio-Sprinter	Duewag	91 351	1995
DKB 6.008.1			Regio-Sprinter	Duewag	91 352	1995
DKB 6.009.1			Regio-Sprinter	Duewag	91 353	1995
DKB 6.010.1			Regio-Sprinter	Duewag	91 354	1995
DKB 6.011.1			Regio-Sprinter	Duewag	91 355	1995
DKB 6.012.1			Regio-Sprinter	Duewag	91 356	1995
DKB 6.013.1			Regio-Sprinter	Duewag	91 357	1995
DKB 6.014.1			Regio-Sprinter	Duewag	91 358	1995
DKB 6.015.1			Regio-Sprinter	Duewag	91 359	1995
DKB 6.016.1			Regio-Sprinter	Duewag	91 360	1995
DKB 6.017.1			Regio-Sprinter	Duewag	91 361	1995
DKB VS 251	998 663	an Dt. Regionalbahn VS 204	VS 98	Crede		1957
DKB VS 252	998 800	verkauft	VS 98	MAN	145 014	1959
DKB VS 253	998 908	Museumsbahn W-Münsterland	VS 98	Uerdingen		1961
DKB VS 254		an EPEG	EBOE VS 3.51	Uerdingen	68 641	1961
DKB VS 255		AKN VS 2.60		Uerdingen	67 368	1960
DKB VS 256		EBOE VS 3.52		Uerdingen	67 363	1960
DKB VS	998 888	Ersatzteilspender	VS 98	Uerdingen		1961
DKB VT 1		Hümmlinger Krb. T2	AA	Wismarer	21 111	1938
DKB VT 2		verschrottet	AA	Wismarer	21 149	1941
DKB VT	798 590			WMD	1 226	1956
DKB VT 201	798 633	an PEG T 10	VT 98	Uerdingen	61 989	1956
DKB VT 202	798 576	an Hochwaldbahn	VT 98	WMD	1 212	1956
DKB VT 203	798 514	an Museum Hümmlinger Kb	VT 98	Uerdingen	60 254	1955
DKB VT 204	798 592	an Dt. Regionalbahn	VT 98	WMD	1 228	1956
DKB VT 205	798 751	Leihgabe an EAKJ	VT 98	WMD	1 291	1960
DKB VT 206	798 808	an Hochwaldbahn	VT 98	MAN	146 590	1962
DKB VT 207	798 670	Leihgabe an EAKJ	VT 98	Uerdingen	66 591	1959
DKB VT 208	798 667	an PEG T 11	VT 98	Uerdingen	66 552	1959
DKB VT 209	798 752		VT 98	WMD	1 292	1960
DKB VT 210	798 677	an EPEGL 796-210	VT 98	Uerdingen	66 569	1960
DKB VT 211		an EPEGL 796-27		Uerdingen	68 639	1961
DKB VT 212		JKB T 1	Taunus	Talbot	94 821	1952

Regiosprinter 6.014-1 der Dürener Kreisbahn im Bahnhof Bottrop

Triebwagen VT 98 der Ex-DB kann man auch bei der DKB antreffen, hier der DKB VT 208 (798 667)

DME Dortmund-Märkische Eisenbahngesellschaft mbH Dortmund NRW

Seit dem 30. Mai 1999 betreibt die DME auf der Strecke Dortmund–Hagen–Brügge–Lüdenscheid den Personennahverkehr. Mit Triebwagen der Bauart Talent, beschriftet als „Volmetalbahn", befährt sie ihre Strecken. Die Streckenlänge beträgt 57 km. In den Werkstätten der Dortmunder Eisenbahn werden die Triebwagen der Dortmund-Märkischen Eisenbahn gewartet und instandgesetzt. Der Dortmunder Hauptbahnhof ist End- bzw. Anfangspunkt der Dortmund-Märkischen Eisenbahn.

Einfahrt eines DME-Triebwagens in den Dortmunder Hauptbahnhof

Beschriftung	Bauart-Typ	Firma	Nr.	Baujahr
DME VT 01.101			191 014	1999
DME VT 01.102			191 017	1999
DME VT 01.103			191 020	1999
DME VT 01.104			191 023	1999
DME VT 01.201			191 016	1999
DME VT 01.202	Talent	Talbot	191 019	1999
DME VT 01.203			191 022	1999
DME VT 01.204			191 025	1999
DME VT 01.301			191 015	1999
DME VT 01.302			191 018	1999
DME VT 01.303			191 021	1999
DME VT 01.304			191 024	1999

Mit der Beschriftung „Volmetalbahn" sind die Triebwagen der DME versehen

DMH-Falz Dampflokmuseum Hermeskeil Hermeskeil Saarland

Im Museum Hermeskeil und Jüterbog sind Fahrzeuge aus der Sammlung des Herrn Falz hinterstellt. Aus dieser Sammlung Falz stehen für Vermietungen im gesamten Bundesgebiet folgende betriebsfähige Dieselloks zur Verfügung.

Am 11. Mai 2000 durchfuhr 232 305 P / 232 375 aus der Sammlung Falz den Bahnhof Kassel-Wilhelmshöhe

Beschriftung	Baureihe	Ex-Bezeichnung	Bauart-Typ	Firma	Nr.	Baujahr
DMH-Falz 1	344	Umformtechnik Erfurt 1	V 60D	LEW		
DMH-Falz 7	344	EIB 07	V 60D	LEW	16 974	1980
DMH-Falz 120 355	220 355		M 62	Woroschilowgrad	2 087	1974
DMH-Falz 231 012	231 012-6		231-Bauart			
DMH-Falz 232 305-P	232 305		232-Bauart			
DMH-Falz 232 375	232 375		232-Bauart			
DMH-Falz 346 594-5	346 594-5		V 60D			

DRE Deutsche Regionaleisenbahn GmbH Brandenburg

Als Tochtergesellschaft des Verbandes Deutscher Bahnkunden bemüht sich die erst 1993 gegründete Deutsche Regionaleisenbahn GmbH Eisenbahnstrecken zu erhalten. Für gelegentlichen Personenverkehr betreibt die DRE seit 1996 die Strecke Burgkemnitz–Möhlau. Die Ex-Grubenbahnstrecke wird dabei abschnittsweise benutzt. Hierfür stehen Ex-SWEG-Triebwagen zu Verfügung.

Beschriftung	Baureihe	Ex-Bezeichnung	Bauart-Typ	Firma	Nr.	Baujahr
DRE V 22		ex NVA	V 22	LOB		1976
DRE V 65 15	265 15	BLME V 65 15	V 60	LEW		
DRE V 102 004	102 004	ex NVA 04	V 22	LOB	262 626	1976
DRE VT 11		SWEG VT 11		MAN	141 757	1955
DRE VS 111		SWEG VS 111		MAN	141 758	1955
DRE VB 112		Schrott		MAN	141 759	1956

DTB-DBG Döllnitztalbahn GmbH Mügeln Sachsen

Seit 1993 wird die Schmalspurstrecke Oschatz–Mügeln–Kemlitz betrieben. Die im Besitz der DTB befindliche Strecke hat eine Länge von 18,7 km und eine Spurweite von 750 mm. Der Personenverkehr dient Schülern und Ausflüglern. Der Güterverkehr besteht überwiegend aus Porzellanrohstoffen, der in Oschatz in Normalspurwagen verladen wird. Die Döllnitztalbahn ist auch als Wilder Robert bekannt. Schon in den Jahren 1894 bis 1904 wurde diese Bahn gebaut und als Schmalspurbahn betrieben.Von der Blütezeit dieser Bahn mit einem damaligen Streckennetz von 73 km ist nur noch ein Teilbereich übriggeblieben. Die Deutsche Reichsbahn trennte sich 1993 wegen zu hoher Defizite von dieser Bahn und sie ging in den Besitz der Döllnitztalbahn GmbH über, die jetzt für die Geschicke der Bahn verantwortlich ist.

Beschriftung	Baureihe	Ex-Bezeichnung	Bauart-Typ	Firma	Nr.	Baujahr
DTB 10	10	Elektro-V 10	V 10 C	LKM		
DTB 31	31	Malowa V 31	C	LKM	250 271	1961
DTB 33 Totzi	33	PKP Lyd 2-71	C	Bukarest	24 378	1981
DTB 35	35	Malowa V 35	C	LKM	250 308	1981
DTB 099 1561	99 1561	099 703		Hartmann	3 214	1909
DTB 099 1574	99 1574	099 707		Hartmann	3 556	1912
DTB 099 1584	99 1584	099 709		Hartmann	3 595	1912
DTB 199 030	199 030	ÖBB 2091.010		Simmering	66 765	1940
DTB 199 034	199 034			Gmeinder	4 234	1946
DTB 311 512	311 512-8		V 15	LOB	261 314	1963
DTB 399 702	399 702	199 008		VEB Lokbau K. Marx	195 712	1957
DTB 750.01	750 01	ex EB G	Lyd 2			
DTB A 1	-	A 1		Daimler		1887
DTB ESF 10			V 10 B	LOB	252 390	1963
DTB Kö 4642	310 642	100 642	Kö 4642	Jung	5 671	1935
DTB RCT 36 629	236 629	WML 36 629	V 36 629	KHD	36 629	1941
DTB VS 251	998 633	DKB	VS 98	C'rede		1957
DTB VT 99 401		Öchsle VT 2		Talbot	96 939	1954
DTB VT 137 343	137 343	ÖBB 2091.012		Simmering	66 767	1940
DTB VT 204	798 592	DKB	VT 98	WMD	1 228	1956

DWE Dessauer-Wörlitzer Eisenbahn Dessau Sachsen-Anhalt

Auf der Strecke Dessau–Wörlitz in Sachsen-Anhalt gab es seit der Eröffnung im Jahr 1894 Personenverkehr. Die Einstellung des Personenverkehrs erfolgte am 25. Mai 1968. Es folgte gelegentlicher Museumsverkehr auf der Dessau-Wörlitzer Eisenbahn. Dank des Vereins zur Förderung der DWE konnte diese Strecke im Juni 2001 wieder zum Leben erweckt werden. Als Betreiber wurde die Dessauer Verkehrs GmbH eingesetzt.

Beschriftung	Baureihe	Ex-Bezeichnung	Bauart-Typ	Firma	Nr.	Baujahr
VB 140 080		DWE-Museumseisenbahn				
VT 51-Hochwaldbahn		angemietet EVU Rück				
ABG-VT 98			VT 98			

DWU Deponie Wirtschaft Umwelttechnik Espenhain Sachsen

Beschriftung	Baureihe	Ex-Bezeichnung	Bauart-Typ	Firma	Nr.	Baujahr
DWU			V 22	LKM	262 629	1967
DWU 4			V 60 D	VEB Lokbau E. Werke		
DWU 6		Di 472-65-B 4	V 60 D	VEB Lokbau E. Werke	15 360	1976
DWU 7			V 60 D	VEB Lokbau E. Werke	13 784	1973
DWU 9		Di 466-22-B 2	V 22	VEB Lokbau E. Werke	262 656	1976
DWU 13	745 527	CD 745 527	V 100.Ost	VEB Lokbau E. Werke	16 327	1981
DWU 15	201 883		V 100.Ost	VEB Lokbau E. Werke	16 377	1978
DWU 17			KG 230 B	KHD	57 717	1964
DWU 18			KG 230 B	KHD	57 718	1964

EBG Eisenbahngesellschaft mbH Altenbeken NRW

Die Eisenbahn-Betriebs-Gesellschaft besteht aus dem Zusammenschluss der Klützer Ostsee-Eisenbahn (KOE), der Westfälischen Almetalbahn (WAB), der Eisenbahn-Material-Handels-GmbH (EMH) und dem Eisenbahn-und Technikmuseum Rügen / Prora (ETR). Die Dieselloks der EBG werden im Bauzugdienst eingesetzt, wo sie überall im Lande zu sehen sind. Die Triebwagen setzt die EBG für Personen-Sonderfahrten ein.

Beschriftung	Baureihe	Ex-Bezeichnung	Bauart-Typ	Firma	Nr.	Baujahr
EBG 1	323 210	VGH V 124	Köf II	Deutz	57 312	1959
EBG 2	310 711	100 711	Kö II	Jung	7 000	1936
EBG 5	312 0	Einsatz bei KOE	V 22	LKM	262 369	1972
EBG 7	312 0	VEB	V 22	LOB	262 506	1974
EBG 8		EIB 3	V 60 D	VEB Lokbau E. Werke	13 765	1973
EBG 9			V 60 D	VEB Lokbau E. Werke	16 691	1979
EBG 10			V 60 D	VEB Lokbau E. Werke	12 596	1970
EBG 201	201 126	110 126	V 100.4 Umbau	VEB Lokbau E. Werke	12 427	1969
EBG 310 430	310 430	100 430	Kö	Jung	5 632	1934
EBG 310 868	310 868		Kö	Deutz	46 550	1943
EBG 310 950	310 950		Kö	Deutsche Werke Kiel	655	1939
EBG 311 009	311 099		Kö	Gmeinder	1 041	1934
EBG 311 227	311 227		Kö	Windhoff	310	1936
EBG 701 009	701 009	Oberleitungs-Triebwagen	VT 98			
EBG 750.01	750 01		Lyd 2	Bukarest		
EBG V 60			V 60 D	LEW	10 925	1965
EBG V 200	220	CD 781 418	M 62	Lugansk	262 337	
EBG V 200	220	CD 781 416	M 62	Lugansk		
EBG V 200 009	220 009		V 200 West	Maschinenbau AG Kiel	2000 009	1959
EBG V 200 013	220 013	Am 4/4 18461	V 200 West	Maschinenbau AG Kiel	2000 013	1957
EBG V 200 501	220 501	ex Wismut AG; ex EBM	M 62	Lugansk	1 305	1971
EBG V 200 509	220 509	ex Wismut AG; ex EBM	M 62	Lugansk	2 984	1977
EBG V 200 512	220 512	ex Wismut AG; ex EBM	M 62	Lugansk	2 987	1977
EBG V 200.05	220	CD 781 365-2	M 62	Lugansk		
EBG V 200.06	220	CD 781 412-2	M 62	Lugansk		
EBG V 200.07	220	CD 781 430-4	M 62	Lugansk		
EBG V 200.08	220	CD 781 448-6	M 62	Lugansk		
EBG V 200.09	220	CD 781 545-9	M 62	Lugansk		
EBG V 200.10	220	CD 781 540-	M 62	Lugansk		
EBG V 228 104	228 104		V 180 1	VEB Lokbau K. Marx	275 091	1965
EBG V 228 105	228 550	in Aufarbeitung	V 180	VEB Lokbau K. Marx	275 050	1964
EBG V 228 633	228 633	WAB 24 ?	V 180 2	VEB Lokbau K. Marx	280 033	1967
EBG V 230 012	230 012	130 012		Woroschilowgrad	0 012	1971
EBG V 230 013	231 004-3	131 004		Lugansk	0 106	1972
EBG V 231 011	231 011-8	131 011		Lugansk	0 113	1972
EBG V 231 012	231 012-6	231 012				
EBG V 231 015	231 015	131 015	232 Bauart	Lugansk	0 117	1972
EBG V 231 018	231 018	118 018				
EBG V 231 040	231 040	131 040				
EBG V 231 050	231 050	131 050				
EBG V 231 070	231 070	131 070				
EBG VB 1	996 286	ex KOE	VB 98	Rathgeber	20 302 / 1	1961
EBG VB 2	996 290		VB 98	Rathgeber	20 302 / 5	1961
EBG VB 3	996 296		VB 98	Rathgeber	20 302 / 11	1961
EBG VB 4	996 248		VB 98	Uerdingen	66 949	1961
EBG VS 31	998 807	ex Steiermärkische LB	VS 98	WMD	1 327	1959
EBG VS 32	998 829	ex Steiermärkische LB	VS 98	WMD	1 349	1959
EBG VT	796 663		VT 98	Uerdingen	66 547	1959
EBG VT	798 651		VT 98	Uerdingen	66 532	1959
EBG VT	796 667		VT 98			
EBG VT	796 710		VT 98			
EBG VT	796 724		VT 98			1960
EBG VT	796 734		VT 98	MAN	145 125	1960
EBG VT	796 736		VT 98	MAN	145 127	1960
EBG VT	798 598		VT 98	WMD	1 234	1956

Beschriftung	Baureihe	Ex-Bezeichnung	Bauart-Typ	Firma	Nr.	Baujahr
EBG VT 1	796 760	ex KOE	VT 98	WMD	1 300	1960
EBG VT 2	796 740		VT 98	MAN	145 131	1960
EBG VT 3	796 825		VT 98	MAN	146 607	1962
EBG VT 4	798 729		VT 98	MAN	145 120	1960
EBG VT 22	798 645	ex Steiermärkische LB	VT 98	Uerdingen	62 000	1956
EBG VT 3	798 643	ex Steiermärkische LB	VT 98	Uerdingen	61 198	1956
EBG VT 4		ex Steiermärkische LB	VT 98			
EBG VT 5		ex Steiermärkische LB	VT 98			

EBGO Eisenbahn-Betriebs-Gesellschaft Oberelbe mbH Pirna Sachsen

Die Eisenbahn-Betriebs-Gesellschaft Oberelbe hatte ihr Domizil im ehemaligen Bw Pirna. Von hier aus setzte sie Fahrzeuge der WAB und dem AD tranz-Pool ein. Mittlerweile soll die EBGO, nach dem Unfall in Haspelmoor, ihren Betrieb eingestellt haben. Die Tabelle zeigt die Fahrzeuge, die bei der EBGO eingesetzt waren.

EBGO-Lok V 200.007 ex CD 781 430-4 bei der Durchfahrt Bahnhof Jocketa

Beschriftung	Baureihe	Ex-Bezeichnung	Bauart-Typ	Firma	Nr.	Baujahr
EBGO V 115 001	293	WAB 12		AD tranz	72 510	2000
EBGO V 115 002	293	WAB 13		AD tranz	72 520	2000
EBGO V 180 001	228 168	WAB 26	V 180	LOB	285 155	1966
EBGO V 200.05	781 365-2	WAB 31	M 62	Lugansk		
EBGO V 200.06	781 412 / 344	WAB 32	M 62	Lugansk		
EBGO V 200.07	781 430-4	WAB 33	M 62	Lugansk		
EBGO V 200.08	781 448-6	WAB 34	M 62	Lugansk		
EBGO V 200.09	781 450 / 469	WAB 37	M 62	Lugansk		
EBGO	201	White Bear	V 100	VEB Lokbau E. Werke	72 340	1999
EBGO 38	781 487	WAB 38	M 62	Lugansk		
EBGO 39	781 530 / 557	WAB 39	M 62	Lugansk		
EBGO 40	781 505 / 598	WAB 40	M 62	Lugansk		
EBGO 41	781 324 / 412	WAB 41	M 62	Lugansk		
EBGO 42	781 469 / 550	WAB 42	M 62	Lugansk		
EBGO 43	781 482 / 335	WAB 43	M 62	Lugansk		
EBGO 44	781 349 / 591	WAB 44	M 62	Lugansk		
EBGO 45	781 433 / 540	WAB 45	M 62	Lugansk		
EBGO 46	781 484	WAB 46	M 62	Lugansk		
EBGO 47	781 501 / 555	WAB 47	M 62	Lugansk		
EBGO 48	781 518 / 580	WAB 48	M 62	Lugansk		

EBM Eisenbahn Verkehrsgesellschaft mbH im Bergisch-Märkischen Raum NRW

Die EBM hat ihren Ursprung im Eisenbahnmuseum Dieringhausen. Hier sind auch die Fahrzeuge der EBM, Adam-Transporte und der TSD eingestellt. Von hier aus setzt die EBM ihre Fahrzeuge im Bauzugdienst ein. Vor Güterzügen auf der Strecke Hagen-Ennepetal und im Raum Gerolstein sind Fahrzeuge der EBM unterwegs. Den Güterverkehr wiede rzu beleben versucht die EBM auf den von der DB zum 1. Juli 2000 übernommenen Strecken Jünkerath–Losheim–Bundesgrenze, Gerolstein–Prüm–Pronsfeld sowie Gerolstein–Daun–Kaiseresch. An den Wochenden betreibt die EBM seit 30. Juni 2001 Ausflugsverkehr zwischen Kaiseresch und Gerolstein. Zahlreiche andere sehenswerte Museumsfahrzeuge beheimatet das Eisenbahnmuseum Dieringhausen.

Beschriftung	Baureihe	Ex-Bezeichnung	Bauart-Typ	Firma	Nr.	Baujahr
EBM 01		Nr. 1		Hohenzollern		1915
EBM 03 155	03 155	22 007	2' C 1' h 2	Borsig	14 475	1934
EBM 08			V 60 D	VEB Lokbau E. Werke	11 418	1967
EBM 09			V 60 D	VEB Lokbau E. Werke	11 416	1967
EBM 21		KEC Köln	D n 2 t	Humboldt	1 052	1915
EBM 22 019	22 019		1' D 1' h 3	Linke-Hoffmann		1924
EBM 24 009	24 009	37 1009-2	1' C h 2	Schichau	3 124	1928
EBM 38 1772	38 1772		2' C h 2	Schichau	2 275	1915
EBM 41 186	41 186	042 186-7	1' D 1' h 2	MF Esslingen	4 357	1939
EBM 43		SBW Völkingen	B n 2 t	Krauss	5 437	1906

Beschriftung	Baureihe	Ex-Bezeichnung	Bauart-Typ	Firma	Nr.	Baujahr
EBM 44 1681	4 1681	043 681-6	1' E h 3	Schichau	3 633	1942
EBM 45		SBW Völkingen	B n 2 t	Jung	13 240	1959
EBM 50 3610	050 3610	Besitz EFO	1' E h 2	Schichau	3 469	1941
EBM 50 3680-1	50 3680-1	50 096	1' E h 2	Henschel	24 716	1940
EBM 52 3610-8	50 3610-8	50 1768	1' E h 2	Schichau	3 469	1941
EBM 52 8095-3	52 8095-3	52 6106	1' E h 2	BMAG	12 547	1943
EBM 52 8116-7	52 8116-7	52 3354	1' E h 2	Krauss-Maffei	16 480	1943
EBM 60 03			V 60 D	VEB Lokbau E. Werke	11 263	1966
EBM 95 0009-1	95 0009-1	9209 Magdeburg	1' E 1' h 2 t	Borsig	11 113	1922
EBM 104		Bayer		Jung	13 028 + 029	1958
EBM 120 001	220 001		M 62	Lugansk	0 113	1966
EBM 120 198	220 198	V 120 198	M 62	Lugansk	0 600	1969
EBM 120 281	220 281	V 120 281; an Imotrans	M 62	Lugansk	0 683	1969
EBM 120 286	220 286	V 120 286	M 62	Woroschilowgrad	0 689	1969
EBM 120 295	220 295	Privatbesitz	V 200	VEB Lokbau E. Werke	1 007	1970
EBM 120 503	220 503	Wismut AG; abgestellt	M 62	Lugansk	2 558	1976
EBM 120 506	220 506	Wismut AG; an Imotrans	M 62	Lugansk		
EBM 201 143	201 143	201 143	V 100.4 Umbau	VEB Lokbau E. Werke	12 444	1969
EBM 202 269	202 269	201 269	V 100.4 Umbau	VEB Lokbau E. Werke	12 551	1970
EBM 202 439	202 439	201 439	V 100.4 Umbau	VEB Lokbau E. Werke	13 478	1972
EBM 202 487	202 487	201 487	V 100.4 Umbau	VEB Lokbau E. Werke	13 526	1972
EBM 203 002	202 696					
EBM 203 003	202 796					
EBM 236 314	236 314		V 36	DWK	776	1944
EBM 322	322 121	ex Bremer KSL-Service	Köf	Deutz	12 763	1935
EBM		DDM	Kö 6020	O&K	20 995	1937
EBM		Deutsche Nickel Werke	Kö 2	Windhoff	1 037	1949
EBM 795 414	795 414		VT 95	MAN	140 912	1954
EBM 796 794	796 794		VT 98	MAN	146 566	1961
EBM 796 785	796 785		VT 98	MAN	146 567	1961
EBM 798 795	798 795		VT 98	MAN	146 577	1961
EBM 995 409	995 409		VB 142			
EBM 996 658	996 658		VS 98			
EBM 996 748	996 748		VS 98			
EBM Brigitta	Brigitta	Dielektra		Breuer	2 219	1943
EBM E 41 006	141 006		E 41	Henschel	29 078	1956
EBM E 94 052	194 052		E 94	AEG	5 331	1941
EBM EH 248		EH 248		AEG	2 044	1919
EBM Käthe 3	Käthe 3	Kalibergwerke Bleichrode	Cfl	Meiningen	03 103	1986
EBM Kathrin 4	Kathrin 4	Kalibergwerke Bleichrode	Cfl	Meiningen	03 060	1985
EBM Lichtenberg	105 973	Wismut WL 60 08	V 60 D	LEW	11 418	1967
EBM Merseburg	346	Papierfabrik Merseburg 2	V 60 D	VEB Lokbau E. Werke	11 975	1967
EBM Ronneburg	106 972	Wismut 03	V 60 D	LEW	11 416	1967
EBM Theo 4	Theo 4	Wuppermann	C n 2 t	Krupp	2 825	1949
EBM V 10			V 10 B	LOB	251 123	1956
EBM V 18-01		Zahnradwerke Pritzwalk	V 18	LOB	261 083	
EBM V 18-02		Zahnradwerke Pritzwalk	V 18	LOB	261 546	1961
EBM VVG	VVG			Hohenzollern		1914
EBM Waldbröl	Waldbröl		C n 2 t	Jung	2 243	1914
EBM Zwickau	346 970	105 970	V 60 D	VEB Lokbau E. Werke	16 359	1980

Eingestellte Fahrzeuge bei EBM

TSD 1	202 373	110 373	V 100.4 Umbau	VEB Lokbau E. Werke	12 882	1971
TSD 2	202 330	110 330	V 100.4 Umbau	VEB Lokbau E. Werke	12 389	1971
ADAM 5 V 180 392	228 792	ex AMP 9	V 180 CC	VEB Lokbau K. Marx	280 201	1969
	228 742	Besitz EFO	V 180 3	LKM	280 146	1968

Ex-DR 228 742 im Bauzugdienst in Essen-Kupferdreh

Diesellok 120 281 im Eisenbahn-Museum Dieringhausen

Diesellok 202 269 der EBM, hier auf der Strecke Essen–Münster im Bauzugdienst

Diesellok 202 439 der EBM in Münster-Hauptbahnhof Foto: John

EBN Eisenbahnnetzwerk Bremen/Niedersachsen Niedersachsen

Ein Zusammenschluß ab 1. Juli 2001 von regionalen Verkehrsunternehmen:

BTE Bremen-Thedinghauser Eisenbahn GmbH, Bremen
DHE Delmenhorst-Harpstedter Eisenbahn GmbH, Delmenhorst, Niedersachsen
EVB Eisenbahn und Verkehrsbetriebe Elbe-Weser GmbH, Zeven, Niedersachsen
MWB Mittel-Weser-Bahn, Bruchhausen-Vilsen, Niedersachsen
VGH Verkehrsbetriebe Grafschaft Hoya, Niedersachsen
VWE Verden-Walsroder Eisenbahn GmbH, Verden, Niedersachsen

EEB Emsländische Eisenbahn GmbH Meppen Niedersachsen

Die Emsländische Eisenbahn entstand 1993 aus der Hümmlinger Kreisbahn und der Meppen-Haselünner Eisenbahn. Sie betreibt mit ihren Fahrzeugen den Güterzugverkehr auf der 52,5 km langen Strecke Meppen–Haselünne–Essen/Old., der zwei km langen Strecke Meppen–Hafen und auf der wenig befahrenen Strecke Lathen–Werlte. Bedient wird auch der Bahnhof Haren/Ems. Über eine Einsatzerweiterung auf den DB-Strecken Freren–Spelle sowie Spelle–Quakenbrück wird zur Zeit verhandelt. Durch einen Kauf bzw. Übernahme von der Deutschen Bahn AG kam die Strecke Westerstede nach Sedelsberg hinzu.

Emsland II, hier am 7. Januar 1998 im Bahnhof Hasellünne, Ex-DB-Lok 212 294
Foto: John

Beschriftung	Baureihe	Ex-Bezeichnung	Bauart-Typ	Firma	Nr.	Baujahr
EEB D 10	322 642		Köf	Krupp	1 373	1934
EEB Emsland 1	211 308	Emsland 1	V 100.10	Krauss-Maffei	18 904	1962
EEB Emsland 2	212 294	Emsland 2	V 100.20	Jung	13 670	1964
EEB Emsland 3	211 011	Emsland 3	V 100.10	Maschinenbau AG Kiel	1000 029	1961
EEB Emsland 4	211 012	Emsland 4	V 100.10	Maschinenbau AG Kiel	1000 030	1961
EEB Hümmling			MS 650 D	Deutz	56 495	1965
EEB KLA 03-0428			KLA 03			
EEB KLV 53-0264			KLV 53	DWM	16 775	1972
EEB L 2 II			KG 275 B	Deutz	57 504	1962
EEB L 3		an Ebfr. Hasetal	V 6 M 436	Deutz	56 733	1960
EEB L 4		an Mittelweserbahn	650 D	Maschinenbau AG Kiel	600 146	1958
EEB T 1 II			Niedersachsen	Talbot	95 135	1957

EfW Eisenbahntours GmbH NRW

Eine Zulassung als eigenständiges Eisenbahn-Verkehrs-Unternehmen ist im Jahr 2001, für die aus einigen Eisenbahnfreunden Westerwald entstandene Gruppe, geplant. Ziele dieser Gruppe sind Sonderfahrten auszurichten, und sich als Veranstalter im Touristik-Bereich einen Namen zu machen. Neben Triebwagen sollen folgende Fahrzeuge eingesetzt werden.

Beschriftung	Baureihe	Ex-Bezeichnung	Bauart-Typ	Firma	Nr.	Baujahr
EfW V 100 001	202		V 100. 4 Umbau	AD tranz	72 800	2001
EfW V 160 012	216 122		V 160	Aufarbeitung AD tranz		
EfW V 232 714-6	232 714-6	TE 109 026 / W 232.09	V 232	Lugansk	0 853	1978
EfW V 232 715-3	232 715-3		V 232	Aufarbeitung AD tranz		
EfW 796 825	796 825	ex EBG	VT 98			
EfW 796 828	796 828	ex EBG	VT 98			
EfW 996 641	996 641	ex EBG	VS 98			1958
EfW 998 915	998 915	ex EBG	VS 98	ehemaliger VS 33 Steiermärkische Landesbahn		

EH Eisenbahn und Häfen GmbH Duisburg NRW

Zu den größten europäischen Eisenbahndienstleistern zählt die Eisenbahn und Häfen GmbH (EH) mit ihrem Tochterunternehmen, der EH-Güterverkehr GmbH. Die jährlich beförderten Transportmengen betragen 71,7 Mio. t. Das eigene Streckennetz im Bereich Duisburg–Dinslaken–Oberhausen hat eine Länge von 517 km (Stand 30. September 2001). Zum Betreiben des Güter- und Werksverkehr hält die EH 78 Dielselloks, 32 Elektroloks sowie 1963 Eisenbahnwagen vor. Die mittlere Beförderungsweite lag bei 5,5 km.

Bei herrlichem Wetter ließ sich die EH 503 im Bahnhof Oberhausen-West gut ablichten

EH 525 in Doppeltraktion bei der Durchfahrt des Bahnhofes Castrop-Rauxel

Die Eisenbahn und Häfen GmbH setzte auch Leihloks wie die EH 905 auf ihren Gleisen ein

Diesellok EH 772 vor dem Werksgebäude der HKM am 7. April 1998

Diesellok EH 751 vor dem Werksgebäude der HKM am 7. April 1998

Beschriftung	Baureihe	Ex-Bezeichnung	Bauart-Typ	Firma	Nr.	Baujahr
EH 83		EH 344 Denkmal		AThT	5	1942
EH 102			Zweikraftlok	Jung	12 151	1955
EH 103			Zweikraftlok	Jung	12 156	1955
EH 107			Zweikraftlok	Jung	12 800	1957
EH 109			Zweikraftlok	Jung	12 802	1957
EH 110			Zweikraftlok	Jung	12 803	1957
EH 113			Zweikraftlok	Jung	12 852	1957
EH 114			Zweikraftlok	Jung	13 063	1959
EH 115			Zweikraftlok	Jung	13 064	1959
EH 116			Zweikraftlok	Jung	13 065	1959
EH 118			Zweikraftlok	Jung	13 349	1961
EH 122			Zweikraftlok	Jung	13 391	1961
EH 123			Zweikraftlok	Jung	13 392	1961
EH 126			Zweikraftlok	Jung	13 395	1961
EH 133			Zweikraftlok	Jung	13 587	1963

Beschriftung	Baureihe	Ex-Bezeichnung	Bauart-Typ	Firma	Nr.	Baujahr
EH 134			Zweikraftlok	Jung	13 588	1963
EH 136			Zweikraftlok	Jung	13 697	1963
EH 137			Zweikraftlok	Jung	13 698	1963
EH 138			Zweikraftlok	Jung	13 699	1963
EH 139			Zweikraftlok	Jung	13 849	1964
EH 141			Zweikraftlok	Jung	13 851	1964
EH 142		abgestellt	Zweikraftlok	Jung	13 852	1964
EH 143			Zweikraftlok	Jung	14 072	1969
EH 144			Zweikraftlok	Jung	14 073	1969
EH 145			Zweikraftlok	Jung	14 074	1969
EH 146			Zweikraftlok	Jung	14 075	1969
EH 147			Zweikraftlok	Jung	14 076	1969
EH 148			Zweikraftlok	Jung	14 077	1969
EH 150			Zweikraftlok	Jung	14 100	1970
EH 151			Zweikraftlok	Jung	14 101	1970
EH 153			Zweikraftlok	Jung	14 103	1970
EH 154			Zweikraftlok	Jung	14 104	1970
EH 157			Zweikraftlok	Jung	14 115	1971
EH 158			Zweikraftlok	Jung	14 116	1971
EH 159			Zweikraftlok	Jung	14 117	1971
EH 160			Zweikraftlok	Jung	14 118	1971
EH 161			Zweikraftlok	Jung	14 119	1971
EH 162			Zweikraftlok	Jung	14 120	1971
EH 163			Zweikraftlok	Jung	14 121	1971
EH 164			Zweikraftlok	Jung	14 122	1971
EH 165			Zweikraftlok	Jung	14 123	1971
EH 171		EH 149	Zweikraftlok	Jung	14 078	1969
EH 172		EH 155	Zweikraftlok	Jung	14 113	1971
EH 173		EH 115	Zweikraftlok	Jung	13 064	1959
EH 174		EH 161	Zweikraftlok	Jung	14 119	1971
EH 175		EH 126	Zweikraftlok	Jung	13 395	1961
EH 183		Denkmal	EDE 1000	Henschel	32 104	1977
EH 222		EH 173	DH 600 C	Henschel	29 944	1962
EH 230		EH 181	DH 600 C	Henschel	31 099	1965
EH 231		EH 182	DH 600 C	Henschel	31 100	1965
EH 234		EH 185	DH 600 C	Henschel	31 103	1965
EH 258		Mannesmann Nr. 11	M 700 C	Krauss-Maffei	19 814	1975
EH 262		HOAG 211	M 800 BB	Krauss-Maffei	19 290	1966
EH 263		HOAG 212	M 800 BB	Krauss-Maffei	19 291	1966
EH 264		HOAG 213	M 800 BB	Krauss-Maffei	19 292	1966
EH 265		HOAG 214	M 800 BB	Krauss-Maffei	19 325	1967
EH 266		HOAG 215	M 800 BB	Krauss-Maffei	19 326	1967
EH 271		Thyssen-Krefeld 9	MC 14 N	O&K	26 557	1966
EH 301			Köf II			
EH 317			Turmtriebwagen	Windhoff	2 291	1976
EH 320			Turmtriebwagen	Windhoff	2 281	1976
EH 325			Klv 53	Schöma	3 251	1970
EH 341			Unimog 1250 L	Mercedes Benz		1993
EH 385		EH 162	Zweikraftlok	Jung	14 120	1971
EH 386		EH 164	Zweikraftlok	Jung	14 122	1971
EH 387		Werkstattlok	Zweikraftlok	Jung	14 116	1971
EH 388			Zweikraftlok	Krupp	3 614	1957
EH 389 II		EH 104	Zweikraftlok	Jung	18 163	1955
EH 402		EH 206	V 24	Gmeinder	5 382	1966
EH 403		EH 205	V 24	Gmeinder	5 383	1966
EH 405		RAG 474	DHG 500	Henschel	30 860	1964
EH 501		EH 281	M 1200 BB	Krauss-Maffei	19 573	1972
EH 502		EH 282	M 1200 BB	Krauss-Maffei	19 574	1972
EH 503		EH 283	M 1200 BB	Krauss-Maffei	19 575	1972
EH 504		EH 284	M 1200 BB	Krauss-Maffei	19 576	1972
EH 505		EH 285	M 1200 BB	Krauss-Maffei	19 578	1972
EH 506		EH 286	M 1200 BB	Krauss-Maffei	19 579	1972
EH 507		EH 287	M 1200 BB	Krauss-Maffei	19 580	1972
EH 511		EH 299	DHG 1200 BB	Henschel	31 576	1973
EH 521			G 1205 BB	MaK	1 000 854	1991
EH 522			G 1205 BB	MaK	1 000 855	1991
EH 523			G 1205 BB	MaK	1 000 856	1991
EH 524			G 1205 BB	MaK	1 000 857	1991
EH 525			G 1205 BB	MaK	1 000 858	1991
EH 526			G 1205 BB	MaK	1 000 859	1991
EH 527			G 1205 BB	MaK	1 000 860	1992
EH 528			G 1205 BB	MaK	1 000 861	1992
EH 531			G 1205 BB	MaK	1 000 862	1992
EH 532			G 1205 BB	MaK	1 000 863	1992
EH 533			G 1205 BB	MaK	1 000 864	1992
EH 534			G 1205 BB	MaK	1 000 865	1992
EH 551		HKM Duisburg 01	DG 1000 BBM	Deutz	57 697	1964
EH 552		HKM Duisburg 02	DG 1000 BBM	Deutz	57 878	1965

Beschriftung	Baureihe	Ex-Bezeichnung	Bauart-Typ	Firma	Nr.	Baujahr
EH 553		HKM Duisburg 03	DG 1000 BBM	Deutz	57 988	1964
EH 554		HKM Duisburg 04	DG 1000 BBM	Deutz	57 989	1964
EH 571		EH 262	M 800 BB	Krauss-Maffei	19 290	1966
EH 572		EH 263	M 800 BB	Krauss-Maffei		
EH 573		EH 264	M 800 BB	Krauss-Maffei	19 292	1966
EH 574			M 800 BB	Krauss-Maffei		
EH 575		EH 266	M 800 BB	Krauss-Maffei	19 326	1967
EH 576		EH 267	M 800 BB	Krauss-Maffei	19 327	1967
EH 651		HKM Duisburg 05	MBB 1200 N	O&K	26 876	1976
EH 652		HKM Duisburg 06	MBB 1200 N	O&K	26 877	1976
EH 701		TEW Witten 1	DE 500 C	Henschel	32 564	1983
EH 702		TEW Witten 3	DE 500 C	Henschel	32 563	1983
EH 703		TEW Witten 4	DE 500 C	Henschel	32 567	1983
EH 711		TEW Witten 2	DHG 700 C	Henschel	32 750	1987
EH 731		Thyssen-Hattingen 71	DHG 700 CS	Henschel	32 374	1979
EH 732		Thyssen-Hattingen 72	DHG 700 CS	Henschel	32 375	1979
EH 751		HKM 61	MG 530 C	KHD	3 680 059	1965
EH 752		HKM 62	MG 530 C	KHD	3 680 060	1965
EH 753		HKM 63	MG 530 C	KHD	3 680 061	1965
EH 754		HKM 64	MG 530 C	KHD	3 680 062	1965
EH 755		HKM Duisburg 65	MG 530 C	Deutz	58 214	1967
EH 756		HKM 66	MC 700 N	O&K	26 893	1978
EH 757		HKM 67	MC 700 N	O&K	26 894	1978
EH 758		HKM Duisburg 70	DE 500 C	Gmeinder	5 437	1983
EH 759		On Rail	ME 04	Krauss-Maffei	19 880	1981
EH 761		HKM Duisburg 71	DE 501	MaK	700 043	1981
EH 762		HKM Duisburg 73	DE 501	MaK	700 045	1981
EH 763		HKM Duisburg 76	DE 501	MaK	700 048	1981
EH 764		HKM Duisburg 77	DE 501	MaK	700 050	1981
EH 765		HKM Duisburg 79	DE 501	MaK	700 052	1981
EH 766		Krupp Rheinhausen 79	DE 502	MaK	700 040	1980
EH 767		Krupp Rheinhausen 84	DE 503	MaK	700 046	1981
EH 771		HKM Duisburg 80	G 765	MaK	700 106	1993
EH 772		HKM Duisburg 81	G 765	MaK	700 107	1993
EH 780		TEW Krefeld 12	DHG 500 C	Henschel	31 312	1968
EH 801		EH 119	Zweikraftlok	Jung	13 350	1961
EH 802		EH 140	Zweikraftlok	Jung	13 850	1964
EH 803		EH 117	Zweikraftlok	Jung	13 348	1961
EH 804		EH 129	Zweikraftlok	Jung	13 583	1962
EH 805		EH 131	Zweikraftlok	Jung	13 585	1962
EH 806		EH 121	Zweikraftlok	Jung	13 352	1961
EH 807		EH 132	Zweikraftlok	Jung	13 586	1963
EH 808		EH 124	Zweikraftlok	Jung	13 393	1961
EH 809		EH 125	Zweikraftlok	Jung	13 394	1961
EH 810		EH 127	Zweikraftlok	Jung	13 581	1962
EH 811		EH 135	Zweikraftlok	Jung	13 696	1963
EH 812		EH 120	Zweikraftlok	Jung	13 351	1961
EH 813		EH 139	Zweikraftlok	Jung	13 849	1964
EH 851			MH 05	Krauss-Maffei	20 329	1997
EH 852			MH 05	Krauss-Maffei	20 330	1997
EH 853			MH 05	Krauss-Maffei	20 331	
EH 854			MH 05	Krauss-Maffei	20 332	
EH 855			MH 05	Krauss-Maffei	20 333	
EH 856			MH 05	Krauss-Maffei	20 334	
EH 857			MH 05	Krauss-Maffei	20 335	
EH 858			MH 05	Krauss-Maffei	20 336	
EH 859			MH 05	Krauss-Maffei	20 337	
EH 860			MH 05	Krauss-Maffei	20 338	
EH 861			MH 05	Krauss-Maffei	20 339	
EH 862			MH 05	Krauss-Maffei	20 340	
EH 863			MH 05	Krauss-Maffei	20 341	
EH 864			MH 05	Krauss-Maffei	20 343	
EH 865			MH 05	Krauss-Maffei	20 344	
EH 866			MH 05	Krauss-Maffei	20 345	
EH 867			MH 05	Krauss-Maffei	20 346	
EH 868			MH 05	Krauss-Maffei	20 440	2000
EH 869			MH 05	Krauss-Maffei	20 441	2000
EH 870			MH 05	Krauss-Maffei	20 442	2000
EH 871			MH 05	Krauss-Maffei	20 443	2000
EH 872			MH 05	Krauss-Maffei	20 444	
EH 873			MH 05	Krauss-Maffei	20 452	
EH 874			MH 05	Krauss-Maffei	20 454	
EH 875			MH 05	Krauss-Maffei	20 453	
EH 901		angemietet	G 1205 BB	MaK	1 000 897	
EH 902	201 890	angemietet	V 100.4 Umbau	VEB Lokbau E. Werke	16 348	1978
EH 905		angemietet	G 1206	VSFT	1 001 117	2000
EH 906	VPS 1501	angemietet	D 100 B B	CKG	5 690	1990
EH 907			ME 05	Krauss-Maffei	19 972	1988

EIB Erfurter Industriebahn GmbH Erfurt Thüringen

Von einer Anschlussbahn mit eigener Betriebsführung zu einer öffentlichen nicht bundeseigenen Eisenbahn erhob sich die Erfurter Industriebahn GmbH. Den Güterverkehr betreibt sie auf 15 km eigenen Gleisen im Erfurter Stadtbereich. Seit 1998 wird der Personenverkehr zwischen Erfurt/Gotha und Leinefeld durchgeführt. Weiter kam im Mai 1999 die Strecke nach Kassel hinzu. Einsatzfahrzeuge sind neun moderne Dieseltriebwagen Typ Regio-Shuttle von ADtranz für den Personenverkehr und für den Güterverkehr setzt die Erfurter Industriebahn Dieselloks der Baureihe V 60 D ein.

Beschriftung	Baureihe	Ex-Bezeichnung	Bauart-Typ	Firma	Nr.	Baujahr
EIB 1			V 60 D	LEW	15 583	1974
EIB 2			V 60 D	LEW	11 322	1966
EIB 3		Ebeleben Nr. 3	V 60 D	LEW	13 765	1973
EIB 4			V 60 D	LEW	16 967	1980
EIB 5			V 60 D	LEW	14 186	1974
EIB 6			V 60 D	LEW	17 589	1981
EIB 7		ex HKW Erfurt-Ost	V 60 D	LEW	16 974	1980
EIB 8			V 60 D	LEW	12 247	1969
EIB 9			V 22	LKM	262 453	1974
EIB 10			V 22	LKM	262 556	1975
EIB 20	201 889	110 889	V 100.4 Umbau	VEB Lokbau E. Werke	16 383	1978
EIB 21	201	CD 745 580	V 100.4 Umbau	VEB Lokbau E. Werke	16 580	1981
EIB ASF			ASF	LEW	20 678	1990
EIB VT 001			Regio-Shuttle	AD tranz	36 777	1998
EIB VT 002			Regio-Shuttle	AD tranz	36 778	1998
EIB VT 003			Regio-Shuttle	AD tranz	36 779	1998
EIB VT 004			Regio-Shuttle	AD tranz	36 780	1998
EIB VT 005			Regio-Shuttle	AD tranz	36 781	1998
EIB VT 006			Regio-Shuttle	AD tranz	36 786	1998
EIB VT 007			Regio-Shuttle	AD tranz	36 787	1998
EIB VT 008			Regio-Shuttle	AD tranz	36 788	1998
EIB VT 009			Regio-Shuttle	AD tranz		

Der Regio-Sprinter VT 002 der EIB im Bahnhof Erfurt am 8. April 1999

EIB-Regio-Sprinter VT 004 im Vorfeld des Erfurter Bahnhofs

EKML Eisenbahn Köln-Mühlheim-Leverkusen Leverkusen NRW

Der Güterverkehr wird auf der fünf km langen EKML-Strecke erbracht. Sie liegt zwischen der Bayer AG in Leverkusen und dem Übergabebahnhof der DB-AG in Köln-Mülheim. Ein hohes Güterverkehrsaufkommen beschert einen regen Zugbetrieb. Die Werkstatt der EKML liegt auf dem Werksgelände der Bayer AG. An den bis 1971 betriebenen Personenverkehr erinnern noch die Bahnsteigkanten und Ladegleise in den damaligen Haltestationen.

Diesellok 103 der EKML von Orenstein & Koppel, Bauart MC 500 N

Lok EKML 108 während einer Fahrzeugschau in Opladen 1987

Beschriftung	Baureihe	Ex-Bezeichnung	Bauart-Typ	Firma	Nr.	Baujahr
EKML 103			MC 500 N	O&K	26 710	1971
EKML 105			G 1300 BB	MaK	1 000 243	1963
EKML 108			G 763 C	MaK	700 088	1986
EKML 109			G 763 C	MaK	700 091	1987
EKML 110			G 763 C	MaK	700 094	1990
EKML Bettina		angemietet von SERSA	G 1204 B	MaK	1 000 866	1991

EKO-Trans EKO-Transportgesellschaft mbH Eisenhüttenstadt Brandenburg

Die EKO-Transport führt als Werkbahn des Stahlwerkes Eisenhüttenstadt mit ihren Lokomotiven den Güterzugverkehr auf ihren Gleisen und auf den DB-Strecken Stendal–Ziltendorf und Ruhland–Ziltendorf durch. Zum Einsatz kommen eigene oder angemietete bzw. geleaste Lokomotiven.

Beschriftung	Baureihe	Ex-Bezeichnung	Bauart-Typ	Firma	Nr.	Baujahr
EKO-	310 493	100 493	Kö 4493			
EKO 2	ASF	Werkstattverschub		LEW		
EKO 3	ASF	Werkstattverschub		LEW		
EKO 27	-		V 60 Cdh		12 671	1970
EKO 34	-		V 60 Cdh		12 362	1969
EKO 38	-		V 60 Cdh		14 196	1974
EKO 42	242 001	angemietet von Privat	V 232 Bauart		0 001	1977
EKO 45	-		V 60 Cdh		12 637	1970
EKO 47	346 248	106 248	V 60 Cdh		10 939	1965
EKO 48	-		V 60 Cdh		11 672	1967
EKO 52	-		V 60 Cdh		13 754	1973
EKO 54	-		V 60 Cdh		13 793	1973
EKO 55	-		V 60 Cdh		13 823	1973
EKO 57	-		V 60 Cdh		15 146	1976
EKO 58	-		V 60 Cdh	VEB Lokbau E. Werke	16 690	1979
EKO 60	201 890	110 890	V 100.4 Umbau	VEB Lokbau E. Werke	16 384	1978
EKO 61 II	201	110	V 100.10	VEB Lokbau E. Werke	17 850	1982
EKO 62	201	110	V 100.4 Umbau	VEB Lokbau E. Werke	17 852	1982
EKO 63 II	201 618	110 618	V 100.4 Umbau	VEB Lokbau E. Werke	13 936	1973
EKO 64	201	110	V 100.4 Umbau	VEB Lokbau E. Werke	17 730	1983
EKO 65	201	110	V 100.4 Umbau	VEB Lokbau E. Werke	17 733	1983
EKO 711 003	711 503	CD T 334.0		VEB Lokbau E. Werke		
EKO-AD tranz-Lokp.	201 075	110 075 Blue Cat	V 100.4 Umbau	VEB Lokbau E. Werke	11 913	1968
EKO-AD tranz-Lokp.	143 001	Weiße Lady	E 143	VEB Lokbau E. Werke		

EKO-Stahl Lok 62 während einer Betriebsruhe am 26. Februar 1997

EKO-Stahl Lok 64 im Werksbahnhof Ziltendorf

ELG Eisenlegierungen Handelsgesellschaften

Beschriftung	Baureihe	Ex-Bezeichnung	Ortsangaben	Firma	Nr.	Baujahr
ELG 311 224	311 224	Kö 0224	Karlsruhe			
ELG 323 590	323 590	Köf 6283	Duisburg-Meiderich			
ELG 323 628	323 628	Köf 6316	Karlsruhe-Rheinhafen			
ELG 323 773	323 773	Köf 6573	Duisburg-Meiderich			
ELG 323 792	323 792	Köf 6722	Karlsruhe	Jung	13 160	1960

ELP Eisenbahn-Logistik-Pirna GbR Pirna Sachsen

Ein neugegründestes Unternehmen des ehemaligen Geschäftsführers der EBGO. Das Unternehmen von Nicole und H.J. Vogel hat ihr Domizil im ehemaligen Bahnbetriebswerk Pirna. Über Lokomotiven und die Zulassung als Eisenbahn-Verkehrsunternehmen verfügte im Juli 2001 die ELP noch nicht.

Beschriftung	Ex-Bezeichnung	Bauart-Typ
ELP V 60-16	LDH V 60-16	V 60
ELP	V 6 0	

EMG Altmetall-Handel Offenbach Hessen

Auf den Gleisen im Hafen von Offenbach am Main kann man noch diese Diesellok beim Transport von Wagen mit Alt-Metall vom Gelände der EMG-Altmetallhandel zur Verladestelle beobachten. Über die On Rail Moers gelangte diese Lok nach Offenbach.

Beschriftung	Bauart-Typ	Firma	Nr	Baujahr
EMG	MB 5 N	O&K	26 205	1964

EMN Eisenbahnbetriebe Mittlerer Neckar GmbH Kornwestheim Baden-Württemberg

Die EMN ist seit 1996 ein konzessioniertes Eisenbahn-Verkehrs-Unternehmen und hat ihren Sitz in Kornwestheim. Mit ihren Lokomotiven wird der Verlade- und Rangierdienst für den DB-AutoZug im Personenbahnhof Kornwestheim durchgeführt Für den Rangierdienst in Kornwestheim wird zur Zeit, die Ex-DB-Lok 323 250 (Köf 6624) und bei der WEG die Lok V 322 01 eingesetzt, ebenfalls eine ehemalige Diesellok der Deutschen Bahn mit der Betriebsnummer 332 189.

Beschriftung	Baureihe	Ex-Bezeichnung	Bauart-Typ	Firma	Nr.	Baujahr
EMN V 200 015	220 015	Am 4/4 18463	V 200	Maschinenbau AG Kiel	2000 015	1957
EMN V 200 016	220 016	Am 4/4 18464	V 200	Maschinenbau AG Kiel	2000 016	1957
EMN V 211 01	211 031		V 100	Jung	13 305	1961
EMN V 323 250	323 250	Köf 6624	Köf	O&K	26 031	1960
EMN V 332 01	332 189	MWB V 242	Köf	Jung	13 802	1964
EMN V 346 01	106	Werklok 1	Bauart 106 DR	LEW	15 584	1977
EMN V 346 02	106	Werklok 5	Bauart 106 DR	LEW	11 346	1967
EMN 701 052	701 052	Turmtriebwagen	Bauart VT 798			
EMN 701 072	701 072	Turmtriebwagen	Bauart VT 798	WMD	1 495	1963
EMN-GES	211 357	eingestellt bei EMN	V 100 1357			

ENAG Erms-Neckar-Bahn AG Baden-Württemberg

Trotz intensiver Bemühungen der ENAG um Verkehre im Personen- und Güterverkehr wurden dieser auf die DB sowie deren Tochtergesellschaft „Zug Bus" übertragen. Somit betreibt die ENAG nur die Infrastruktur auf der 11 kilometer langen Strecke Metzingen–Bad Urach sowie Oberheutal–Kleinengstingen.

Beschriftung	Baureihe	Ex-Bezeichnung	Bauart-Typ	Firma	Nr.	Baujahr
ESG VT 407		FKE VT 103	einteilig	Esslingen	25 001	1959
ENAG-Wagen	83 022	50 50 09 - 10 022 - 1	Post 2 ss-t DR			
ENAG-Wagen	83 047	50 50 09 - 10 047 - 8	Post 2 ss-t DR			

ESG Eisenbahn - und Sonderwagen Gesellschaft mbH

Beschriftung	Baureihe	Ex-Bezeichnung	Bauart-Typ	Firma	Nr.	Baujahr
ESG E	194	ÖBB 1020.034	E 94	AEG	5 728	1943
ESG E	194 103	ÖBB 1020.041	E 94	AEG		
ESG V 6		Hafen Mülheim	ML 440 C	Krauss-Maffei	18 155	1957
ESG V 20	270 050	V 20 050	WR 200 B	Deutz	36 656	1942
ESG VB		ÖBB 7081 017	VB 98	Jenbach	1088. 07	1966
ESG VS		ÖBB 6581 054	VS 98	SGP	78 205	1965
ESG VT		ÖBB 5081 561	VT 98	SGP	78 200	1965
ESG VT			VT 98			

ESG Eisenbahn-Service-Gesellschaft mbH Rudersberg Baden-Württemberg

Die ESG vermietet seit ihrer Gründung im Jahr 1998 über die RAR-Eisenbahn Service AG ihre Eisenbahnfahrzeuge. Neben Triebwagen und Beiwagen verfügt die ESG noch über einige Diesellloks.

Beschriftung	Baureihe	Ex-Bezeichnung	Bauart-Typ	Firma	Nr.	Baujahr
ESG KLa 03-0511-8			KLa 03	Kögel		1975
ESG KLv 53-011			KLv 53			
ESG T 09		WEG T 09	einteilig	Auwärter		1963
ESG V		V 60	V 60			
ESG V 1	V 65-12	Chrissi	650 D	Maschinenbau AG Kiel	600 154	1960
ESG V 2	201 883	DWU 15	V 100.4 Umbau	VEB Lokbau E. Werke	16 377	1977
ESG V 3	332 046	Kleiner Pit	Köf III	KHD	13 630	1963
ESG V 4	332 312	Richy	Köf III			
ESG V 5	323 912		Köf II			
ESG V 6		Hafen Mülheim	ML 440 C	Krauss-Maffei	18 155	1957
ESG VB 112		WEG		Auwärter		
ESG VB 225		SWEG		Esslingen	23 780	1955
ESG VB 238		SWEG		Esslingen	23 788	1955
ESG VS 111		WEG		Auwärter		
ESG VT 114		Totalschaden		Esslingen	23 497	1952
ESG VT 402				Esslingen	23 343	1951
ESG	Kranwagen	80 80 974 0 144-8				
ESG	Kranschutzwagen	40 80 945 5 265-5				

ESS ESS-Schauffele GmbH & Co KG Lübbenau Brandenburg

Die ESS ist eine Tochtergesellschaft des Stuttgarter Bauunternehmens Schauffele GmbH & Co. Schon vor 25 Jahren wurden spezielle Einseiten-Kippwaggons von der Industrie für Schauffele gefertigt, die als Privatwagen bei der DB eingestellt wurden. Eingesetzt werden diese Wagen bei der Ver- bzw. Entsorgung von Kies, Sand, Erde, Steinen von Großbaustellen in Ballungsgebieten und Großstädten, womit der Verkehr der bereits überlasteten Straßen verringert wird. Für den Transport der Waggons bzw. Baustoff-Züge setzt die Fa. Schauffele ihre und andere Fahrzeuge anderer Eisenbahnverkehrsunternehmen ein.

W 232.04 Ex-242 004 mit Beschriftung der Ernst Schauffele AG

Beschriftung	Baureihe	Ex-Bezeichnung	Bauart-Typ	Firma	Nr.	Baujahr
ESS Lok 24	242 001	142 001				
ESS V 60-001	344	Binnenhäfen Oder 11	V 60 D	LEW	16 698	1979
ESS V 231 012	231 012	angemietet von DMH	V 231			
ESS W 232.01	242 003	142 003	Bauart 232	Lugansk	0 003	1977
ESS W 232.04	242 005	142 005	Bauart 232	Lugansk	0 004	1977

Eurobahn Eurobahn Verkehrsgesellschaft mbH & Co KG Bielefeld NRW

Die EuroBahn betreibt den Personenverkehr auf den Strecken zwischen Alzey-Kirchheimbolanden und Bielefeld-Lemgo/Rahden. Eingesetzt werden auf diesen Strecken neue Triebwagen vom Typ Talent von Talbot und Regio-Shuttle von Adtranz. Mittlerweile firmiert die Eurobahn seit September 2001 unter dem neuen Namen Rhenus Keolis GmbH aus Mainz, die mit 51 Prozent an dem Unternehmen beteiligt ist.

Bei einer Fahrzeugschau in Neustadt/Weinstraße wurde auch der VT 1.02 der Eurobahn ausgestellt

Triebwagen VT 2.02 der Eurobahn fuhr auch einige Zeit auf der Volmetalbahn

Beschriftung	Baureihe	Strecken	Bauart-Typ	Firma	Nr.	Baujahr
Eurobahn VT 1.01		Alzey-Kirchheimbolanden	Regio-Shuttle	ADtranz	36 881	2000
Eurobahn VT 1.02		Alzey-Kirchheimbolanden	Regio-Shuttle	ADtranz	36 882	2000
Eurobahn VT 2.01 a / b / c		Bielefeld-Rahden	Talent	Talbot	191 300 - 302	2000
Eurobahn VT 2.02 a / b / c		Bielefeld-Rahden	Talent	Talbot	191 303 - 305	2000
Eurobahn VT 2.03 a / b / c		Bielefeld-Rahden	Talent	Talbot	191 306 - 308	2000
Eurobahn VT 2.04 a / b / c		Bielefeld-Rahden	Talent	Talbot	191 309 - 311	2000
Eurobahn VT 2.05 a / b / c		Bielefeld-Rahden	Talent	Talbot	191 312 - 314	2000
Eurobahn VT 2.06 a / b / c		Bielefeld-Rahden	Talent	Talbot	191 315 - 317	2000
Eurobahn VT 2.07 a / b / c		Bielefeld-Rahden	Talent	Talbot	191 395 - 398	2000
Eurobahn VT 3.01	FEG-VT 3.01	Freiberg	Regio-Shuttle	ADtranz	36 883	2000
Eurobahn VT 3.02	FEG-VT 3.02	Freiberg	Regio-Shuttle	ADtranz	36 884	2000
Eurobahn VT 3.03	FEG-VT 3.03	Freiberg	Regio-Shuttle	ADtranz	36 885	2000

Eurotrac Lok-Poolgesellschaft siehe LSG

Die ehemalige Lok-Pool-Gesellschaft Eurotrac firmiert jetzt unter dem Namen Locomotion Service GmbH, kurz LSG genannt. Siehe unter LSG. Das Unternehmen sollte nicht mit der Lokomotion-Gesellschaft aus Frankfurt verwechselt werden.

Europool Knape-Gleisbau Kirchheim Bayern

Die Knape-Gleisbau hat ihre Fahrzeuge von der Deutschen Gleis- und Tiefbau DGT übernommen und bei ADtranz modernisieren lassen. Bei den Fahrzeugen handelt es sich um ehemalige Grabenräumeinheiten, eine Ableitung der V 100 DR. Diese können auch im normalen Zugververkehr eingesetzt werden. Durch die graffity-ähnliche Aufschrift in blau „Europool" auf gelbem Untergrund sind diese Loks sofort erkennbar. Eingestellt sind die Fahrzeuge bei der PEG.

Europool-Lok 150. 04 Ex-Grabenräumlok 710 970 in Maisach am 15. September 2000

Beschriftung	Baureihe	Ex-Bezeichnung	Bauart-Typ	Firma	Nr.	Baujahr
EUROPOOL V 150.01	710 961	Grabenräumeinheiten	V 100.5	VEB Lokbau E. Werke	17 310	1982
EUROPOOL V 150.02	710 962	Grabenräumeinheiten	V 100.5	VEB Lokbau E. Werke	17 311	1983
EUROPOOL V 150.03	710 963	Grabenräumeinheiten	V 100.5	VEB Lokbau E. Werke	17 312	1983
EUROPOOL V 150.04	710 966	Grabenräumeinheiten	V 100.5	VEB Lokbau E. Werke	16 756	1983

EuroRail Niederlassung der Schweizer EuroRail Lörrach Baden-Württemberg

Die Eurorail GmbH ist eine 100-prozentige Tochtergesellschaft der Euro Rail AG aus Basel. Gefahren werden Heizölganzzüge auf der DB-Strecke zwischen Dortmund-Westerholz und der ESSO-Raffinerie Ingolstadt-Nord, sowie auch sporadisch zu Zielen wie Neuss oder Bad Wurzach zur Oberland Glas AG. Es wird dabei nach keinem festen Fahrplan gefahren. Im Oktober 2001 hat die Euro Rail AG in der Schweiz Konkurs anmelden müssen. Dies blieb nicht ohne Folgen für die deutsche Tochtergesellschaft Euro Rail in Lörrach, die Heizölzüge werden seit dem nicht mehr gefahren und man setzt die Fahrzeuge nur noch im Bauzugdienst ein, die angemieteten Fahrzeuge sollen an die Lokpool-Gesellschaften zurückgegeben worden sein.

Beschriftung	Baureihe	Ex-Bezeichnung	Bauart-Typ	Firma	Nr.	Baujahr
EURORAIL V 170 1127	170 1127	ex EuroTrac	MY 1138	No Hab		
EURORAIL V 170 1138	170 1138	ex EuroTrac	MY 1138	No Hab	2 379	1958
EURORAIL V 170 1147	170 1147	ex EuroTrac	MY 1147	No Hab	2 598	1964
EURORAIL V 170 1149	170 1149	ex EuroTrac	MY 1149	No Hab	2 600	1964
EURORAIL V 170 1151	170 1151	ex EuroTrac	MY 1151	No Hab	2 602	1965
EURORAIL V 170 1155	170 1155	ex EuroTrac	MY 1155	No Hab	2 606	1965
EURORAIL V 180 001	228 168	angemietet ADtranz-Pool	V 180	LOB	285 155	1966
EURORAIL V 200.005	781 365	angemietet ADtranz-Pool	M 62			
EURORAIL V 200.008	781 448	angemietet ADtranz-Pool	M 62			
EURORAIL V 200.009	781 545	angemietet ADtranz-Pool	M 62			
EURORAIL V 200.010	781 540 / 450	angemietet ADtranz-Pool	M 62			
EURORAIL W 232.01	242 002	ex Schauffele	232 Bauart	Lugansk	0 003	1977
EURORAIL W 232.04	242 005	ex Schauffele	232 Bauart	Lugansk	0 004	1977
EURORAIL W 232.05	231 015	ex Schauffele	V 300	Lugansk	0 117	1972
EURORAIL W 232.07	231 011	ex Falz	V 300	Lugansk	0 113	1967
EURORAIL W 232.08	231 018	ex Falz	V 300	Lugansk	0 120	1967

EVB Eisenbahn und Verkehrsbetriebe Elbe-Weser GmbH Niedersachsen

Durch den Zusammenschluß der BOE und WZTE entstanden die Eisenbahn und Verkehrsbetriebe Elbe-Weser GmbH. Die EVB befördert ihre Güterzugverkehre auf ihren eigenen Gleisen und auf dem Streckennetz der DB-AG. Die Strecken der EVB sind Wilstedt–Tostedt mit 63,3 km, Bremervörde-Süd–Scharmbeck mit 47,6 km, Bremerhaven–Stade 61,7 km. 59 km beträgt die Streckenlänge zwischen Bremervörde–Brockel, Hesedorf nach Hollenstedt 37,9 km und Harsefeld–Buxtehude 14,7 km. Am 25. September 1993 wurde die Strecke Bremerhaven Hbf–Bremervörde–Harsefeld–Buxtehude–Hamburg–Neugraben mit Personenverkehr in Betrieb genommen. Die Triebwagen der Duewag entsprechen der DB-Baureihe 628, besitzen aber eine Lackierung der EVB.

Beschriftung	Baureihe	Ex-Bezeichnung	Bauart-Typ	Firma	Nr.	Baujahr
EVB 203 501	203 501	202 260; angemietet DB	V 100.4 Umbau	VEB Lokbau E. Werke	12 562	1970
EVB 203 502	203 502	112 483; angemietet DB	V 100.4 Umbau	VEB Lokbau E. Werke	13 522	1972
EVB 203 504	203 504	112 264; angemietet DB	V 100.4 Umbau	VEB Lokbau E. Werke	12 546	1970
EVB 211 024	211 024			MaK	1 000 049	1961
EVB 211 061	211 061			MaK	1 000 079	1962
EVB 211 287	211 287		V 100.10			
EVB 211 326	211 326	Ersatzteilspender	V 100.10	Jung	13 453	1962
EVB 216 067	216 067		V 160	Henschel	31 157	1966
EVB 274		WZTE 274	DH 360	Henschel	28 461	1956
EVB 276		BHE 276	WR 360 C	BMAG	11 449	1941
EVB 277		an Ebfr. Walburg	450 C	MaK	400 041	1955
EVB 280		an AVL	600 D	MaK	500 013	1957
EVB 281		BHE; abgestellt	650 D	MaK	600 414	1965
EVB 282		an HEO Oberhausen	WR 360 C 14	BMAG	11 647	1942
EVB 282 II			G 500 C	MaK	500 041	1966
EVB 283			G 700 C	MaK	500 068	1975
EVB 284	211 252	V 100.1252	V 100.10	Krupp	4 362	1962
EVB 285	211 323	V 100.1323	V 100.10	Krauss-Maffei	18 919	1962
EVB 286	211 330	V 100.1330	V 100.10	Jung	13 457	1962
EVB 287	211 324	V 100.1324	V 100.10	Jung	13 451	1962
EVB 288	220 053	Am 4/4 18466	V 200	Krauss-Maffei	18 297	1957
EVB 505		SKL 53-0019	Klv 53	Schöma		
EVB 506		SKL 53-0438	Klv 53	Waggon Union		1974
EVB 5		SKL 53-0635	Klv 53	Robel		1977
EVB DH 280. 01	219 001	2001 von BGW gekauft	V 169 001	Deutz	57 846	1965
EVB DE 300. 01	232 103	2001 von BGW gekauft	232-Bauart	Lugansk	0 325	1974
EVB V 170 1127	170 1127	angemietet	MY 1127	No Hab	2 368	1957
EVB V 170 1128	170 1138	angemietet	MY 1138	No Hab	2 379	1958
EVB VB 824	140 255	BOE; Regensburg		Talbot	79 967	1937
EVB VS 115	996 717	ex DB 998 717	VS 98	MAN	145 037	1960
EVB VS 11 6	996 777	ex DB 998 777	VS 98	MAN	145 097	1960
EVB VS 117	996 784	ex DB 998 784	VS 98	MAN	145 104	1960
EVB VS 118	996 785	ex DB 998 785	VS 98	MAN	145 105	1960
EVB VS 150	928 406			Duewag	90 324	1993
EVB VS 151	928 405			Duewag	90 322	1993
EVB VS 152	928 407			Duewag	90 326	1993
EVB VS 153	928 408			Duewag	90 328	1993
EVB VS 154				LHB	0 0135.2	1993
EVB VT 150	628 406		VT 628	Duewag	90 323	1993
EVB VT 151	628 405		VT 628	Duewag	90 321	1993
EVB VT 152	628 407		VT 628	Duewag	90 325	1993
EVB VT 153	628 408		VT 628	Duewag	90 327	1993
EVB VT 154				LHB	0 0135.1	1993
EVB VT 164		ex BOE T 164		Talbot	97 213	1955
EVB VT 165	796 646	ex DB 798 646		Uerdingen	62 001	1956
EVB VT 166	796 767	ex DB 798 767		WMD	1 307	1960
EVB VT 167	796 796	an Ebfr. Haselünne		MAN	146 578	1961
EVB VT 168	796 826	ex DB 798 826		MAN	146 608	1962
EVB VT 170		WZTE	VT 51 104	LHW	1 959	1935
EVB VT 175				Wumag		1926

EVG Eifelbahn-Verkehrs-Gesellschaft Gerolstein Rheinland-Palz

Beschriftung	Baureihe	Ex-Bezeichnung	Bauart-Typ	Firma	Nr.	Baujahr
EVG 323 351	323 351		Köf III			
EVG 798 598	798 598		VT 98			
EVG 996 290	996 290		VB 98			
EVG 996 726	996 726		VS 98	MAN	145 046	1960
Förderverein Schienenbus	796 690	eingestellt EVG	VT 98			
Förderverein Schienenbus	796 802	eingestellt EVG	VT 98			
Förderverein Schienenbus	996 209	eingestellt EVG	VT 98			
Förderverein Schienenbus	996 309	eingestellt EVG	VT 98			

EVU René Rück Darmstadt Hessen

Der Unternehmer René Rück aus Darmstadt begann seine Aktivitäten mit dem Ankauf von Schienenbussen der Baureihe VT 796 / VT 798 und Steuerwagen der Baureihe VS 996 / 998. Seit geraumer Zeit ist auch eine Diesellok der BR 293 im Einsatz.

Beschriftung	Baureihe	Ex-Bezeichnung	Bauart-Typ	Firma	Nr.	Baujahr
EVU René Rück	293	Nobby	V 100.4 Umbau	ADtranz / LEW	70 102	2001
EVU René Rück	701 074	Turmtriebwagen	VT 98			
EVU René Rück	701 105-9	Turmtriebwagen	VT 98			
EVU René Rück	796 739-1		VT 96	MAN	145 130	1960
EVU René Rück	798 731-6		VT 98	MAN	145 122	1960
EVU René Rück	996 701-9		VT 96	MAN	145 021	1959
EVU René Rück	998 744 7		VT 98	MAN	145 061	1960
EVU René Rück	KLv 53-0521-4		Klv 53			
EVU René Rück	KLa 03-0557-3		Kla 03			

FEG Freiberger Eisenbahngesellschaft mbH Freiberg Sachsen

Auf der von der RP-Eisenbahn gepachteten Strecke Freiberg–Holzhau betreibt ein Zusammenschluss der Kreisverkehrsgesellschaft Freiberg, vier regionaler Busunternehmen und der Eurobahn mit RegioShuttle von ADtranz den SPNV. Für die Arbeitseinsätze und zum Schneepflugeinsatz steht eine Diesellok der Baureihe 202 zur Verfügung. Die Freiberger Eisenbahngesellschaft beabsichtigt, im Jahr 2002 im Freiberger Osten eine neue Abstellhalle mit einer Werkstatt für ihre Fahrzeuge zu errichten.

Beschriftung	Baureihe	Ex-Bezeichnung	Bauart-Typ	Firma	Nr.	Baujahr
FEG-RPE V 100.01	202 481	112 481	V 100	VEB Lokbau E. Werke	13 520	1972
FEG-VT 3.01		„Luisa“	Regio-Shuttle	ADtranz	36 883	2000
FEG-VT 3.02		„Hanna“	Regio-Shuttle	ADtranz	36 884	2000
FEG-VT 3.03			Regio-Shuttle	ADtranz	36 885	2000

FKE Frankfurt-Königsteiner Eisenbahn AG Königstein Hessen

Eingebunden in das Schnellbahnnetz des Rhein-Main-Verkehrsverbundes, betreibt die Frankfurt-Königsteiner Eisenbahn AG den Personenverkehr auf der nach ihrem Namen genannten Strecke. Auf der 16,1 km langen Strecke wird der Verkehr mit diesel-elektrischen Triebwagen ausgeführt. Die Betriebsführung obliegt der Hessischen Landesbahn GmbH (HLB). Die Wartung und Instandhaltung wird in der modernen Werkstatt in Königstein erbracht.

Bei herrlichem Wetter entstand diese Aufnahme vom VT 102 auf der Strecke der FKE

Beschriftung	Baureihe	Bemerkung	Bauart-Typ	Firma	Nr.	Baujahr
FKE VT 1			VT 2E	LHB	01 A/B	1987
FKE VT 2			VT 2E	LHB	02 A/B	1987
FKE VT 3			VT 2E	LHB	03 A/B	1987
FKE VT 4			VT 2E	LHB	04 A/B	1987
FKE VT 5			VT 2E	LHB	05 A/B	1987
FKE VT 6			VT 2E	LHB	06 A/B	1987
FKE VT 7			VT 2E	LHB	07 A/B	1987
FKE VT 8			VT 2E	LHB	08 A/B	1987
FKE VT 9			VT 2E	LHB	09 A/B	1992
FKE VT 11		TSB-Lackierung	VT 2E	LHB	11 A/B	1992
FKE VT 12		TSB-Lackierung	VT 2E	LHB	12 A/B	1992
FKE VT 13		TSB-Lackierung	VT 2E	LHB	13 A/B	1992
FKE VT 14		TSB-Lackierung	VT 2E	LHB	14 A/B	1992
FKE VT 15		TSB-Lackierung	VT 2E	LHB	15 A/B	1992
FKE VT 16		TSB-Lackierung	VT 2E	LHB	16 A/B	1992
FKE VT 17		TSB-Lackierung	VT 2E	LHB	17 A/B	1992
FKE VT 18		TSB-Lackierung	VT 2E	LHB	18 A/B	1992
FKE VT 19		TSB-Lackierung	VT 2E	LHB	19 A/B	1992

Beschriftung	Baureihe	Bemerkung	Bauart-Typ	Firma	Nr.	Baujahr
FKE VT 20		TSB-Lackierung	VT 2E	LHB	20 A/B	1992
FKE VT 21		TSB-Lackierung	VT 2E	LHB	21 A/B	1992
FKE VT 51			628	Duewag	91 341+332	1994
FKE VT 71			629	Duewag	92 343+344	1995
FKE VT 72			629	Duewag	93 345+346	1995
FKE VT 108	508 108		GTW 2/6	ADtranz / DWA	509 005	1998

FVE Farge-Fegesacker Eisenbahn GmbH Bremen

Die Strecke Bremen-Farge nach Bremen-Vegesack besitzt eine Länge von 10,4 km und wird durch die Farge-Vegesacker Eisenbahn GmbH befahren. Personenverkehr findet seit 1961 nicht mehr statt.

Beschriftung	Baureihe	Ex-Bezeichnung	Bauart-Typ	Firma	Nr.	Baujahr
FVE 31		Bereisungswagen				1923
FVE V 51		Krupp Rheinhausen	G 500 C	Maschinenbau AG Kiel	500 071	1974
FVE V 62		BTh V 62	650 D	Maschinenbau AG Kiel	600 129	1956
FVE V 161			G 1600 BB	Maschinenbau AG Kiel	1 000 513	1971
FVE V 162			G 1600 BB	Maschinenbau AG Kiel	1 000 514	1971

GBRE Groß-Bieberau-Rheinheimer Eisenbahn GmbH Groß-Bieberau Hessen

Beschriftung	Baureihe	Ex-Bezeichnung	Bauart-Typ	Firma	Nr.	Baujahr
GBRE OHI V 36			MC 360 N	O&K	26 718	1971

GEE Gewerkschaft Erdölraffinerie Emsland Lingen Niedersachsen

Beschriftung
GEE 5 Wintershall
GEE 6 Wintershall

Lok 5 der Wintershall AG Erdöl-Raffinerie Emsland am 7. August 1984 in Lingen Foto: John

Lok 5 der Wintershall AG Erdöl-Raffinerie Emsland am 26. November 1982 in Lingen Foto: John

GET Georgsmarienhütten-Eisenbahn und Transport GmbH Niedersachsen

Die GET ist aus der Georgsmarienhütten-Eisenbahn GME hervorgegangen. Für ihre Leistungen setzt die GET eigene Dieselloks für den Rangierverkehr in Georgsmarienhütte ein. Der Übergabebahnhof dieser Gesellschaft ist der Bahnhof Hasbergen. Auf der Bahnstrecke der Georgsmarienhütter Eisenbahn wurde der Personenverkehr schon in den Jahren 1978 eingestellt, und der Güterverkehr auf der von Hasbergen nach Georgsmarienhütte insgesamt 7,3 km langen Strecke wird durch die DB-AG erbracht.

Beschriftung	Baureihe	Ex-Bezeichnung	Bauart-Typ	Firma	Nr.	Baujahr
GME V 1		an KEG 211	DG 1000 BBM	KHD	57 801	1965
GME V 2			MG 530 C	KHD	57 802	1965
GME V 3		an KEG 011	MG 530 C	KHD	57 803	1965
GME V 4		an WLF Hattingen	MG 530 C	KHD	57 804	1965
GME V 5			MG 530 C	KHD	57 805	1965
GME V 6			MG 530 C	KHD	57 806	1965
GME V 7			MG 530 C	KHD	57 807	1965
GME V 8			MG 530 C	KHD	57 808	1965
GME V 9			MS 530 C	KHD	56 874	
GME V 10		an Martinswerk Bergheim	MS 530 C	KHD	56 276	

Beschriftung	Baureihe	Ex-Bezeichnung	Bauart-Typ	Firma	Nr.	Baujahr
GME V 11		an Osnabrücker Ebfr.	MS 530 C	KHD	57 452	1962
GME V 21			A 6 M 517	KHD	55 041	
GME V 22		an Osnabrücker Ebfr.	A 6 M 517	KHD	55 872	
GME V 23			RC 24 B	Jung	14 132	1972
GME V 24			RC 24 B	Jung	14 239	1976
GME V 25			RC 24 B	Jung	14 240	1976
GME T 1		DRB 135 060 Regensburg	A 1	Bautzen		1935
GME T 1 II	VT 36 509	DRB 137 267 Dresden	B'2'	Duewag	11 870	1938
GME T 2	VT 36 519	DRB 137 456 Nürnberg	B'2'	Dessau		1941
GME VS 1		DRB 145	2'2'	Dessau		1936
GME VS 2	VS 145 405	DRB 147 034 Köln	2'2'	Wumag	8 401	1933

GKB Gelnhäuser Kreisbahnen Gelnhausen Hessen

ehemals Bad Orber Kleinbahn

Beschriftung	Baureihe	Bemerkung	Bauart-Typ	Firma	Nr.	Baujahr
GKB VL 11		an DME V 11	240 C	MaK	220 036	1958
GKB VL 12		an DME V 12	240 C	MaK	220 037	1958
GKB VL 13		Denkmal Bf. Birstein	240 C	MaK	220 060	

Diesellok der Gelnhäuser Kreisbahnen, der ehemaligen Bad Orber Kleinbahn

GVG Georg Verkehrsorganisation GmbH Frankfurt Hessen

Eigene Lokomotiven besitzt die Georg Verkehrsorganisation GmbH nicht. Die benötigten Lokomotiven werden angemietet. Für die schwedischen Staatsbahnen fährt die GVG einen Nachtzug von Berlin über Saßnitz-Fährhafen nach Malmö in Schweden. Die Zuglokomotive für den aus slowakischen Schlafwagen bestehenden Zug ist meist eine Ellok der Baureihe 109 der Westfälischen Almetalbahn, kurz WAB genannt.

Beschriftung	Baureihe	Ex-Bezeichnung	Bauart-Typ	Firma	Nr.	Baujahr
GVG-WAB 109-1	109 084	angemietet von WAB		AD tranz		
GVG-608 801	608 801	DB/US-Army	VT 08	WMD	1 259	1956
GVG-908 801	908 801	DB/US-Army	VS 08	WMD		

HABA Stadtwerke Osnabrück Osnabrück Niedersachsen

Beschriftung	Baureihe	Ex-Bezeichnung	Bauart-Typ	Firma	Nr.	Baujahr
HaBa 1				AEG	1957	1918
HaBa 2				AEG	1958	1918
Beschriftung	Baureihe	Ex-Bezeichnung	Bauart-Typ	Firma	Nr.	Baujahr
HaBa 3				SSW	4 807	1950
HaBa 4		an VLO	MC 14 N	Orenstein & Koppel	26 666	1970
HaBa 5			MB 9 N	Orenstein & Koppel	26 727	1971
HaBa 6	261 157	von OnRail	V 60	Krupp	4 477	1962
HaBa 7	261 841	von OnRail	V 60	Krauss-Maffei	18 603	1960

HAFAG Duisburger Hafen AG Duisburg NRW

Als nichtöffentliche Hafenbahn verfügt die HAFAG im Duisburger Hafen über ein etwa 120 Kilometer langes Streckennetz. Durch die Duisport Rail GmbH, einer Tochtergesellschaft der HAFAG, verfügt sie mittlerweise auch über eine Zulassung als öffentliches Eisenbahn-Verkehrsunternehmen. Ein neuer Lokschuppen für die Fahrzeuge soll bis zum Jahr 2002 fertiggestellt sein.

Beschriftung	Baureihe	Ex-Bezeichnung	Bauart-Typ	Firma	Nr.	Baujahr
HAFAG 7			G 761 C	MaK	700 026	1978
HAFAG-DE 765		angemietet von DE	ME 05	Krauss-Maffei	19 888	1982
HAFAG	202		V 100	LEW		
HAFAG	203		V 100	LEW		

Hafenbetriebe Hafenbetriebe der Stadt Frankfurt Frankfurt Hessen

Die Hafenbetriebe der Stadt Frankfurt besitzen als Privatbahn ein etwa 75 km langes Streckennetz. Mit ihren vier dreiachsigen Dieselloks der Firma Krauss-Maffei versehen sie ihren Güterverkehr auf ihrem Streckennetz. Die Dieselloks sind mit einem 600 PS starken MTU-Motor und einem Voigt-Getriebe ausgestattet. Die Wartung der Loks wird in der eigenen Werkstatt durchgeführt. Leistungen für Dritte werden auch erbracht. Hier sei die Historische Eisenbahn Frankfurt erwähnt. Alle Dieselloks sind mit Funkfernsteuerung ausgestattet. Die Lackierung der Loks ist rot-weiss, Ausnahme ist allerdings die Diesellok D 7: Sie hat ein Farbkleid in Orange.

Beschriftung	Bauart-Typ	Firma	Nr.	Baujahr
Hafenbetriebe D 1	MH 05	Krauss-Maffei	20 079	1994
Hafenbetriebe D 2	ML 550 D		18 343	1956
Hafenbetriebe D 3				
Hafenbetriebe D 4	ML 550 D		18 341	1956
Hafenbetriebe D 5	ML 550 D		18 340	1956
Hafenbetriebe D 6				
Hafenbetriebe D 7	M 700 C		19 872	1979
Hafenbetriebe D 8	MH 05		20 044	1992
Hafenbetriebe D 9	MH 05		20 077	1993

HBW Hafenbahn Worms Worms Rheinland-Pfalz

Mit zwei Diesellokomotiven bewältigt die Hafenbahn Worms ihren Güterverkehr auf ihrem etwa 16 Kilometer langen Gleisnetz. Die Gütermengen liegen bei etwa 100 000 t im Jahr und werden zu den verschiedenen Anschließern in der Hafenstraße geliefert.

Beschriftung	Baureihe	Ex-Bezeichnung	Bauart-Typ	Firma	Nr.	Baujahr
HBW			ML 440 C	Krauss-Maffei	18 156	1955
HBW		verkauft an DME	ML 440 C	Krauss-Maffei	18 346	1965
HBW			D 25 B	Gmeinder	5 476	1972

HEG Hersfelder Eisenbahn Gesellschaft Bad Hersfeld Hessen

Die Hersfelder Eisenbahngesellschaft mbH ist als Privatbahn aus der ehemaligen Hersfelder Kreisbahn hervorgegangen. Der Personenverkehr wurde bis zum 30. Dezember 1993 auf der Hersfelder Eisenbahn mit Schienbussen durchgeführt. Besonderheit der HEG war der Uerdinger Glieder-Schienenbus mit der Kennung VT 54 + VM 56 + VS 55. Dieser ist mittlerweile vom Verein Hochwaldbahn e.V. erworben worden und soll im nächsten Jahr wieder betriebsfähig sein.

Beschriftung	Baureihe	Ex-Bezeichnung	Firma
HEG 30	V 320		
HEG VM 56			
HEG VS 55			
HEG VT 50			
HEG VT 52		Fzg bei BEM Nördlingen	
HEG VT 54			Uerdingen

Lok 30 der HEG, Ex-DB-Lok V 320 001, steht im Mai 1987 mit einem Kalizug in Schenklengsfeld

Herholz Herholz-Schrottverwertung Essen NRW

Beschriftung	Baureihe	Ex-Bezeichnung	Bauart-Typ	Firma	Nr.	Baujahr
Herholz-Schrottverwertung	324 012	321 120		Kbf 5251	Kbf	
Herholz-Schrottverwertung	322 103			Kö 4162	Kö	
Herholz-Schrottverwertung	323 475	321 162		Köf 6133	Köf	
Herholz-Schrottverwertung	322 052			Köf 6352	Köf	

HGK Häfen und Güterverkehr Köln NRW

Zusammenschluss im Jahr 1992 der Köln-Bonner-Eisenbahn (KBE), der Köln-Frechen-Benzelrather Eisenbahn (KFBE), und der Häfen Köln GmbH (HGK). Ein 102,5 km langes Streckennetz wird im Großraum Köln betrieben, wobei ein teilweise gemischter Betrieb im Güterverkehr und im Personenverkehr der Kölner Verkehrs-Betriebe AG (KVB) stattfindet. Die Fahrzeugwerkstatt ist in Brühl-Vochem, dort werden Lokomotiven und Waggons instandgesetzt. Mit Elektrolokomotiven der Baureihe 145 wird der Langstreckenverkehr zwischen Köln und Basel betrieben. Desweiteren setzt die HGK Lokomotiven der Baureihe Class 66 auf ihrem Streckennetz ein.

HGK-Ellok der Baureihe 145 am 7. September 2000 in Rastatt

Am Bahntag in Aachen stellt die HGK ihre 9901 Bautyp Class für die Fahrzeugschau zur Verfügung

HGK-Diesellok DE 85 während der Fahrzeugausstellung im Bahnbetriebswerk Köln-Deutzerfeld

Beschriftung	Baureihe	Ex-Bezeichnung	Bauart-Typ	Firma	Nr.	Baujahr
HGK 2001	145-CL 011	ADtranz-Pool	E 145	ADtranz	33 823	2000
HGK 2002	145-CL 012	ADtranz-Pool	E 145	ADtranz	33 821	2000
HGK 2003	145-CL 013	ADtranz-Pool	E 145	ADtranz	33 826	2001
HGK 2004	145-CL 014	ADtranz-Pool	E 145	ADtranz	33 828	2001
HGK 2005	145-CL 015	ADtranz-Pool	E 145	ADtranz	33 824	2001
HGK 9901	Class 66		JT 42 CWR	GM-EMD	998 101	1999
HGK 9902	Class 66		JT 42 CWR	GM-EMD	998 102	1999
HGK DE 11	240 001	Versuchslok	V 40	Maschinenbau AG Kiel	300 002	1989
HGK DE 12	240 002	Versuchslok	V 40	Maschinenbau AG Kiel	300 003	1989
HGK DE 13	240 003	Versuchslok	V 40	Maschinenbau AG Kiel	300 004	1989
HGK DE 61	Class 66	HGK 9002	JT 42 CWR	GM-EMD	998 101	1999
HGK DE 62	Class 66	HGK 9001	JT 42 CWR	GM-EMD	998 102	1999
HGK DE 71		KBE DE 81	DE 1200	MaK	1 000 833	1987
HGK DE 72		KBE DE 82	DE 1200	MaK	1 000 834	1987
HGK DE 73		KFBE DE 93	DE 1200	MaK	1 000 840	1987
HGK DE 74		KBE DE 84	DE 1200	MaK	1 000 836	1987
HGK DE 75		KBE DE 85	DE 1200	MaK	1 000 837	1987
HGK DE 76		KFBE DE 93	DE 1200	MaK	1 000 839	1987
HGK DE 81 II			DE 1200	MaK	1 000 882	1993
HGK DE 82 II			DE 1200	MaK	1 000 883	1993
HGK DE 83 II			DE 1200	MaK	1 000 884	1993
HGK DE 84 II			DE 1200	MaK	1 000 885	1993
HGK DE 85 II			DE 1200	MaK	1 000 886	1993
HGK DE 86			DE 1200	MaK	1 000 887	1993
HGK DE 91		KFBE DE 91	DE 1200	MaK	1 000 838	1987
HGK DE 92		KFBE DE 95	DE 1200	MaK	1 000 842	1987
HGK DE 93		KBE DE 82	DE 1200	MaK	1 000 835	1987
HGK DE 94		KFBE DE 95	DE 1200	MaK	1 000 841	1987
HGK DH 31		KBE V 31	DG 1200 BBM	Deutz	57 187	1961
HGK DH 32		KBE V 32	DG 1200 BBM	Deutz	57 188	1961
HGK DH 33		KBE V 33	DG 1200 BBM	Deutz	57 189	1961

Beschriftung	Baureihe	Ex-Bezeichnung	Bauart-Typ	Firma	Nr.	Baujahr
HGK DH 34		KBE V 34	DG 1200 BBM	Deutz	57 191	1961
HGK DH 35		KBE V 35	DG 1200 BBM	Deutz	57 541	1961
HGK DH 36		KBE V 36	DG 1200 BBM	Deutz	57 417	1961
HGK DH 37		KFBE V 75	DG 1200 BBM	Deutz	57 982	1966
HGK DH 38		KFBE V 76	DG 1200 BBM	Deutz	57 983	1966
HGK DH 41	201 004	ADtranz-Pool angemietet	V 100.4 Umbau	VEB Lokbau E. Werke	11 212	1966
HGK DH 43		LSG-Pool	G 1206	VSFT	1 001 025	2000
HGK DH 44		LSG-Pool	G 1206	VSFT	1 001 114	2000
HGK V 3		KBE; V 5	KS 22 B	Deutz	55 547	1953
HGK V 4		KBE; V 3	KS 22 B	Deutz	55 545	1953
HGK V 21 II		HDK 21	G 321 B	MaK	220 105	1981
HGK V 22 II		HDK 22	G 321 B	MaK	220 106	1981
HGK VT 1	795 398		VT 95	MAN	140 896	1954
HGK VT 2	798 585		VT 98	WMD	1 221	1956

HHB Hamburger Hafenbahn Hamburg

375 km Gleis führen durch den größten Hafen Deutschlands. Der Betrieb wird von der Hansestadt Hamburg durchgeführt, der Rangierbetrieb wird von der Deutschen Bahn AG im Auftrage der HHB erbracht. Für Arbeitszüge stehen jedoch auch eigene Lokomotiven der Hamburger Hafenbahn zur Verfügung.

Beschriftung	Baureihe	Ex-Bezeichnung	Bauart-Typ	Firma	Nr.	Baujahr
HHB 207			Zweiwege-Bagger	Atlas	164 S 40047	1993
HHB 217	SKL		SKL 53			
HHB 218			Zweiwege-Unimog	Mercedes Benz		1987
HHB 219			Zweiwege-Unimog	Mercedes Benz		1995
HHB 224			Kran	Krupp	205 921	1970
HHB 225				O&K	26 789	1973
HHB 226				MaK	220 108	1982
HHB VT 4.42		Alster-Nordbahn		MAN	142 781	1956

HHPI Heavy Haul Poweer International GmbH Erfurt Thüringen

Das Unternehmen Heavy Haul Power International wurde im Jahre 1999 durch zwei Privatunternehmer neu gegründet. Seit Mai 2000 besitzt HHPI eine Zulassung als Eisenbahn-Verkehrs-Unternehmen und transportiert unter anderem Baustoffe zur Großbaustelle der Ostseeautobahn A 20. Im Sommer 2002 sollen alle drei Class-Maschinen einsatzbereit sein.

Yeoman 259 003, fährt mittlerweile für die HHPI, hier am 13. Juli 1999 in Neustrelitz

Beschriftung	Baureihe	Ex-Bezeichnung	Bauart-Typ	Firma	Nr.	Baujahr
HHP 59 003	259 003	Yeoman Highlander 59 003	Classic 59	GM-EMD		1985
HHP 29 001	Classic 66		JT 42 CWR	GM-EMD		
HHP 29 002	Classic 66		JT 42 CWR	GM-EMD		
HHP 29 003	Classic 66		JT 42 CWR	GM-EMD		

HKB Hümmlinger Kreisbahn Werlte Niedersachsen

siehe Emsländische Eisenbahn

Beschriftung	Baureihe	Ex-Bezeichnung	Bauart-Typ	Firma	Nr.	Baujahr
HKB Hümmling			MS 650 D	Deutz	56 495	1965
HKB L 1				Krupp	3 339	1956
HKB L 2			KG 275 B	Deutz	57 504	1962

Beschriftung	Baureihe	Ex-Bezeichnung	Bauart-Typ	Firma	Nr.	Baujahr
HKB L 3		an Ebfr. Hasetal	V 6 M 436 R	Deutz	56 733	1960
HKB L 4		an Mittelweserbahn	650 D	Maschinenbau AG Kiel	600 146	1958
HKB T 1 II			Niedersachsen	Talbot	95 135	1957
HKB VT 5			A 1-dm	Talbot	96 281	1955

Lok 1 der Hümmlinger Kreisbahn im Februar 1981 in Bad Zwischenahn

HKB Hersfelder Kreisbahn Bad Hersfeld Hessen

Die Hersfelder Kreisbahn hat ihren Betrieb seit 1993 eingestellt. Diese Privatbahn transportierte in den Jahren 1912 bis 1993 mit ihren Lokomotiven schwere Kalizüge auf ihren Strecken. Durch die Wiedervereinigung wurde diese Strecke überflüssig.

Beschriftung	Baureihe
HKB V 30	320
HKB V 31	280

Diesellok der Hersfelder Kreisbahn der DB-Bauart 216.0 „Lollo"

HLB Hessische Landesbahn GmbH Hessen

Die Hessische Landesbahn (HLB) wurde 1955 zur Sicherung der hessischen Kleinbahnen gegründet. Seit 1997 hat die hessische Landesbahn GmbH die Betriebsführung der Tochterunternehmen übernommen. Heute vereinigt die HLB als Gesellschaft des Landes Hessen vier Unternehmen und zwei Beteiligungen.

Tochterunternehmen

BLE Butzbach-Licher Eisenbahn AG, Butzbach, Hessen
FKE Frankfurt-Königsteiner Eisenbahn AG, Königstein, Hessen
HEG Hersfelder Eisenbahn GmbH mittlerweise nur noch Busverkehr, Hersfeld, Hessen
KNE Kassel-Naumburger Eisenbahn AG, Kassel, Hessen

Beteiligungen

HTB Hellertalbahn GmbH, Rheinland-Pfalz
STB Süd-Thüringen-Bahn Meiningen GmbH, Meiningen, Thüringen

Lok 831 der Hessischen Landesbahn in Moers

Beschriftung	Baureihe	Ex-Bezeichnung	Bauart-Typ	Firma	Nr.	Baujahr
HLB 831		HEG	DE 1002	Maschinenbau AG Kiel	1 000 831	1988

HR Hanseatic Rail Hamburg Hamburg

Beschriftung	Baureihe	Ex-Bezeichnung	Bauart-Typ	Firma	Nr.	Baujahr
HR V 22-01		NVA		LOB	261 342	1964

HRS Hoyer Rail Serv GmbH

Die Hoyer Railserv GmbH ist im Jahre 2001 als Gemeinschaftsunternehmen der Spedition Hoyer mit einem Anteil von 95 Prozent und der Rhein-Sieg-Eisenbahn Betriebsgesellschaft mit einem Anteil von fünf Prozent gegründet worden. Für den Güterzugverkehr setzt dieses Unternehmen Fahrzeuge verschiedener Verkehrsunternehmen ein. Die Fahrzeuge stammen aus den Lok-Pools von MWB, LSG und Siemens und seit September 2001 auch aus dem Bombardier-Pool. Die Hoyer Railserv GmbH befasst sich mit der Beförderung von Containerzügen zwischen Hamburg–Köln–Dormagen. Mit Flügelzügen werden Brunsbüttel, Hamburg-Harburg Seehafen und Lübeck-Skandinavienkai angefahren.

Beschriftung	Baureihe	Ex-Bezeichnung	Bauart-Typ	Firma	Nr.	Baujahr
HRS-MWB V 2001	220-01	RSE C 220-01	M 62	Woroschilowgrad	3 554	1979
HRS-SIEMENS-Pool	ME 26-01	6.661	DE 1024 Bauart	MaK		
HRS-SIEMENS-Pool	ME 26-06	6.666	DE 1024 Bauart	MaK	30 010	1995
HRS-SIEMENS-Pool	ME 26-07	6.667	DE 1024 Bauart	MaK	30 011	1995
HRS-SIEMENS-Pool	ME 26-10	6.670	DE 1024 Bauart	MaK	30 014	1995
HRS-SIEMENS-Pool	W 232.06			Lugansk	0 106	1967
HRS-LSG-Pool			G 1206	MaK-VSFT	1 001 022	2000
HRS-Bombardier 109-2	109 013	angemietet Bombardier				
HRS-Bombardier 109-28	109 028	angemietet Bombardier				

HSB Hazer Schmalspurbahnen GmbH Wernigerode Sachsen-Anhalt

Die Harzer Schmalspurbahnen schauen auf eine lange Geschichte zurück. Ende des letzten Jahrhunderts wurden sie errichtet, um den Anschluss des Harzes mit seinen Bodenschätzen, Holzvorkommen und Kleinindustrien an das aufwärtsstrebende Deutschland herzustellen und den nun beginnenden Fremdenverkehr zu fördern. Aus den Strecken der ehemals selbstständigen Bahnen Harzquerbahn, Selketalbahn und Brockenbahn besteht das jetzige Streckennetz der HSB. Die Harzer Schmalspurbahnen betreiben auf ihrem umfangreichen Netz etwa 130 km der Spurweite 1000 mm dampfbespannten Ausflugsverkehr rund um den Brocken. Es handelt sich um das größte und höchste Schmalspurnetz in Deutschland. Auf dem Brocken hat man eine Höhe von 1125 m ü. NN erreicht. Betrieb herrscht auf den Strecken Nordhausen–Nord-Wernigerode, Drei-Annen–Hohne–Brocken, Gernrode–Hasselfelde, Alexisbad–Harzgerode sowie Stiege–Eisfelder Talmühle. Täglich werden mindestens sieben Dampflokomotiven der Baureihe 99 eingesetzt. Für einen großen Teil des Personenverkehrs werden auch Schmalspurtriebwagen der Baureihe 187 auf die Reise geschickt. Hier sei zum Beispiel der Nordhausen Nord-Alexisbad genannt. Der Güterverkehr wird mit Rollbockwagen und Lokomotiven der Baureihe 199, entstanden aus Normalspurloks der Baureihe 110, erbracht.

Oben: Bergfahrt der 099 zum Brocken

Links oben: Die 995 902 zeigt, was in ihr steckt
Links unten: Gemütlich geht es bergab

Schmalspur-Triebwagen 187 011 der Harzer Schmalspurbahnen bei Einfahrt im Bahnhof Stiege (oben links) und die Schmalspur-Triebwagen 187 015 und 187 016 im Bahnhof Nordhausen

Beschriftung	Baureihe	Ex-Bezeichnung	Bauart-Typ	Firma	Nr.	Baujahr
HSB 99 222	99 222			Schwartzkopf	9 921	1931
HSB 99 5901	99 5901	NWE 11	B'B'n4vt	Jung	258	1897
HSB 99 5902	99 5902	NWE 12	B'B'n4vt	Jung	261	1897
HSB 99 5903	99 5903	NWE 13	B'B'n4vt	Jung	345	1898
HSB 99 5906	99 5906	NWE 41 II	B'B'n4vt	Karlsruhe	2 052	1918
HSB 99 6001	99 6001	NWE 21 II	1'C1'h2	Krupp	1 875	1939
HSB 99 6101	99 6101	NWE 6	Ch 2t	Henschel	12 879	1914
HSB 99 6102	99 6102	NWE 7	Ch 2t	Henschel	12 880	1914
HSB 99 7222	99 7222		1'E'h2t	Schwartzkopf	9 921	1931
HSB 99 7231	99 7231		1'E'h2t	Babelsberg	134 008	1954
HSB 99 7232	99 7232		1'E'h2t	Babelsberg	134 009	1954
HSB 99 7233	99 7233		1'E'h2t	Babelsberg	134 010	1954
HSB 99 7234	99 7234		1'E'h2t	Babelsberg	134 011	1954
HSB 99 7235	99 7235		1'E'h2t	Babelsberg	134 012	1954
HSB 99 7236	99 7236		1'E'h2t	Babelsberg	134 013	1955
HSB 99 7237	99 7237		1'E'h2t	Babelsberg	134 014	1955
HSB 99 7238	99 7238		1'E'h2t	Babelsberg	134 015	1955
HSB 99 7239	99 7239		1'E'h2t	Babelsberg	134 016	1955
HSB 99 7240	99 7240		1'E'h2t	Babelsberg	134 017	1955
HSB 99 7241	99 7241		1'E'h2t	Babelsberg	134 018	1955
HSB 99 7242	99 7242		1'E'h2t	Babelsberg	134 019	1955
HSB 99 7243	99 7243		1'E'h2t	Babelsberg	134 020	1955
HSB 99 7244	99 7244		1'E'h2t	Babelsberg	134 021	1955
HSB 99 7245	99 7245		1'E'h2t	Babelsberg	134 022	1955
HSB 99 7246	99 7246		1'E'h2t	Babelsberg	134 023	1955
HSB 99 7247	99 7247		1'E'h2t	Babelsberg	134 024	1956
HSB 187 001	187 001	GHE T1	133 522	Waggonbau Dessau	3 046	1933
HSB 187 011	187 011	Inselbahn Langeoog T 1		Talbot	97 519	1955
HSB 187 012	187 012	Inselbahn Langeoog T 3		Fuchs	9 107	1955
HSB 187 013	187 013	Inselbahn Langeoog T 4		Talbot	97 520	1955
HSB 187 015	187 015	Wittenberger		Wittenberg		1996
HSB 187 016	187 016	Halberstätter		Halberstadt		1999
HSB 187 017	187 017	Halberstätter		Halberstadt		1999
HSB 187 018	187 018	Halberstätter		Halberstadt		1999
HSB 187 019	187 019	Halberstätter		Halberstadt		1999
HSB 187 025	187 025	NWE T 3	137 566	Wismar		1939

Beschriftung	Baureihe	Ex-Bezeichnung	Bauart-Typ	Firma	Nr.	Baujahr
HSB 199 005	199 005	199 005	V 10 C	VEB Lokbau K. Marx	250 352	1934
HSB 199 006	199 006	199 006	V 10 C	VEB Lokbau K. Marx	250 353	1934
HSB 199 010	199 010	100 325	Kb 4325	BMAG	10 224	1934
HSB 199 011	199 011	100 639	Kö 4639	Jung	5 668	1935
HSB 199 012	199 012	100 213	Kb 4113	BMAG	10 164	1934
HSB 199 301	199 301	V30 001	V 30 C	LKM	263 001	1966
HSB 199 861	201 861	110 861	V 100	Henningsdorf	15 379	1976
HSB 199 863	199 863	110 863	V 100	Henningsdorf	15 381	1976
HSB 199 870	199 870	110 871	V 100	Henningsdorf	15 388	1976
HSB 199 871	201 871	110 871	V 100	Henningsdorf	15 389	1976
HSB 199 872	201 872	110 872	V 100	Henningsdorf	15 390	1976
HSB 199 874	201 874	110 874	V 100	Henningsdorf	15 392	1976
HSB 199 877	201 877	110 877	V 100	Henningsdorf	16 371	1978
HSB 201 879	201 879	110 879	V 100	Henningsdorf	16 373	1977
HSB 201 891	201 891	110 891	V 100	Henningsdorf	16 373	1977
HSB 201 892	201 892	110 892	V 100	Henningsdorf	16 386	1978
HSB 310 128	310 128	100 128	Kö 4028	RAW Dessau		1962
HSB 310 213	310 213	100 213	Kb 4113	Berliner Maschinenbau	10 164	1934
HSB 310 287	310 287	100 287	Kö 4187	VEB Lokbau K. Marx	250 353	1934
HSB 310 301	310 301	100 301	V 30 001	Babelsberg	263 001	1966
HSB 310 321	310 321	100 321	Kb 4325	Berliner Maschinenbau	10 224	1934
HSB 310 639	199 011	100 639	Kö 4639	Jung	5 668	1935

Diesellok 199 012 und 199 877 am 6. April 1993 in Wernigerode

HTB-DEG Hörseltalbahn GmbH Eisenach Thüringen

Die Hörseltalbahn ist als Anschlussbahn des Automobilwerkes Eisenach entstanden. Mit ihren Dieselloks bedient sie das Opelwerk Eisenach, ein KLV-Terminal und andere Gleisanschlüsse.

Beschriftung	Baureihe	Ex-Bezeichnung	Bauart-Typ	Firma	Nr.	Baujahr
HTB V 66			V 60 D	LEW	10 758	1966
HTB V 67			V 60 D	LEW	11 344	1967
HTB V 68			V 60 D	LEW	16 575	1979
HTB V 71			G 765 C	Mak	700 112	1994
HTB V 143	710 960	Grabenräumeinheiten	V 100.4	VEB Lokbau E. Werke	15 395	1976

HTB Hellertal-Bahn GmbH Rheinland-Pfalz

Die Hellertalbahn betreibt in Verbindung mit der Hessischen Landesbahn GmbH (HLB) und der Westerwaldbahn (WEBA) die DB-AG-Strecke Betzdorf–Dillenburg.

Beschriftung	Baureihe	Ex-Bezeichnung
HTB 525 116	GTW 2/6	ADtranz / Stadler
HTB 525 117	GTW 2/6	ADtranz / Stadler
HTB 525 118	GTW 2/6	ADtranz / Stadler

HUPAC Hupac Deutschland GmbH Baden-Württemberg

Die Hupac organisiert Containerzüge. Ein solcher Containerzug verkehrt zwischen Ludwigshafen BASF und Italien, in Zusammenarbeit mit der Firma Bertschi (Schweizer Spedition).

Beschriftung	Baureihe	Bauart-Typ	Firma
HUPAC ES 64U2-901	1116 901		Krauss-Maffei/Siemens
HUPAC ES 64U2-101	1116 902		Krauss-Maffei/Siemens
HUPAC ES 64U2-102	1116 903		Krauss-Maffei/Siemens

Dispo-Lok 1116 901 mit Hupac-Beschriftung am 16. November 2001 Bf. München-Pasing
Foto: Janikowski

HzL Hohenzollerische Landeseisenbahn AG Hechingen Baden-Württemberg

Die Hohenzollerische Landeseisenbahn ist die größte Privatbahn im Bundesland Baden-Württemberg. Dort führt die HzL einen nennenswerten Güterverkehr durch, überwiegend Salztransporte von Stetten nach Ulm. Aber auf ihrem umfangreichen Streckennetz (ca. 110 km) betreibt die HzL auch noch den SPNV mit Regio-Shuttles durch. Auch auf den Gleisen der DB-AG auf der Strecke Tübingen–Aulendorf sind sie anzutreffen. In Gammertingen befindet sich das große Werkstattgebäude, in dem die Triebwagen gewartet werden. Das hundertjährige Jubiläum der HzL konnte im Juli 1999 gefeiert werden. Im Jahr 2002 übernahm die HzL den regionalen Güterverkehr in Neckaralb/Oberschwaben von der DB-Cargo.

Beschriftung	Baureihe	Ex-Bezeichnung	Bauart-Typ	Firma	Nr.	Baujahr
HzL V 23		KE V 3	240 B	MaK	220 052	1958
HzL V 25		Bayer Uerdingen V 1	240 B	MaK	220 018	1954
HzL V 29			460	Zagro	2 950	2001
HzL V 34			D 25 B	Gmeinder	5 651	1985
HzL V 81			Alb	Esslingen	5 212	1957
HzL V 82		nach Italien verkauft	850 D	MaK	800 090	1957
HzL V 118				Krauss-Maffei	19 855	1978
HzL V 119				Krauss-Maffei	19 856	1978
HzL V 121		abgestellt, an OHE	1200 D	MaK	1 000 157	1964
HzL V 122			G 1300 BB	MaK	1 000 247	1964
HzL V 124			G 1300 BB	MaK	1 000 258	1969
HzL V 150			D 100 BB	Gmeinder	5 649	1985
HzL V 151			D 100 BB	Gmeinder	5 650	1985
HzL V 152			D 100 BB	Gmeinder	5 701	1992
HzL VB 15				MAN	148 022	1962
HzL VB 18				MAN	150 120	1963
HzL VB 19				MAN	150 121	1963
HzL VB 21				Esslingen	23 440	1952
HzL VB 12				Dessau		1935
HzL VB 13		an EBM		MAN		1937
HzL VB 14				Dessau		1937
HzL VB 15				MAN	148 022	1962
HzL VB 16				Uerdingen	57 066	1951
HzL VT 4				MAN	145 274	1960
HzL VT 5				MAN	145 275	1960
HzL VT 6 II		VEV VT 150		MAN	146 631	1962
HzL VT 7 II		VEV VT 151		MAN	146 632	1962
HzL VT 8				MAN	145 163	1961
HzL VT 9				MAN	151 129	1966
HzL VT 41			NE 81	Waggon-Union	36 100	1993
HzL VT 42			NE 81	Waggon-Union	36 101	1993
HzL VT 43			NE 81	Waggon-Union	36 102	1993
HzL VT 44			Regio-Shuttle	ADtranz	36 585	1997
HzL VT 45			Regio-Shuttle	ADtranz	36 586	1997
HzL VT 20 0			Regio-Shuttle	ADtranz	36 563	1997
HzL VT 201			Regio-Shuttle	ADtranz	36 564	1997
HzL VT 202			Regio-Shuttle	ADtranz	36 565	1997
HzL VT 203			Regio-Shuttle	ADtranz	36 566	1997
HzL VT 204			Regio-Shuttle	ADtranz	36 567	1997
HzL VT 205			Regio-Shuttle	ADtranz	36 568	1997
HzL VT 206			Regio-Shuttle	ADtranz	36 569	1997
HzL VT 207			Regio-Shuttle	ADtranz	36 570	1997

Beschriftung	Baureihe	Ex-Bezeichnung	Bauart-Typ	Firma	Nr.	Baujahr
HzL VT 208			Regio-Shuttle	ADtranz	36 571	1997
HzL VT 209			Regio-Shuttle	ADtranz	36 572	1997
HzL VT 210			Regio-Shuttle	ADtranz	36 573	1997
HzL VT 211			Regio-Shuttle	ADtranz	36 574	1997
HzL VT 212			Regio-Shuttle	ADtranz	36 575	1997
HzL VT 213			Regio-Shuttle	ADtranz	36 576	1997
HzL VT 214			Regio-Shuttle	ADtranz	36 577	1997
HzL VT 215			Regio-Shuttle	ADtranz	36 578	1997
HzL VT 216			Regio-Shuttle	ADtranz	36 579	1997
HzL VT 217			Regio-Shuttle	ADtranz	36 580	1997
HzL VT 218			Regio-Shuttle	ADtranz	36 581	1997
HzL VT 219			Regio-Shuttle	ADtranz	36 582	1997
HzL VT 220			Regio-Shuttle	ADtranz	36 583	1997
HzL VT 221			Regio-Shuttle	ADtranz	36 584	1997
HzL 90		Fahrradwagen				

HzL-Diesellok V 23 im Betriebswerk Gammertingen im Jahr 1999

HzL-Diesellok 150 und 151 am 9. Juli 1999 im Hauptbahnhof Ulm

Foto: John

HzL VS 12 in Gammertingen 1999

HzL VT 42 der Bauart NE 81 bei einem Besuch im Bw der BOB in Friedrichshafen am 5. Juli 1994

HzL VT 44/45 bei Einfahrt in den Bahnhof Tuttlingen im Oktober 1997

HzL VT 215 am 27. August 1999 in Tübingen

IBL Inselbahn Langeoog Langeoog

Da auf der Insel Langeoog keine Autos verkehren dürfen, bedient die Inselbahn alle Anschlüsse zu den Schiffen. Die Spurweite beträgt 1000 mm und die Streckenlänge 3 km. Die neu beschaffenen Wagen der Inselbahn in den Jahren 1994 und 1995 hat man sehr farbenfroh lackiert. Sie sind aber ihren Vorgängern ähnlich nachgebaut worden. Gefahren wird mit Wendezugeinheiten, an jedem Ende eine Diesellok. Nach Bedarf werden Flachwagen für das Gepäck und den Nachschub für die Inselbewohner von Langeoog eingesetzt.

Beschriftung	Baureihe	Ex-Bezeichnung	Bauart-Typ	Firma	Nr.	Baujahr
IBL Kö 1 II			CFL 90	Schöma	1 738	1956
IBL Kö 2			OMZ 117	Deutz	18 843	1937
IBL Kö 4		Spiekeroog 6	CFL 250 DCL	Schöma	2 860	1965
IBL Lok 1			CFL 250 DCL	Schöma	5 344	1994
IBL Lok 2			CFL 250 DCL	Schöma	5 345	1994
IBL Lok 3			CFL 250 DCL	Schöma	5 346	1995
IBL Lok 4			CFL 250 DCL	Schöma	5 347	1995
IBL Lok 5			CFL 250 DCL	Schöma	5 348	1995
IBL T 2		Ruhr-Lippe Eb. T 6		Talbot	94 433	1950

IGB Industriebahngesellschaft mbH Berlin Berlin

Beschriftung	Baureihe	Ex-Bezeichnung	Bauart-Typ	Firma	Nr.	Baujahr
IGB DL 8		DE; Hoesch 704	M 700 C	Krauss-Maffei	18 849	1961
IGB 1 1		BEHALA	G 1100 BB	MaK	800 162	1968

IGP IG Preßnitztalbahn e. V. Jöhstadt Sachsen

siehe auch Press

Diese Schmalspurbahn wurde 1892 gegründet und führte von Wolkenstein nach Jöhstadt mit einer Streckenlänge von 23 km. Doch das Aus kam für diese Bahn 1984, sie wurde stillgelegt und zurückgebaut. Eisenbahnfreunde gründeten 1989 die IG Preßnitztal e.V. und nach jahrelanger Arbeit konnte im August 2000 ein Teilstück von Jöhstadt nach Steinebach mit einer Streckenlänge von 8 Kilometern wieder in Betrieb genommen werden. Zugloks sind Dampfloks der Baureihe 99.

Beschriftung	Baureihe	Ex-Bezeichnung	Bauart-Typ	Firma	Nr.	Baujahr
IGP 99 1542	99 1542-2	135 Sachsen	B'B'n4vt	Hartmann	2 384	1899
IGP 99 1568	99 1568-7	158 Sachsen	B'B'n4vt	Hartmann	3 450	1910
IGP 99 1590	99 1590-1	180 Sachsen	B'B'n4vt	Hartmann	3 670	1913
IGP 99 4511	99 4511-4		Cn2t	Krauss-Maffei	4 111	1899
IGP 199 007	99 007-6	Feinspinnerei Venusberg		Babelsberg	250 029	1957
IGP 199 009	199 009-2	Papierfabrik Schönfeld		Babelsberg	250 337	1957

IKEA Rail AB

Die IKEA Rail AB ist ein europaweites EVU und soll ab dem 1. September 2001 auf der Strecke Älmhult–Hamburg–Duisburg den Möbeltransport für IKEA organisieren.Nach anfänglichen Schwieringkeiten soll nun die Tochtergesellschaft der Ruhrkohle AG RBH den Transport der IKEA-Möbel von Schweden nach Duisburg durchführen. Für die eingesetzten Fahrzeuge bitte unter RAG nachschauen.

ILM Ilmebahn Einbeck Niedersachsen

Die Gründung als Ilmebahn-Aktiengesellschaft mit Konzessionserteilung fand bereits 1882 statt und war der Beginn des Bahnbaus. Die Aufnahme des Eisenbahnbetriebes erfolgte 1883. Anno 1924 wurde der Eisenbahnbetrieb in eigener Regie durchgeführt. In den frühen Jahren der Ilmebahn wurde der Zugverkehr mit Dampflokomotiven der Baureihe 89 abgewickelt. Die ILM betreibt nur noch Güterzugverkehr auf eigenen Strecken und übernimmt auch Leistungen im Auftrag von DB-Cargo. Eigene Strecke der ILM ist Einbeck–Salzderhelden und Dasse. Die eigentliche Ilmetalbahn-Strecke nach Dassel ist im Jahr 1975 auf Busse umgestellt worden. Bauzugleistungen für Dritte werden von der ILM mit ihren Fahrzeugen ebenfalls erbracht.

Diesellok V 100 01 der Ilmetalbahn

Beschriftung	Baureihe	Ex-Bezeichnung	Bauart-Typ	Firma	Nr.	Baujahr
ILM Lok 1	89 7224	Altona 6134	pr. T 3	Hanomag	2 379	1892
ILM Lok 2	89 7288	Altona 6152	pr. T 3	Hanomag	2 532	1893
ILM Lok 3		Breslau 6133	pr. T 3	Vullcan	986	1887
ILM Lok 4		Hafenbahn Krefeld II		Hohenzollern	2 132	1907
ILM Lok 5	91 376	Erfurt 2108	pr. T 9	Humboldt	121	1902
ILM Lok 6	91 424	Kassel 7312	pr. T 9	Borsig	5 235	1903
ILM Lok 7	76 002	Mainz 7402	pr. T 10	Borsig	6 942	1909
ILM Lok 8	64 246			Henschel	22 174	1933
ILM V 65 02	265 02	VEE 02; an BLME	650 D	Maschinenbau AG Kiel	600 415	1962
ILM V 65 03	265 03	AKN 2. 004; an BLME	650 D	Maschinenbau AG Kiel		
ILM V 100 01	212 268	V 100 2268	V 100.20	Maschinenbau AG Kiel	1000 315	1965
ILM V 100 02	202 302		V 100.4	VEB Lokbau E. Werke	12 766	1970
ILM V 601			600 D	Maschinenbau AG Kiel		

IMO-TRANS Imo-Trans GmbH Ahrenshoop Mecklenburg-Vorpommern

Die Imotrans GmbH wurde 1999 neu gegründet und ist eine 100-prozentige Tochtergesellschaft der PEG. Seit Dezember 2000 vermietet Imotrans Triebfahrzeuge der Baureihen V 60 und V 200.

Am 20. Mai 2001 stand die Diesellok V 200.02 der Imotrans im Bahnbetriebswerk Dortmund

Beschriftung	Baureihe	Ex-Bezeichnung	Bauart-Typ	Firma	Nr.	Baujahr
IMOTRANS V 60-01	344	PEG V 60-01	V 60 D	LEW	15 147	1976
IMOTRANS V 60-06	344	PEG V 60-06	V 60 D	LEW	10 875	1964
IMOTRANS V 200.02						
IMOTRANS V 200.04	781 335	PEG V 200-04	M 62	LTS	1 472	1971
IMOTRANS V 200.06	220	PKP ST 44-281	M 62	LTS	1 981	1973
IMOTRANS V 200.07	220	PKP ST 44-934	M 62	LTS	3 536	1979
IMOTRANS V 200.08	220 506	Wismut V 200 507	M 62	LTS	0 683	1969
IMOTRANS V 200.09	220 281	EBM 120 281	M 62	LTS	2 558	1976

Infra Leuna Infra Leuna Infrastruktur und Service GmbH Leuna Sachsen-Anhalt

Aus dem Ex-Chemiekombinat Leuna hat sich dieses öffentliche Eisenbahn-Verkehrs-Unternehmen entwickelt. Bedient werden Werke der chemischen Industrie rund um den Standort Leuna.

Beschriftung	Baureihe	Ex-Bezeichnung	Bauart-Typ	Firma	Nr.	Baujahr
INFRA Leuna ASF	ASF 04		ASF	LEW	18 888	1987
INFRA Leuna 120			FLC	RAW Meiningen	03 029	1984
INFRA Leuna 131			V 100.4	ADtranz	16 581	1981
INFRA Leuna 132			V 100.4	ADtranz	16 582	1981
INFRA Leuna 133			V 100.4	ADtranz	16 676	1981
INFRA Leuna 134			V 100.4	ADtranz	16 677	1981
INFRA Leuna 135			V 100.4	ADtranz	17 850	1981
INFRA Leuna 174			V 60 D	LEW		
INFRA Leuna 181			G 765 C	VSFT-MaK	700 108	1993
INFRA Leuna 182			G 765 C	VSFT-MaK	700 109	1994
INFRA Leuna 183			G 765 C	VSFT-MaK	700 114	1994
INFRA Leuna 184			G 765 C	VSFT-MaK	700 115	1994
INFRA Leuna 191			MH 05	Krauss-Maffei	20 450	1994
INFRA Leuna 204			V 180 CC	LOB	280 163	1969
INFRA Leuna 205			V 180 CC	LOB	280 164	1969

Infra Serv Infra Serv Wiesbaden Wiesbaden Hessen

Bei der Infra Serv Wiesbaden handelt es sich um einen Chemiebetrieb am Bahnhof Wiesbaden-Ost. Mit Fahrzeugen dieser reinen Werkbahn, es sind Dieselloks der Firma Gmeinder der Bauart D 33B, wird der gesamte Rangierbetrieb der Infra Serv Wiesbaden abgewickelt. Für Wartungsarbeiten steht eine eigene Werkstatt zur Verfügung, die auch Arbeiten für Dritte wie Radsatz-Bearbeitung und Hauptuntersuchungen durchführt.

Beschriftung	Baureihe	Ex-Bezeichnung	Bauart-Typ	Firma	Nr.	Baujahr
Infra Serv 2			D 33 B	Gmeinder	5 625	1985
Infra Serv 3			D 35 B	Gmeinder	5 245	1960

ITL ITL-Eisenbahn GmbH Dresden Sachsen

Fahrzeuge der ITL-Eisenbahn GmbH aus Dresden kann man bundesweit vor Güterzugleistungen und im Bauzugdienst antreffen. Die ITL besitzt verschiedene Triebfahrzeuge der Baureihen von der DR und der DB-AG. Im November 2001 konnte die ITL aus dem beengten Königsbrück nach Kamenz in das dortige ehemalige Bahnbetriebswerk umziehen. An ihrem neuen Standort mit einem 15-ständigen Lokschuppen kann sie ihre Triebfahrzeuge besser unterbringen und instandsetzen. Neben dem Triebfahrzeugpark von Dieselloks verfügt sie auch über einen umfangreichen Güterwagenbestand. Eine Umnummerierung ihrer Fahrzeuge nahm die ITL im Jahr 2000 vor.

Beschriftung	Baureihe	Ex-Bezeichnung	Bauart-Typ	Firma	Nr.	Baujahr
ITL 102 9300	312	Elbe-Kies 3	V 22	LOB	262 367	1972
ITL 102 9301	312	Hermann Leist 2	V 22	LOB	262 466	1973
ITL 102 9302	312	Gummiw. Waltershausen	V 22	LOB	262 364	1972
ITL 102 9303	312		V 22	LOB	261 128	1962
ITL 103 001		WLH Hattingen 53	ML 500 C	Krauss-Maffei	18 365	1958
ITL 106 9301	346 301	106 301	V 60 D	LEW	11 020	1965
ITL 106 9302	346	Ferrpolis	V 60 D	LEW	10 944	1965
ITL 106 9303	346	KML 3	V 60 D	LEW	11 319	1966
ITL 106 9304	346	Hermann Leist 4	V 60 D	LEW	10 943	1965
ITL 106 9305	346	Binnenhäfen 2	V 60 D	VEB Lokbau E. Werke	16 576	1979
ITL 106 9306	346	DREWAG 2	V 60 D	VEB Lokbau E. Werke	16 970	1980
ITL 106 9307	346		V 60 D	LEW		
ITL 106 9308	346	DREWAG 1	V 60 D	LEW		
ITL 111 002	211 134	CTTG 22	V 100.10	Deutz	57 371	1962
ITL 111 9300	211 160	CTTG 25	V 100.10	Deutz	57 397	1962
ITL 118 001	228 119	118 119 RBG D 05	V 180 BB	VEB Lokbau K. Marx	275 106	1965
ITL 118 002	228 552	118 552 RBG D 06	V 180 BB	VEB Lokbau K. Marx	275 052	1964
ITL 118 003	228 124	118 124	V 180 BB	Babelsberg	275 085	1965
ITL 118 004	228 585	118 585	V 180 BB	LOB	285 111	1965
ITL 120 001	220 001	PKP ST 44-296	M 62	Lugansk	1 906	1973
ITL 120 002	220 002	PKP ST 44-204	M 62	Lugansk	1 152	1971
ITL 120 003	220 003	PKP ST 44-240	M 62	Lugansk	1 478	1972
ITL 120 004	220 004	PKP ST 44-110	M 62	Lugansk	0 837	1970
ITL 120 005	220 005	PKP ST 44-197	M 62	Lugansk	1 145	1971
ITL		Reifenwerk Heidenau	N 4	LKM	251 214	1958

Neue Nummerierung der Fahrzeuge Ende 2001:

ITL 102 001	312	Elbe-Kies 3	V 22	LOB	262 367	1972
ITL 102 002	312	Hermann Leist 2	V 22	LOB	262 466	1973
ITL 102 003	312	Gummiw. Waltershausen	V 22	LOB	262 364	1972
ITL 102 004	312		V 22	LOB	261 128	1962
ITL 103 001		WLH Hattingen 53	ML 500 C	Krauss-Maffei	18 365	1958
ITL 106 001	346 301	106 301	V 60 D	LEW	11 020	1965
ITL 106 002	346	Ferrpolis	V 60 D	LEW	10 944	1965
ITL 106 003	346	KML 3	V 60 D	LEW	11 319	1966
ITL 106 004	346	Hermann Leist 4	V 60 D	LEW	10 943	1965
ITL 106 005	346		V 60 D	VEB Lokbau E. Werke	16 680	1979
ITL 106 007	346		V 60 D	VEB Lokbau E. Werke	16 970	1979
ITL 106 010	346	Chemie Nünchritz 2	V 60 D	LEW	13 810	1973
ITL 111 001	211 160	CTT G 25	V 100.10	Deutz	57 397	1962
ITL 111 002	211 134	CTT G 22 ex Bothe	V 100.10	Deutz	57 371	1962
ITL 118 001	228 119	118 119 RBG D 05	V 180 BB	VEB Lokbau K. Marx	275 106	1965
ITL 118 002	228 552	118 552 RBG D 06	V 180 BB	VEB Lokbau K. Marx	275 052	1964
ITL 118 003	228 124	118 124	V 180 BB	VEB Lokbau K. Marx	275 085	1965
ITL 118 004	228 585	118 585	V 180 BB	VEB Lokbau K. Marx	285 111	1965
ITL 120 001	220 001	PKP ST 44-296	M 62	Lugansk	2 006	1973

Beschriftung	Baureihe	Ex-Bezeichnung	Bauart-Typ	Firma	Nr.	Baujahr
ITL 120 002	220 002	PKP ST 44-204	M 62	Lugansk	1 154	1971
ITL 120 003	220 003	PKP ST 44-240	M 62	Lugansk	1 478	1972
ITL 120 004	220 004	PKP ST 44-110	M 62	Lugansk	0 837	1970
ITL 120 005	220 005	PKP ST 44-197	M 62	Lugansk	1 147	1971
ITL		Reifenwerk Heidenau	N 4	LKM	251 214	1958

Kleine Fahrzeugübersicht der ITL am 4. August 2001 in Königsbrück

Diesellok 103 001 „Hemmschuh", Ex-Lok WLH 53 aus Hattingen, der ITL am 4. August 2001 im Bw Königsbrück

Diesellok 106 9304 der Bauart V 60 d der ITL in Dresden am 16. Mai 1999

Bei der Diesellok 111 9300 der ITL handelt es sich um die Ex-DB-Lok 211 160

ITL-Diesellok 118 004 Ex-118 585 trägt das grün-weiß der ITL

Diesellok 120 003 am 27. April 2000 in Bad Schandau

Karmann Karmann GmbH Osnabrück NRW

Die Karmann GmbH aus Osnabrück wurde als Wagenfirma Klages im Jahre 1874 gegründet. Durch den Tod des Firmengründers 1901 wurde das Unternehmen von Wilhelm Karmann samt der Mitarbeiter übernommen. Der Karmann-Ghia dürfte wohl jedem Cabrio-Liebhaber ein Begriff sein.

Beschriftung	Baureihe	Ex-Bezeichnung	Bauart-Typ	Firma	Nr.	Baujahr
Karmann			LN 15 s III	Windhoff	385	1937
Karmann				Schöma	1 328	1952
Karmann			Robot	Vollert		
Karmann 1		verschrottet	BN 32 E 260 D	Moyse	1 214	1971
Karmann 2		an Ebfr. Osnabrück	A 4 M 420 R	KHD	33 208	1942
Karmann 3			Köf III	Orenstein & Koppel	26 444	1968
Karmann 5		Leihlok HABA Osnabrück	MB 9 N	Orenstein & Koppel	26 727	1971

KBE Köln-Bonner-Eisenbahn Köln NRW

siehe auch HGK

Beschriftung	Firma
KBE 32	MaK
KBE 82	MaK
KBE 85	MaK

Diesellok DE 82 noch mit KBE-Logo am 26. Mai 1990 in Köln-Gereon

KEG Karsdorfer Eisenbahngesellschaft GmbH Karsdorf Sachsen-Anhalt

Die KEG ist ein mittelständiges Eisenbahnunternehmen aus Karsdorf in Sachsen-Anhalt. Als zugelassenes EVU führt dieses Unternehmen vielseitige Leistungen im Bereich Bauzüge, Güterzüge, Kerosinzüge und Schienenpersonenverkehr durch. Für den Personenverkehr wurden 8 Triebwagen und 3 Steuerwagen von der AKN gekauft und modernisiert. Sie erhielten die Farbgebung der KEG. Bedient werden die DB-Strecken Naumburg–Artern, Naumburg–Teuchern, Weisenfels–Zeitz sowie Zeitz–Osterfeld. Für diesen Einsatz wurden die Fahrzeuge von der DB-AG gemietet und tragen somit das DB-Enblem. Im Bauzugdienst setzt die KEG einen großen Teil ihrer Diesellokomotiven ein, die in ganz Deutschland im Baumzugverkehr anzutreffen sind. Seit August 2001 werden auch Leistungen für die Raffinerie Lingen-Holthausen im Rohölverkehr meistens mit Zuglok 2004 von Barnstorf nach Bartmannsholte erbracht. Stützpunkt der KEG ist Rheine, wo auch die KEG 2004 stationiert ist. Die KEG aus Karsdorf besitzt die verschiedensten Triebfahrzeuge wie Diesel- und Elloks, Trieb- und Eisenbahnwagen. Eingesetzte Fahrzeuge stammen von Bahnen wie BuH, SK, Leuna, Buna, DB, DR, CD und CFR.

KEG 016 in Essen-Kupferdreh

Mit dem Müllzug von Krefeld nach Hildesheim ist die KEG 204 unterwegs

KEG-Diesellok 0604 im Bauzugdienst in Bebra

KEG-Lok 0704 und eine Schwesterlok bei einer Überführungsfahrt in Henningsdorf Foto: Geißler

Betriebsruhe in E-Kupferdreh für die KEG 0751 Ex-CD 721 513.

KEG 2102/2101 durchfahren mit einem Heizöl-Tankzug den Bahnhof Bebra.

KEG 2104 wartet im KEG-Stützpunkt Rheine auf ihren nächsten Einsatz Foto: John

KEG-Lok 7001 während der InnoTrans in Berlin Foto: Geißler

Auch Triebwagen besitzt die KEG, hier der VT 2.10 (Ex-AKN) am 2. Dezember, in Chemnitz.

Beschriftung	Baureihe	Ex-Bezeichnung	Bauart-Typ	Firma	Nr.	Baujahr
KEG Dampfspeicherlok		Zuckerfabrik Straßfurt 2	Cfl	RAW Meiningen	03 119	1986
KEG Dampfspeicherlok		Büromaschinenwerk Sömmerda	Cfl	RAW Meiningen	03 092	1985
KEG ASF	ASF					
KEG		Verschrottung	N 4	LKM	251 137	1956
KEG 2		Kühlbetr. Leipzig Dahlem Nr. 1		LKM	261 560	1967
KEG 2 II		Zementwerke Karsdorf 2	N 3	LKM	249 814	1952
KEG 3		Roßleben Nr.3		LEW	10 964	1965
KEG		Eberswalde V 60-11	V 60 D	LEW	15 351	1976
KEG		MIBRAG Di 475-60-B4		LEW	15 624	1977
KEG			N 3	LKM	249 910	1955
KEG			V 100.4	VEB Lokbau E. Werke	17 709	1983
KEG 001	107	CSD T 435.0554	V 75	CKD	5 075	1961
KEG 002		Roßleben Nr 2	V 60 D	LEW	18 112	1983

Beschriftung	Baureihe	Ex-Bezeichnung	Bauart-Typ	Firma	Nr.	Baujahr
KEG 003		Zementewerke Karsdorf 003	V 60 D	LEW	16 687	1979
KEG 004	107 004	Zementewerke Karsdorf 004	V 75	CKD	5 684	1962
KEG 005		Zementewerke Karsdorf 005	V 60 D	L E W	15 672	1979
KEG 006		an MFB Schwerte	V 60 D	LEW	16 965	1980
KEG 007		Zementewerke Karsdorf 007	V 60 D	LEW	15 628	1977
KEG 008		Stadt Düsseldorf Nr.4	DH 240	Henschel	29 981	1960
KEG 009				LEW	10 870	1964
KEG 010	107	T 435 0556	V 75	CKD	5 090	1960
KEG 011		Zementwer Karsdorf	V 18	LKM	261 269	1963
KEG 011 II		GME V 3	MG 530 C	KHD	57 803	
KEG 012	107 018	DR V 75 018	V 75	CKD	5 698	1962
KEG 013		RAG V 323	DH 240 B	Henschel	29 709	1958
KEG 014		RAG V 301	DH 240 B	Henschel	29 704	1958
KEG 015		Mobil Oil HH Nr.1	DH 500 C	Henschel	30 624	1960
KEG 016		Alusuise 34	DH 240 B	Henschel	29 703	1958
KEG 017				LEW		1982
KEG 017 II		Krupp Stahl Hagen	MG 530 C	Deutz	57 896	1965
KEG 018		SK 18	R 42 C	Jung	13 288	1961
KEG 019		Karsdorf 8	V 60 D	LEW	16 574	1979
KEG 020		SK 20	R 42 C	Jung	13 423	1962
KEG 021		Rübeland D 05	V 60 D	LEW		
KEG 021 II		Maxhütte MH-2	V 60 D	Maschinenbau AG Kiel	600 138	1957
KEG 022			V 60 D	LEW	12 245	1969
KEG 022 II		Baustoffhandel Leipzig 2	V 60 D	LEW	13 757	1973
KEG 201		AKN V 14	DG 1000 BBM	KHD	58 232	
KEG 201 II		Buna 201	V 180 D	LKM	280 160	1968
KEG 202		AKN V 12	DG 1000 BBM	KHD	57 689	1964
KEG 202 II	228 706	Leuna 202	V 180 Werkbahn	LKM	280 106	1968
KEG 203		Leuna 203	V 180 D	LKM	280 162	1968
KEG 204		Buna 204	V 180	LKM	280 113	1967
KEG 205		Kaliwerk Merkers	V 100.4	VEB Lokbau E. Werke	17 729	1983
KEG 205 II	201 222	110 222	V 100.4	VEB Lokbau E. Werke	12 504	1970
KEG 211		GET 1	DG 1000 BBM	Deutz	57 801	1965
KEG 221			V 100.4	VEB Lokbau E. Werke		1983
KEG 223	745 528	CSSR T 436.4528	V 100.4	VEB Lokbau E. Werke	16 328	1981
KEG 224	745 709-5	CD 745 709	V 100.4	VEB Lokbau E. Werke	17 709	1982
KEG 0001	100 756	Hydrierwerk Zeitz 22	Kö II	Borsig	14 551	1934
KEG 0101		MFB 102	A 8 L 614	Deutz	56 833	1958
KEG 0201		Stadt Düsseldorf	DH 240 B	Henschel	29 981	1960
KEG 0202		BuH V 303	DH 240 B	Henschel	29 709	1959
KEG 0203		BuH V 321	DH 240 B	Henschel	29 704	1958
KEG 0204		Alusuise 349	DH 240 B	Henschel	29 703	1958
KEG 0401		SK 18	R 42 C	Jung	13 288	1961
KEG 0402		SK 20	R 42 C	Jung	13 423	1962
KEG 0403		Rheinbraun D 1	R 42 C	Jung	13 287	1961
KEG 0505		Mineralöl Wedel 1	DH 500 C	Henschel	30 264	1960
KEG 0511		GET 3	MG 530 C	Deutz	57 803	1965
KEG 0512		Krupp Stahl Hagen	MG 530 C	Deutz	57 896	1965
KEG 0601		Karsdorf 8	V 60 D	LEW	16 574	1979
KEG 0602		Karsdorf 2	V 60 D	LEW	18 112	1983
KEG 0603		Karsdorf 3	V 60 D	LEW	16 687	2979
KEG 0604		Baustoffhandel Leipzig 2	V 60 D	LEW	13 757	1973
KEG 0605		Karsdorf 5	V 60 D	LEW	15 672	1979
KEG 0607		Karsdorf 7	V 60 D	LEW	15 628	1977
KEG 0608		DWA Bautzen	V 60 D	LEW	17 697	1983
KEG 0609	106	Bosch Brotterode 3	V 60 D	LEW	10 870	1964
KEG 0612		Webau Nr. 1	V 60 D	LEW	10 764	1966
KEG 0615		Hydrierwerk Zeitz 3	V 60 D	LEW	13 870	1974
KEG 0616		Hydrierwerk Zeitz 15	V 60 D	LEW	13 811	1973
KEG 0617		Hydrierwerk Zeitz 17	V 60 D	LEW	14 818	1975
KEG 0618		Hydrierwerk Zeitz 18	V 60 D	LEW	15 356	1976
KEG 0619		STU 106-16	V 60 D	LEW	15 579	1977
KEG 0620		Hydrierwerk Zeitz 20	V 60 D	LEW	15 684	1979
KEG 0651		Maxhütte MH-2	V 60 D	Maschinenbau AG Kiel	600 138	1957
KEG 0652	260 106	ETRA Em 3312	V 60 D	Maschinenbau AG Kiel	600 026	1957
KEG 0701	107	CSD T 435.0554	V 75	CKD	5 075	1961
KEG 0702	107 002	CSD T 435.	V 75	CKD	5 698	1962
KEG 0703	107	CSD T 435.0556	V 75	CKD	5 090	1961
KEG 0704	107 004	CSD T 435.	V 75	CKD	5 684	1962

Beschriftung	Baureihe	Ex-Bezeichnung	Bauart-Typ	Firma	Nr.	Baujahr
KEG 0751	107 0	CD 721 513	V 75	CKD	6 808	1965
KEG 0752	107 0	CD 721 515	V 75	CKD	6 810	1965
KEG 1001		Kaliwerk Merkers	V 100.4	VEB Lokbau E. Werke	17 729	1983
KEG 1002	201 222	110 222	V 100.4	VEB Lokbau E. Werke	12 504	1970
KEG 1003	745 528	CSSR T 436.4528	V 100.4	VEB Lokbau E. Werke	16 328	1981
KEG 1004	745 709-5	CD 745 709	V 100.4	VEB Lokbau E. Werke	17 709	1982
KEG 1005	201 619	110 619	V 100.4	VEB Lokbau E. Werke	13 937	1973
KEG 1111		GET 1	DG 1000 BBM	Deutz	57 801	1965
KEG 2001	228	Leuna 201	V 180 Werkbahn	LKM	280 160	1968
KEG 2002	228 706	Leuna 202	V 180 Werkbahn	LKM	280 106	1968
KEG 2003	228	Leuna 203	V 180 Werkbahn	LKM	280 162	1968
KEG 2004	228	Buna 204	V 180 Werkbahn	LKM	280 113	1967
KEG 2101	060 1038		060 DA	Craiova	1 501	1975
KEG 2102	060 1068		060 DA	Craiova	1 712	1976
KEG 2103	060 1105		060 DA	Craiova	1 745	1978
KEG 2104	060 1152		060 DA	Craiova	1 762	1978
KEG 2105	060 0905-4		DE 2100	Craiova	1 385	1973
KEG 2106	060 0909-6		DE 2100	Craiova	1 392	1973
KEG 2107	060 0933-6		DE 2100	Craiova	1 457	1974
KEG 2108	060 0995-5		060 DA	Craiova	1 549	1974
KEG 2109	060 0619-1		060 DA			1970
KEG 2110	060 0620-9		060 DA			1970
KEG 2111	060 0627-4		060 DA			1971
KEG 2112	060 0675-3		060 DA			1971
KEG 2113	060 0686-0		060 DA			1971
KEG 2114	060 0692-8		060 DA			1971
KEG 2115	060		060 DA			1971
KEG 2116	060		060 DA			1971
KEG 7000			Ellok 060 EA	Elektroputere		
KEG 7001		CFR 400079	Ellok 060 EA	Elektroputere		1979
KEG 7002			Ellok 060 EA	Elektroputere		
KEG 7003			Ellok 060 EA	Elektroputere		
KEG 7004			Ellok 060 EA	Elektroputere		
KEG 7005			Ellok 060 EA	Elektroputere		
KEG 7006			Ellok 060 EA	Elektroputere		
KEG 7007			Ellok 060 EA	Elektroputere		
KEG 7008			Ellok 060 EA	Elektroputere		
KEG 7009			Ellok 060 EA	Elektroputere		
KEG 7010			Ellok 060 EA	Elektroputere		
KEG 7011			Ellok 060 EA	Elektroputere		
KEG 7012			Ellok 060 EA	Elektroputere		
KEG 7013			Ellok 060 EA	Elektroputere		
KEG 7014			Ellok 060 EA	Elektroputere		
KEG 7015			Ellok 060 EA	Elektroputere		
KEG 7016			Ellok 060 EA	Elektroputere		
KEG VB 2.01		ex WEG VM 110		MAN	143 408	1957
KEG VB 2.55		ex WEG VS 113		MAN	143 547	1958
KEG VS 2.53	971 901	ex AKN VS 2.53		MAN	148 093	1963
KEG VS 2.54	971 903	ex AKN VS 2.54		MAN	148 094	1963
KEG VS 2.56	971 902	ex AKN VS 2.56		MAN	148 096	1963
KEG VT 2.01		ex WEG VT 21	abgestellt, Reserve	MAN	143 403	1957
KEG VT 2.02		ex WEGVT 22	abgestellt, Reserve	MAN	143 554	1958
KEG VT 2.10	771 910	ex AKN VT 2.12		MAN	142 779	1956
KEG VT 2.13	771 901	ex AKN VT 2.13		MAN	148 085	1963
KEG VT 2.14	771 907	ex AKN VT 2.14		MAN	148 086	1963
KEG VT 2.15	771 902	ex AKN VT 2.15		MAN	148 087	1963
KEG VT 2.16	771 904	ex AKN VT 2.16		MAN	148 088	1963
KEG VT 2.17	771 906	ex AKN VT 2.17		MAN	148 089	1963
KEG VT 2.18	771 908	ex AKN VT 2.18		MAN	148 090	1963
KEG VT 2.19	771 903	ex AKN VT 2.19		MAN	148 091	1963
KEG VT 2.20	771 905	ex AKN VT 2.20		MAN	148 092	1963
KEG VT 3.00	672 999	Eigentum Bombardier	LVT/S	DWA	0 001	1996
KEG VT 3.01	672 901	Eigentum der KEG	LVT/S	DWA	1.516. 006	1998
KEG VT 3.02	672 902	Eigentum der KEG	LVT/S	DWA	1.516. 007	1998
KEG VT 3.03	672 903	Eigentum der KEG	LVT/S	DWA	1.516. 008	1998
KEG VT 3.04	672 904	Eigentum der KEG	LVT/S	DWA	1.516. 009	1998
KEG VT 3.05	672 905	Eigentum der KEG	LVT/S	DWA	1.516. 010	1998
KEG VT 3.06	672 906	Eigentum der KEG	LVT/S	DWA	1.516. 011	1998
KEG VT 3.07	672 907	Eigentum der KEG	LVT/S	DWA	1.516. 012	1998

Beschriftung	Baureihe	Ex-Bezeichnung	Bauart-Typ	Firma	Nr.	Baujahr
KEG VT 3.08	672 908	Eigentum der KEG	LVT/S	DWA	1.516.001	1999
KEG VT 3.09	672 909	Eigentum der KEG	LVT/S	DWA	1.516.002	1999
KEG VT 3.10	672 910	Eigentum der KEG	LVT/S	DWA	1.516.003	1999
KEG VT 3.11	672 911	Eigentum der KEG	LVT/S	DWA	1.516.004	1999
KEG VT 3.12	672 912	Eigentum der KEG	LVT/S	DWA	1.516.005	1999
KEG VT 3.13	672 913	Eigentum der KEG	LVT/S	DWA	1.516.006	1999
KEG VT 3.14	672 914	Eigentum der KEG	LVT/S	DWA	1.516.007	1999
KEG VT 3.15	672 915	Eigentum der KEG	LVT/S	DWA	1.516.008	1999
KEG VT 3.16	672 916	Eigentum der KEG	LVT/S	DWA	1.516.009	1999
KEG VT 3.17	672 917	Eigentum der KEG	LVT/S	DWA	1.516.010	1999
KEG VT 3.18	672 918	Eigentum der KEG	LVT/S	DWA	1.516.011	1999
KEG VT 4.01	VT 4.01	ex WEG VT 12		MAN	142 776	1956
KEG Wagen		Bereisungswagen	Dm 090	51 80 09-33 102-7P		

Kieswerke

Beschriftung	Baureihe	Ex-Bezeichnung	Ortsangabe	Firma	Nr.	Baujahr
Kieswerk K. Epple	322 154	Köf	Rheinstetten-Forchheim			
Kieswerk K. Epple	322 171	Köf 5013	Rheinstetten-Forchheim			
Kieswerk Dünkel	346 545	V 60 1545	Langenschemmern			

KKB Kleinbahn Kaldenkirchen-Brüggen NRW

Betriebseinstellung 1996

Beschriftung	Baureihe	Ex-Bezeichnung	Bauart-Typ	Firma	Nr.	Baujahr
KKB V 64		nach Italien verkauft	600 D			
KKB V 65			600 D			1964

KML Kreisbahn Mansfelder Land GmbH Helbra Sachsen-Anhalt

Auf den Gleisen der (MTG) Mansfelder Transport GmbH betreibt die Kreisbahn Mansfelder Land GmbH (KML) den Eisenbahnverkehr. Seit 1997 wird der Personen- sowie der Güterverkehr auf der Strecke Klostermansfeld–Wippra im Auftrag der DB durchgeführt. Hinzu kam ab Mai 2000 die Bedienung der Strecke Hettstedt–Gerbstedt.

KML-Triebwagen der Kreisbahn Mansfeld am 8. Mai 1998 im Bahnhof Webra

Beschriftung	Baureihe	Ex-Bezeichnung	Bauart-Typ	Firma	Nr.	Baujahr
KML 1			V 60 D	LKW	270 161	1964
KML 2			V 60 D	LEW	11 040	1965
KML 3			V 60 D	LEW	11 319	1966
KML 4			V 60 D	LEW		
KML 5			V 60 D	LEW	13 766	1993
KML 6			V 60 D	LEW	15 620	1977
KML 7			V 60 D	LEW	13 826	1973
KML 8			V 60 D	LEW	16 572	1979
KML 9			V 60 D	LEW	16 681	1979
KML 13			V 22	LKM	262 292	1971
KML 16			V 22	LKM	262 011	1967
KML 18			V 22	LKM	262 006	1967
KML 19 alt			V 22	LKM	262 012	1967
KML 19 neu			V 22	LKM	262 346	1970
KML			V 22	LKM	16 964	1980
KML VS 201		FKE VS 201		Esslingen	25 002	1959
KML VS 202		FKE VS 202		Esslingen	25 003	1959
KML VS 203		FKE VS 203		Esslingen	25 004	1959

Beschriftung	Baureihe	Ex-Bezeichnung	Bauart-Typ	Firma	Nr.	Baujahr
KML VT 110		SWEG VT 110		Esslingen	23 385	1951
KML VT 405		FKE VT 101; WEG		Esslingen	24 999	1960
KML VT 406		FKE VT 104		Esslingen	25 000	1959
KML VT 407		FKE VT 102		Esslingen	25 628	1959
KML VT 408		FKE VT 103		Esslingen	25 001	1959

Knape-Gleisbau Knape-Gleisbau Kirchheim Bayern

Die Firma Knape-Gleisbau, ein mittelständiges Familienunternehmen, kann schon auf eine 70jährige Erfahrung im Gleisbau zurückblicken. Für alle Anforderungen in der Praxis stehen mehr als 30 Spezialisten zur Verfügung. Ein kompetenter Partner in Sachen Gleisbau für Kunden von öffentlichen und privaten Bahnen, von der Planung bis Fertigstellung der gestellten Anforderungen. Die Knape-Gleisbau hat ihre Fahrzeuge von der Deutschen Gleis- und Tiefbau DGT übernommen und bei ADtranz modernisieren lassen. Bei den Fahrzeugen handelt es sich um ehemalige Grabenräumeinheiten, eine Ableitung der V 100 DR, diese können auch im normalen Zugververkehr eingesetzt werden. Durch die graffity-ähnliche Aufschrift in blau „Europool" auf gelbem Untergrund sind diese Loks sofort erkennbar. Eingestellt sind die Fahrzeuge bei der PEG.

Beschriftung	Baureihe	Ex-Bezeichnung	Bauart-Typ	Firma	Nr.	Baujahr
EUROPOOL V 150.01	710 961	Grabenräumeinheiten	V 100.5	VEB Lokbau E. Werke	17 310	1982
EUROPOOL V 150.02	710 962	Grabenräumeinheiten	V 100.5	VEB Lokbau E. Werke	17 311	1983
EUROPOOL V 150.03	710 963	Grabenräumeinheiten	V 100.5	VEB Lokbau E. Werke	17 312	1983
EUROPOOL V 150.04	710 966	Grabenräumeinheiten	V 100.5	VEB Lokbau E. Werke	16 756	1983

KNE Kassel-Naumburger Eisenbahn AG Kassel Hessen

Die Aufgabe der sechsachsigen Dieselloks der Kassel-Naumburger Eisenbahn AG besteht in der Bewältigung der Beförderung schwerer Güterzüge zwischen dem Rangierbahnhof Kassel und dem VW-Werk in Baunatal. Eine Besonderheit ist der Streckenabschnitt Baunatal-Altenbauna und Baunatal-Großenritte, dort ist die Strecke elektrifiziert und wird von der Straßenbahn mitgenutzt. Da Bahnsteige nicht in das Lichtraumprofil der Eisenbahn ragen dürfen, mußte in Baunatal-Stadtmitte ein Vierschienengleis verlegt werden.

Diesellok DG 201 der Kassel-Naumburger Eisenbahn am 21. April1992 in Kassel-Wilhelmshöhe

Diesellok DG 202 der Kassel-Naumburger Eisenbahn am 11. Mai 2000 in Kassel-Wilhelmshöhe

KNE-VT 102 alias 508 102 von ADtranz gebaut Bauart GTW 2/6 in Kassel-Wilhelmshöhe

KNE-VT 405 im Kasseler Hauptbahnhof

Beschriftung	Baureihe	Ex-Bezeichnung	Bauart-Typ	Firma	Nr.	Baujahr
KNE 474			NG T 6 C	Duewag		1994
KNE 475			NG T 6 C	Duewag		1994
KNE 613			8 NGTW	DWA/Bombardier		
KNE 614			8 NGTW	DWA/Bombardier		
KNE 615			8 NGTW	DWA/Bombardier		
KNE 616			8 NGTW	DWA/Bombardier		
KNE 617			8 NGTW	DWA/Bombardier		
KNE 618			8 NGTW	DWA/Bombardier		
KNE 619			8 NGTW	DWA/Bombardier		
KNE 620			8 NGTW	DWA/Bombardier		
KNE 621			8 NGTW	DWA/Bombardier		
KNE 622			8 NGTW	DWA/Bombardier		
KNE 1002		von Saarbahn angemietet		Bombardier/Kiepe		
KNE 1003		von Saarbahn angemietet		Bombardier/Kiepe		
KNE 1004		von Saarbahn angemietet		Bombardier/Kiepe		
KNE 1005		von Saarbahn angemietet		Bombardier/Kiepe		
KNE 1011		von Saarbahn angemietet		Bombardier/Kiepe		
KNE 1013		von Saarbahn angemietet		Bombardier/Kiepe		
KNE DG 201		DE D 20	DG 2000 CCM	KHD	57 877	1965
KNE DG 202		KFBE V 82	DG 2000 CCM	KHD	56 955	1959
KNE VT 101	508 101		GTW 2/6	ADtranz/DWA	508 001	1998
KNE VT 102	508 102		GTW 2/6	ADtranz/DWA	508 002	1998
KNE VT 103	508 103		GTW 2/6	ADtranz/DWA	508 003	1998
KNE W 232.04	242 005	Leihlok Bombardier		Lugansk	0 005	1978

Koch August Koch AG Kiel Schleswig-Holstein

Beschriftung	Baureihe	Ex-Bezeichnung	Bauart-Typ	Firma	Nr.	Baujahr
Koch August AG	323 075	Köf 6146	Köf			
Koch August AG	323 270	Köf 6643	Köf			
Koch August AG	323 270	Köf 6644	Köf			

KOE Klützer-Ostsee-Eisenbahn GmbH Klütz Mecklenburg-Vorpommern

Die Klützer-Ostsee-Eisenbahn wurde 1996 für den Betrieb auf der Strecke Grevesmühlen nach Klütz gegründet. Diese Strecke konnte im Jahre 1997 erworben werden. Seit diesem Jahr ist der Eigentümer der KOE die Eisenbahnbetriebsgesellschaft. Ehemalige Triebwagen der Deutschen Bundesbahn haben hier eine Heimat gefunden und werden, neben einer Dampflok, auf der Strecke Grevesmühlen nach Klütz eingesetzt.

Beschriftung	Baureihe	Ex-Bezeichnung	Bauart-Typ	Firma	Nr.	Baujahr
KOE	475 007	Stromschienentriebwagen	BR 475			
KOE	475 052	Stromschienentriebwagen	BR 475			
KOE	875 007	Stromschienentriebwagen	BR 875			
KOE	875 052	Stromschienentriebwagen	BR 875			
KOE Kö 22.16			160 B	DWK	715	1941
KOE 5		angemietet EBG	V 22 B	LKM	262 369	1972
KOE 10		Kandertalbahn Nr.10	Dampflok	Krupp	3 313	1953
KOE VB 1	996 286			Rath	20.302/1	1961
KOE VB 2	996 296			Rath	20.302/11	1961
KOE VB 3	996 290	an EVG		Rath	20.302/5	1961
KOE VB 4	996 248			Uerdingen		
KOE VT 1	796 760			WMD	1 300	1960
KOE VT 2	796 740	an PEG T 12		MAN	145 131	1960
KOE VT 11	798 761	ex Ebfr. Walburg		WMD	1 301	1960

Koehler Koehler Papierfabrik Kehl Baden-Württemberg

Beschriftung	Baureihe	Ex-Bezeichnung	Bauart-Typ	Firma	Nr.	Baujahr
Köhler Papierfabrik	332 065	Köf	V			
Köhler Papierfabrik	323 747	Köf 6547	Köf II	Gmeinder	5 181	1960

Kronospan Kronospan GmbH Lampertswalde Sachsen

Beschriftung	Baureihe	Ex-Bezeichnung	Bauart-Typ	Firma	Nr.	Baujahr
Kronospan GmbH	323 122-2	Köf	Köf			
Kronospan GmbH	323 109	Köf 6409	Köf			
Kronospan GmbH			V 60D			

Ex-DB-Diesellok 332 122-2 bei der Kronospan GmbH in Lampertswalde

Auch eine Diesellok der Baureihe V 60D befindet sich im Besitz der Kronospan GmbH

Krupp Krupp Edelstahl-Profile GmbH Siegen-Geiswind NRW

Beschriftung	Baureihe	Ex-Bezeichnung	Bauart-Typ	Firma	Nr.	Baujahr
Krupp 5			G 500 C	MaK	500 074	1975
Krupp 7			G 1203 BB	MaK	1 000 808	1986

KSE Kiel-Schönberger Eisenbahn Kiel Schleswig-Holstein

Die Kiel-Schönberger Eisenbahn gibt es schon seit 1897. Im Jahre 1997 konnte man den 100. Geburtstag auf dieser Strecke begehen.

KSG Kali und Salz GmbH Heringen/Werra NRW

Beschriftung	Baureihe	Ex-Bezeichnung	Bauart-Typ	Firma	Nr.	Baujahr
KSG 2			DH 700	Henschel	29 209	1959
KSG 3			DHG 500	Henschel	30 857	1964
KSG 5		Rangierrobot		Robot		1989

KTG Kalitransport GmbH Hamburg Hamburg

Als Werkbahnlok setzt im Hamburger Hafen-Kattwyk die Kalitransport GmbH vor ihren Wagen eine Diesellok der DR-Baureihe V 100 ein. Leihweise versah im September die Lok 60 023 der OHE ihren Dienst bei der KTG.

Beschriftung	Baureihe	Ex-Bezeichnung	Bauart-Typ	Firma	Nr.	Baujahr
KTG 1 II	201		V 100.4	VEB Lokbau E. Werke	17 732	1983
KTG-OHE 60 023		angemietet OHE	650 D	MaK	600 158	1959

KVG Kahlgrund-Verkehrs-GmbH Schöllkrippen Bayern

Die KVG ist Betreiber des SPNV auf der eigenen Strecke zwischen Schöllkrippen und Kahl. Der Güterverkehr ist seit 1997/1998 auf der 23 Kilometer langen Strecke eingestellt worden. Der Personenverkehr wird mit modernen Triebwagen der Bauart NE 81 und dem neuesten Triebwagen des Typs Desiro durchgeführt. Alle Fahrzeuge der KVG werden in der Werkstatt in Schöllkrippen durchgeführt. Auf ihr 100jähriges Bestehen konnte die Kahlgrund-Verkehrs-GmbH 1998 zurückblicken.

VS 83 + VT 81 der KVG warten am 14. April 2001 in Schöllkrippen

Neuster Triebwagen der KVG ist der VT 2000

VT 81 der Kahlgrundbahn im Bahnhof Kahl am 14. April 2001

Beschriftung	Baureihe	Ex-Bezeichnung	Bauart-Typ	Firma	Nr.	Baujahr
KVG VT 80		Spessart	NE 81	Waggon Union	30 903	1981
KVG VT 81		Kahltal	NE 81	Waggon Union	30 904	1981
KVG VT 82			NE 81	Waggon Union	36 099	1993
KVG VT 97			Regio-Shuttle	ADtranz	36 603	1997
KVG VT 2000	642		Desiro	Siemens		
KVG VT 2001	642 152/652		Desiro	Siemens		
KVG VT 2002	642 153/653		Desiro	Siemens		
KVG VT 2003	642 154/654		Desiro	Siemens		
KVG VT 2004	642 155/655		Desiro	Siemens		
KVG VS 183			NE 81	Waggon Union	33 627	1985
KVG VS 184			NE 81	Waggon Union	33 628	1985

LAUBAG Lausitzer Braunkohle AG Lausitz Sachsen

Die Lausitzer Braunkohle AG besitzt eine stattliche Anzahl von Dieselloks der Baureihe V 100. Sie tragen ein grün-gelbes Farbkleid und einen seitlich angebrachten Aufkleber „LAUBAG". In einer eigenen Werkstatt werden die Dieselloks der LAUBAG in Schwarze Pumpe bei Hoyerswerda überholt und gewartet.

Beschriftung	Baureihe	Ex-Bezeichnung	Bauart-Typ	Firma	Nr.	Baujahr
LAUBAG 110-02	201	Di 489-100-B 4	V 100.4	VEB Lokbau E. Werke	17 731	1983
LAUBAG 110-03	201 146		V 100.4	VEB Lokbau E. Werke	12 447	1969
LAUBAG 110-04	201	Di 484-100-B 4	V 100.4	VEB Lokbau E. Werke	16 671	1981
LAUBAG 110-05	201	Nr. 1	V 100.4	VEB Lokbau E. Werke	17 727	1983
LAUBAG 110-06	201 138		V 100.4	VEB Lokbau E. Werke	12 439	1969
LAUBAG 110-07	201 131		V 100.4	VEB Lokbau E. Werke	12 432	1969
LAUBAG 110-08	201 159		V 100.4	VEB Lokbau E. Werke	12 460	1969
LAUBAG 110-09	201 121		V 100.4	VEB Lokbau E. Werke	12 422	1969
LAUBAG 110-10	201 108		V 100.4	VEB Lokbau E. Werke	12 409	1968
LAUBAG 110-11	201 148		V 100.4	VEB Lokbau E. Werke	12 449	1969
LAUBAG 110-12	201 117	110 117 DR	V 100.4	VEB Lokbau E. Werke	12 418	1969

LHH Städtische Häfen Hannover Hannover Niedersachsen

Der Lindener Hafen gehört zu den vier Häfen der Städtischen Häfen Hannover. Im Hafengebiet sind überwiegend Unternehmen der chemischen Industrie, des Mineralölhandels, Speditionen, Bauwirtschaft, Recyclingwirtschaft und Stahlhandel angesiedelt. Der Hafen Hannover-Linden hat sich zu einem bedeutenden Speditions- und Logistikzentrum in Hannover entwickelt. 1991 entstand im Lindener Hafen eine Umschlagsanlage für den kombinierten Ladungsverkehr Straße/Schiene. Hier setzen die Städtischen Häfen Hannover zwei Dieselloks auf ihrem Gleisnetz ein, das eine Länge von 27 km besitzt.

LMBV Lausitzer und Mitteldeutsche Bergbau Verwaltungsgesellschaft mbH Sachsen

Beschriftung	Baureihe	Ex-Bezeichnung	Bauart-Typ	Firma	Nr.	Baujahr
LMBV Di 1-016-A3		verkauft an MBB	V 10 C	LOB	250 547	1973
LMBV Di 7-016-A3		verkauft an MBB	V 10 C	LOB	250 287	1962
LMBV Di 8-016-A3		verkauft an MBB	V 10 C	LOB	250 288	1962
LMBV Di 440-016-A3		verkauft an MBB	V 10 C	LOB	250 292	1962
LMBV Di 165-016-A3		verkauft an MBB	V 10 C	LOB	250 284	1962

Lokomotion Lokomotion Frankfurt Hessen

Die Lokomotion ist ein Zusammenschluss der Bayrischen Trailerzug GmbH aus München, der Kombiverkehr GmbH mit Sitz in Frankfurt am Main und der Rail Traction Company mit Sitz in Bozen. Mit den beiden Dispo-Loks des Typs Taurus, für ein Jahr von Siemens angemietet, möchte dieses Unternehmen den Schienengüterverkehr zwischen Deutschland und Italien beschleunigen. Eingesetzt werden diese Fahrzeuge auf der Strecke München–Riem nach Verona und zurück. Die Taurus-Loks besitzen z. B. vorne die Loknummer-Beschriftung ES64U2-001 und einen seitlichen Schriftzug auf silbernem Untergrund „Lokomotion".

Beschriftung	Baureihe	Ex-Bezeichnung	Bauart-Typ	Firma	Nr.	Baujahr
Locomotion ES 64U2-001	1116 701		ES 64 U2	Krauss-Maffei		2001
Locomotion ES 64U2-002	1116 702		ES 64 U2	Krauss-Maffei		2001

LSG = LC Lokomotion Service GmbH ex Euro Trac

Die Locomotion Service GmbH ist ein Gemeinschaftsunternehmen der Deutschen Vossloh AG mit einem Anteil von 10 Prozent und der Locomotion-Capital mit einem Anteil von 90 Prozent und eine Tochter der britischen Angel Trains Ltd. Durch Neuanschaffung beziehungsweise Kaufoptionen von Elektrolokomotiven der Baureihe 185 möchte diese Gesellschaft ihren Kunden, den Eisenbahn-Verkehrs-Unternehmen, neue Fahrzeuge auf Mietbasis zur Verfügung stellen.

Beschriftung	Baureihe	Ex-Bezeichnung	Bauart-Typ	Firma	Nr.	Baujahr
LSG-Pool 2				MaK	220 095	1962
LSG-Pool		LAUBAG V 60-01	V 60 D	LEW		
LSG-Pool		LAUBAG V 60-03	V 60 D	LEW		
LSG-Pool 8		Krupp-Stahl	G 500 C	MaK	500 062	1973
LSG-Pool 145-CL 031	145-CL 031			ADtranz	33 848	2001
LSG-Pool 185-CL 004	185-CL 004			Bombardier	33 453	2001
LSG-Pool 185-CL 005	185-CL 005			Bombardier	33 451	2001
LSG-Pool 185-CL 006	185-CL 006			Bombardier		
LSG-Pool 185-CL 007	185-CL 007			Bombardier		
LSG-Pool 185-CL 008	185-CL 008			Bombardier		
LSG-Pool 185-CL 009	185-CL 009			Bombardier		
LSG-Pool 185-CL		Kaufoption		Bombardier		
LSG-Pool 185-CL		Kaufoption		Bombardier		
LSG-Pool 185-CL		Kaufoption		Bombardier		
LSG-Pool 185-CL		Kaufoption		Bombardier		
LSG-Pool 185-CL		Kaufoption		Bombardier		
LSG-Pool 185-CL		Kaufoption		Bombardier		
LSG-Pool 185-CL		Kaufoption		Bombardier		
LSG-Pool 185-CL		Kaufoption		Bombardier		
LSG-Pool 185-CL		Kaufoption		Bombardier		
LSG-Pool 651		RAG 651	DE 1002	MaK	1 000 793	1981
LSG-Pool 831			DE 1002	MaK		
LSG-Pool 905			G 1206 BB	VSFT		
LSG-Pool DH 43			G 1206 BB	VSFT	1 001 025	2000
LSG-Pool DH 44			G 1206 BB	VSFT	1 001 014	2000
LSG-Pool G 2000.01			G 2000	VSFT	1 001 028	2000
LSG-Pool G 2000.02			G 2000	VSFT	1 001 029	2000
LSG-Pool MWB V 1701		angemietet LSG	G 1206 BB	VSFT	1 001 117	2000
LSG-Pool NEG 06		Leihlok VSFT	G 1206 BB	VSFT	1 001 017	2000
LSG-Pool NEG 07		Leihlok VSFT	G 1206 BB	VSFT	1 001 018	2000
LSG-Pool RAG 826		RAG 826	G 1206 BB	VSFT	1 001 021	2000
LSG-Pool WEG		Schwabensprinter	G 1206 BB	VSFT	1 001 021	2000
LSG-Pool V 170 1125	V 170 1125		MY	NoHab	2 366	1957
LSG-Pool V 170 1127	V 170 1127		MY	NoHab	2 368	1957
LSG-Pool V 170 1131	V 170 1131		MY	NoHab	2 372	1957

Beschriftung	Baureihe	Ex-Bezeichnung	Bauart-Typ	Firma	Nr.	Baujahr
LSG-Pool V 170 1138	V 170 1138		MY	NoHab	2 379	1958
LSG-Pool V 170 1143	V 170 1143		MY	NoHab	2 384	1958
LSG-Pool V 170 1147	V 170 1147		MY	NoHab	2 598	1964
LSG-Pool V 170 1149	V 170 1149		MY	NoHab	2 600	1964
LSG-Pool V 170 1151	V 170 1151		MY	NoHab	2 602	1965
LSG-Pool V 170 1155	V 170 1155		MY	NoHab	2 606	1965

LSW Lech-Stahlwerke Meitingen Bayern

Beschriftung	Baureihe	Ex-Bezeichnung	Bauart-Typ	Firma	Nr.	Baujahr
LSW 4			D 75 DD	Gmeinder	5 471	2000

LWB-EFB Lappwaldbahn GmbH Weferlingen Sachsen-Anhalt

Die Lappwaldbahn GmbH aus Weferlingen in Sachsen-Anhalt hat die Streckenbereiche Haldensleben–Weferlingen sowie den Streckenbereich Süplingen nach Dönstedt im September 2001 von der DB-AG übernommen. Im Bauzugdienst setzt die Lappwaldbahn, mit ihrem Sitz in Weferlingen, ihre Dieselloks in Deutschland ein. Die Diesellok V 10-121 befindet sich im Besitz der Eisenbahnfreunde Weferlingen.

Beschriftung	Baureihe	Ex-Bezeichnung	Bauart-Typ	Firma	Nr.	Baujahr
LWB 52 8028	52 8028		1'Eh2-Dampflok	Schwartzkopff	13 130	1943
LWB 52 8156	52 8156		1'Eh2-Dampflok	Schichau	3 956	1943
LWB V		Zuckerfabrik Ostrum	DH 360	Henschel		
LWB V 60-		Filmfabrik Wolfen 13	V 60 D	VEB Lokbau E. Werke	15 622	1977
LWB V 60-100			V 60 D	VEB Lokbau E. Werke		
LWB V 60-101			V 60 D	VEB Lokbau E. Werke		
LWB V 60-102	344 892		V 60 D	VEB Lokbau E. Werke		
LWB V 60-103			V 60 D	VEB Lokbau E. Werke		
LWB V 100-120	201 865	110 865	V 100.4 Umbau	VEB Lokbau E. Werke	15 383	1976
LWB V 100-121	201 308	Besitz Ebfr. Weferlingen	V 100.4 Umbau	VEB Lokbau E. Werke	12 772	1970

V 60-100 der Lappwaldbahn am 12. Oktober 2001 im Bremer Hauptbahnhof
Foto: John

V 100-121 ex 201 308 im Besitz der Eisenbahnfreunde Weferlingen

MBB-Molli Mecklenburgische Bäderbahn Molli GmbH & Co Bad Doberan Mecklenburg-Vorp.

Auf einer 900 mm Schmalspur betreibt die Mecklenburgische Bäderbahn Molli GmbH & Co, seit Oktober 1995 ein privates Eisenbahn-Verkehrs-Unternehmen zwischen Bad Doberan–Ostseebad Kühlungsborn für den touristischen Personenverkehr. Bei einer Fahrt mit den Dampflokomotiven der Baureihe 99 kommt jeder Eisenbahnfreund auf seine Kosten. Täglich werden auf der Mecklenburgischen Bäderbahn Molli, diese Bahn wurde bereits 1886 gegründet und steht unter Denkmalschutz, fahrplanmäßige Dampfzugfahrten durchgeführt. Der Molli stehen 11 Triebfahrzeuge und 37 Reisezugwagen für den Personenzugverkehr zur Verfügung. Die Reisezug- sowie die Güterwagen wurden bereits zwischen 1886 und 1933 gebaut. Sie werden gehegt und gepflegt.

Beschriftung	Baureihe	Ex-Bezeichnung	Bauart-Typ	Firma	Nr.	Baujahr
MBB 99 2321-0	99 2321	DB 099 901-1	1'D1'h2t	O&K	12 400	1932
MBB 99 2322-8	99 2322	DB 099 902-9	1'D1'h2t	O&K	12 401	1932
MBB 99 2323-6	99 2323	DB 099 903-7	1'D1'h2t	O&K	12 402	1932
MBB 99 2331-9	99 2331	DB 099 904-5	1'D1'h2t	LKM	30 011	1951
MBB 99 2332-7	99 2332	DB 099 905-2	1'D1'h2t	LKM	30 013	1951
MBB V 1		LMBV Di 1-016-A3	V 10 C	LOB	250 547	1973
MBB V 7		LMBV Di 7-016-A3	V 10 C	LOB	250 287	1962
MBB V 8		LMBV Di 8-016-A3	V 10 C	LOB	250 288	1962
MBB V 52		LMBV Di 440-016-A3	V 10 C	LOB	250 292	1962
MBB V 101-04		LMBV Di 165-016-A3	V 10 C	LOB	250 284	1962
MBB SKL						1954
MBB SKL						1975
MBB Schneepflug	98-33-13					1990

MEBA Mecklenburg Bahn GmbH Mecklenburg-Vorpommern

Als Tochterunternehmen der Nahverkehr Schwerin GmbH wurde im Juli 2000 die Mecklenburg Bahn GmbH gegründet. Auf der Strecke Parchim–Schwerin–Rehna wird seit Juni 2001 der Personenverkehr betrieben. Eingesetzt werden sechs moderne Triebwagen vom Typ Cordia Lint 41. Auch das Vorführfahrzeug der Alstom mit der Kennung VT 707 kann man auf dieser Strecke antreffen. Die modernen Triebwagen vom Typ Lint 41 besitzen eine Klimaanlage sowie eine Toilette und bieten neben ihrer freundlichen Gestaltung 129 Fahrgästen Platz. Ein starker Antrieb von 2 x 315 KW sorgt für eine hohe Beschleunigung und erreicht eine maximale Höchstgeschwindigkeit von 120 km/h. Fahrzielanzeigen und akustische Ansagen sorgen für eine gute Fahrgastinformation.

Beschriftung	Baureihe	Ex-Bezeichnung	Bauart-Typ	Firma	Nr.	Baujahr
MEBA VT 701			Lint 41	Alstom/LHB		2001
MEBA VT 702			Lint 41	Alstom/LHB		2001
MEBA VT 703			Lint 41	Alstom/LHB		2001
MEBA VT 704			Lint 41	Alstom/LHB		2001
MEBA VT 705			Lint 41	Alstom/LHB		2001
MEBA VT 706			Lint 41	Alstom/LHB		2001
MEBA VT 707		Vorführfahrzeug	Lint 41	Alstom/LHB		2001
MEBA V			V 10 B	LOB		
MEBA V		Leihgabe an Ebfr. Schwerin	N 4 B	LOB	2 511 920	1957

MEG Märkische Eisenbahngesellschaft mbH Plettenberg NRW

Auf einem ein Kilometer langen Streckenstück, vom DB-Bahnhof Plettenberg zu einer Umladestelle von Stahlprodukten, betreibt die Märkische Eisenbahn-Gesellschaft mbH den Güterverkehr. Die Gesellschaft hat ihren Sitz in Plettenberg. Nach Abtretung der Cargo-Leistung seitens der DB-AG kann die MEG nun noch weitere Anschlüsse von Firmen bedienen.

Beschriftung	Baureihe	Ex-Bezeichnung	Bauart-Typ	Firma	Nr.	Baujahr
MEG 1		Duisburger Kupferhütte 4	Bern	MF Esslingen	5 283	1964
MEG 4		an PEG verkauft		MF Esslingen		
MEG 25		OnRail	G 700 C	MaK		

MEG Mitteldeutsche Eisenbahn GmbH Schkopau Sachsen-Anhalt
ex Buna-Werkbahn

Die Mitteldeutsche Eisenbahn GmbH ist ein öffentliches Eisenbahn-Verkehrs-Unternehmen zum Erbringen von Eisenbahnverkehrsleistungen im Personen- und Güterverkehr, zugelassen durch das Eisenbahnbundesamt im August 1999. Entstanden aus der Buna-Werkbahn aus Schkopau erbringt die Mitteldeutsche Eisenbahn GmbH Leistungen im Werksverkehr, Bauzugleistungen sowie Ganzzüge. Auf dem DB-Netz zwischen Rüdersdorf und Rostock-Seehafen werden Zement-Ganzzüge gefahren. Den Anschlußbahnbetrieb an Standorten in Sachsen, Sachsen-Anhalt und Brandenburg betreibt die MEG ebenfalls. Für ihren Betrieb hat sie vier verschiedene Lokomotivtypen im Einsatz. Durch vielfältige Bauarten und Varianten der Lackierung unterscheiden sich die insgesamt 29 Lokomotiven. Als Neuerwerbung konnte die MEG zwei Lokomotiven der Baureihe 229 in ihren Fahrzeugpark einreihen.

Beschriftung	Baureihe	Ex-Bezeichnung	Bauart-Typ	Firma	Nr.	Baujahr
MEG 02	346		V 60 D	LEW	17 801	1980
MEG 03	346	Böhlen 3	V 60 D	LEW	13 755	1973
MEG 04	346	Böhlen 4	V 60 D	LEW	11 010	1965

Beschriftung	Baureihe	Ex-Bezeichnung	Bauart-Typ	Firma	Nr.	Baujahr
MEG 05	346	Böhlen 5	V 60 D	LEW	10 765	1966
MEG 06	346	verkauft an PRESS	V 60 D	LEW	16 956	1980
MEG 06 II	346 931		V 60 D	LEW	14 284	1974
MEG 62	346	Buna 62	V 60 D	LEW	11 008	1965
MEG 68	346	Buna 68	V 60 D	LEW	13 750	1973
MEG 71	346	Buna 71	V 60 D	LEW	15 197	1976
MEG 72	346	Buna 72	V 60 D	LEW	15 352	1976
MEG 73	346	Buna 73	V 60 D	LEW	15 346	1976
MEG 74	346	Buna 74	V 60 D	LEW	15 581	1977
MEG 75	346	Buna 75	V 60 D	LEW	15 607	1977
MEG 76	346	Buna 76	V 60 D	LEW	16 537	1979
MEG 77	346	Buna 77	V 60 D	LEW	16 682	1979
MEG 78	346	Buna 78	V 60 D	LEW	15 671	1979
MEG 80	346 674		V 60 D	LEW	12 467	1970
MEG 81	346 692		V 60 D	LEW	12 667	1970
MEG 82	346 727		V 60 D	LEW	12 988	1971
MEG 83	346 942		V 60 D	LEW	14 544	1975
MEG	228 700	verschrottet	V 180 CC	LKM		
MEG 201	228	Buna 201	V 180 CC	LKM	280 110	1968
MEG 202	228	Buna 202	V 180 CC	LKM	280 111	1968
MEG 203	228	Buna 203	V 180 CC	LKM	280 112	1968
MEG 205	228 788	118 788/388	V 180 CC	LKM	280 197	1969
MEG 206	228 748	118 748/348	V 180 CC	LKM	280 152	1968
MEG 207	228 791	118 791/391	V 180 CC	LKM	280 200	1969
MEG 208	228 786	118 786/386	V 180 CC	LKM	280 195	1969
MEG 301	229 120			FAUR	24 529	1982
MEG 302	229 173			FAUR	24 815	1984
MEG Akku-Schleppfahrzeug		kein Regelfahrzeug	EL 16/04			
MEG Teletrac		Rangierfahrzeug	Teletrac RW 140 EM	Windhoff		

MEG-Lok 205 ist die Ex-DR-Lok 228 788

MEG-Lok 82 in München-Pasing am 2. September 2001

MEV MEV-Eisenbahn-Verkehrsgesellschaft mbH Baden-Württemberg

Die MEV ist eine Gesellschaft, die anderen Unternehmen für ihren Betrieb das notwendige Personal zur Verfügung stellt. Unter anderem stellt die MEV das Personal für die BoXXexpres- und Rail 4 chem-Züge.

Beschriftung	Baureihe	Ex-Bezeichnung	Bauart-Typ	Firma	Nr.	Baujahr
MEV-AMP 6	201 211	angemietet von AMP	V 100	VEB Lokbau E. Werke	12 493	1971
MEV-MWB V 249	332 090	angemietet von MWB	Köf III	Orenstein & Koppel	26 328	1963

MFB Mainische Feldbahn GmbH Schwerte NRW

Tochterunternehmen der KEG

Beschriftung	Baureihe	Ex-Bezeichnung	Bauart-Typ	Firma	Nr.	Baujahr
MFB	323 685		Köf II	Gmeinder	5 137	1959

MFI Straßburger Gleisbauunternehmen Straßburg

Die MFI will ihre Fahrzeuge der Baureihe 212 DB in Frankreich einsetzen. Dafür wurde die seitliche Verlängerung des Führerhauses entfernt.

Beschriftung	Baureihe
MFI	212
MFI	212
MFI	212
MFI	212
MFI	212

MHE Meppen-Haselünner Eisenbahn Meppen Niedersachsen

Die Meppen-Haselünner Eisenbahn in Meppen im Emsland wurde am 13. Oktober 1894 eröffnet. Durch den Zusammenschluss wurden im Jahre 1973 die Verwaltungen der MHE und HKB zusammengelegt. Am 1. Januar 1993 fusionierte die Meppen-Haselünner Eisenbahn mit der Hümmlinger Kreisbahn. Eine neue Gesellschaft entstand und nennt sich nun Emsländische Eisenbahn.

MHE-Lok D 01 am 9. September 1978 in Haselünne Foto: John

MHE-Lok D 01 II und Lok 2 der HKB am 24. Juni 1988 in Haselünne Foto: John

MHE-Lok der Meppen-Haselüner Eisenbahn Foto: John

MHE-Lok D 02 am 22. April 1987 in Haselünne Foto: John

MHE-Lok D 10 eine Ex-DB-Lok Bauart Köf Foto: John

Beschriftung	Baureihe	Ex-Bezeichnung	Bauart-Typ	Firma	Nr.	Baujahr
MHE D 01						
MHE D 01 II			A 6 M 436	KHD	56 107	
MHE D 02	265 001	an EBfr. Osnabrück	V 65	MaK	600 004	1956
MHE		an HEV		Krupp	3 339	1956
MHE	322 642		Köf	Krupp	1 373	1934
MHE			MS 650 D	Deutz	56 495	1965
MHE			KLA 03			
MHE			KLV 53	DWM	16 775	1972
MHE			KG 275 B	Deutz	57 504	1962
MHE			V 6 M 436	Deutz	56 733	1960
MHE			650 D	Maschinenbau AG Kiel	600 146	1958
MHE			Niedersachsen	Talbot	95 135	1957

MHG Magdeburger Hafen GmbH Magdeburg Sachsen-Anhalt

Die MHG führt im Industrie-und Kanalhafen von Magdeburg und im Industriegebiet Rothensee die Anschlussbedienungen durch. Die Gleislänge der Hafenbahn umfasst rund 55 Kilometer.

Beschriftung	Baureihe	Ex-Bezeichnung	Bauart-Typ	Firma	Nr.	Baujahr
MHG 1		verkauft an PBSV 07	V 60 D	LEW	16 972	1980
MHG 2			V 60 D	LEW	16 680	1979
MHG 3			V 60 D	LEW	15 365	1976
MHG 7			V 60 D	LEW	17 593	1981
MHG 9			V 60 D	LEW	18 007	1983
MHG 10			V 60 D	LEW	15 180	1976
MHG 20		V 15 1002	V 15	LKM	253 003	1959
MHG 21			V 22	LKM	262 005	1967
MHG 22			V 22	LKM	262 359	1972

MHG Misburger Hafengesellschaft Hannover Niedersachsen

Der Betriebsbeginn des Misburger Hafens reicht schon in das Jahr 1918 zurück und zählt zu einem der vier Binnenhäfen in Hannover. Im Ortsteil Hannover-Misburg am Mittellandkanal liegt dieser Hafen. Von seiner früheren Werkshafenfunktion entwickelte sich dieser öffentliche Binnenhafen zu einem Logistikzentrum für die Zementindustrie und Logistikanbieter im Raum Hannover, Braunschweig und Hildesheim. Auf einem Gleisnetz von 10 Kilometern Länge setzt die Hafeneisenbahn zwei eigene Diesellokomotiven für den Transport der Waggons mit Schüttgut und Zementprodukten auf ihren Gleisen ein. Die Häfen Hannover führen an ihren vier Hafenstandorten Bahntransporte als Anschlussbahn des nichtöffentlichen Verkehrs durch.

Beschriftung	Baureihe	Ex-Bezeichnung	Bauart-Typ	Firma	Nr.	Baujahr
MHG 1				Deutz	56 100	1955
MHG 2				MaK	220 033	
MHG 3				Gmeinder	5 115	1959

MHI Mitteldeutsche Hartstein Industrie AG Wächtersbach Hessen

Beschriftung	Baureihe	Ex-Bezeichnung	Bauart-Typ	Firma	Nr.	Baujahr
MHI	322 182	Köf 6128	Köf II	Wächtersbach	4 577	1951

MIBRAG Mitteldeutsche Braunkohle AG

Beschriftung	Baureihe	Ex-Bezeichnung	Bauart-Typ	Firma	Nr.	Baujahr
MIBRAG 16 670	201		V 100.4 Umbau	VEB Lokbau E. Werke	16 670	1981
MIBRAG 17 853	201		V 100.10	VEB Lokbau E. Werke	17 853	1982

MKB Mindener Kreisbahn Minden NRW

Auf ihrem Streckennetz von einer Gesamtlänge von 45,6 km erbringt die Mindener Kreisbahn GmbH Leistungen im Personen- und Güterverkehr. Zubringerdienste zum Besucherbergwerk „Wohlverwahrt" in Kleinbremen werden mit dem Mühlenexpress geleistet. Im regen Güterverkehr werden der Verkehr im eigenen Netz und DB-AG Strecken gefahren. Die Mindener Kreisbahn transportiert mit ehemaligen DB-Loks der Baureihe 216 014 überwiegend Müllzüge zwischen Groningen in den Niederlanden über Bad Bentheim zur Schwarzen Pumpe und zurück. Seit dem 1. August 2001 werden von der MKB auch Kohlezüge auf der Strecke Nordenham via Bremen-Nienburg nach Veltheim gefahren. Auch eine Diesellok der neuen Bauart G 2000 von VSFT versieht hier ihren Dienst.

Lok 2 der Mindener Kreisbahn steht mit einem Sonderzug am 5. Juli 1987 abfahrfertig im Bahnhof Minden

Lok 4 der Mindener Kreisbahn am 4. Juli 1987 in Minden

Lok 6 der Mindener Kreisbahn, eine ehemalige DB-Lok 216 014, beim Durchfahren des Mindener Hbf.

Beschriftung	Baureihe	Ex-Bezeichnung	Bauart-Typ	Firma	Nr.	Baujahr
MKB V 1		nach Italien verkauft	800 D	MaK	800 091	1957
MKB V 2			850 D	MaK	800 150	1965
MKB V 4			G 1203 BB	MaK	1 000 805	1985
MKB V 5			G 1203 BB	MaK	1 000 852	1991
MKB V 6	216 014	V 160 014	V 160	ADtranz-Umbau	DH 1004-1	1998
MKB V 7		angemietet von LSG	G 1206	MaK	1 001 117	2000
MKB V 8		angemietet von LSG	G 1206	MaK	1 001 125	2000
MKB V 9		angemietet von LSG	G 2000.02	VSFT	1 001 029	2001
MKB VT 01		RBG VT 12	VT 135	Dessau	3 184	1937

MRT Metall-Rohstoffe Thüringen Bad Blankenburg Thüringen

Beschriftung	Baureihe	Ex-Bezeichnung	Bauart-Typ	Firma	Nr.	Baujahr
MRT 1	312 164	102 164	V 10B	LKM	252 ###	
MRT 2				LKM	252 ###	
MRT 3				LKM	265 064	1970

MThB Mittelthurgaubahn Deutschland GmbH Baden-Württemberg

Seit 1996 fährt die Mittelthurgaubahn Deutschland GmbH, eine schweizerische Regionalbahn, auf deutschen Strecken bis nach Engen über Radolfzell und Singen. Auf der nicht elektrifizierten Strecke Radolfzell–Stockach werden Dieseltriebwagen vom Typ GTW 2/6 von Stadler eingesetzt. Liebevoll wird die Bahn auch Seehas genannt. Diesellokomotiven sind in bei der MThB nicht anzutreffen.

MThB-Triebwagen 29-33 216-5 in Konstanz

MThB-Triebwagen 536 611-7 bei Einfahrt in Konstanz

MThB-Triebwagen 536 631-8 bei mit neuer Lackierung 1994 in Singen

Beschriftung	Baureihe	Ex-Bezeichnung	Bauart-Typ	Firma	Nr.	Baujahr
MThB 536 611	536 611					1964
MThB 536 612	536 612					1964
MThB 536 613	536 613					1964
MThB 536 614	536 614					1964
MThB 536 615	536 615					1964
MThB 536 616	536 616					1964
MThB 536 631	566 631		NPZ			1994
MThB 536 632	566 632		NPZ			1994
MThB 536 633	566 633		NPZ			1994
MThB 536 634	566 634		NPZ			1994
MThB 536 635	566 635		NPZ			1994
MThB 536 636	566 636		NPZ			1994
MThB 536 671	596 671		GTW 2/6	Stadler		
MThB 536 672	599 672		GTW 2/6	Stadler		
MThB 536 673	599 673		GTW 2/6	Stadler		

MWB Mittel-Weser-Bahn Bruchhausen-Vilsen Niedersachsen

Die MWB besitzt überwiegend Fahrzeuge der DB-AG und der ehemaligen DR und setzt diese für Bauzugdienste in ganz Deutschland ein. Die Fahrzeuge sind blau lackiert und mit einem gelben Streifen versehen. Durch die Vielzahl an verschiedenen Dieselloktypen in allen Leistungsbereichen ist es der Mittelweserbahn GmbH möglich, ein weites Einsatzgebiet für ihre Fahrzeuge zu finden. Sei es auf Nebenbahnen, im Bauzugdienst, auf Hauptstrecken und Steilstrecken mit der neuen MWB V 1351, einer Ex-DB-Lok. Fahrzeugstandorte sind Leeste und Liebenau. Ferner gehört die MWB dem Netzwerk Bremen/Niedersachsen an.

MWB-Lok V 241 steht bereit für den Bauzugdienst im Hbf von Recklinghausen

MWB-Lok V 651 ist mittlerweile an den HC verkauft worden

MWB-Lok V 661 ist die ehemalige DB-Lok 260 749

MWB-Lok V 1201 am 9. April 2000 im Bahnbetriebswerk Oberhausen-Osterfeld

MWB-Lok V 1351 war im Bauzugdienst im Sommer 2001 auf der Strecke Essen–Münster eingesetzt

Beschriftung	Baureihe	Ex-Bezeichnung	Bauart-Typ	Firma	Nr.	Baujahr
MWB	202 260		V 100.4 Umbau	VEB Lokbau E. Werke	12 562	1970
MWB V	332 169	Ersatzteilspender	Köf III			
MWB V 121	323 575	Köf 6257	Köf II	Gmeinder	4 887	1956
MWB V 241 II	332 002	Köf 11 002	Köf III	Gmeinder	5 121	1960
MWB V 242 I	332 189	verkauft an EMN	Köf III	Jung	13 802	1964
MWB V 242 II	332 165	Köf 11 165	Köf III	Jung	13 778	1964
MWB V 243	332 289	Köf 11 289	Köf III	Orenstein & Koppel	26 404	1965
MWB V 244	332 008	Köf 11 008	Köf III	Orenstein & Koppel	26 303	1962
MWB V 245	332 028	Köf 11 028	Köf III	Gmeinder	5 266	1963
MWB V 246	332 030	Köf 11 030	Köf III	Jung	13 572	1963
MWB V 247	332 115	Köf 11 115	Köf III	Orenstein & Koppel	26 353	1964
MWB V 248	332 050	Köf 11 050	Köf III	Gmeinder	5 291	1963
MWB V 249	332 090	Köf 11 090	Köf III	Orenstein & Koppel	26 328	1963
MWB V 641		Werkbahn Skoda	V 60 D	VEB Lokbau E. Werke	18 002	1982
MWB V 651		verkauft HC	650 D	MaK	600 148	1957
MWB V 661	260 749	KBE V 15	V 60 749	Henschel	30 038	1959
MWB V 1201	202 753	112 753	V 100.4 Umbau	VEB Lokbau E. Werke	14 454	1974
MWB V 1202	202 630	112 630	V 100.4 Umbau	VEB Lokbau E. Werke	13 948	1973
MWB V 1203	202 725	112 725	V 100.4 Umbau	VEB Lokbau E. Werke	14 426	1974
MWB V 1204	202 822	112 822	V 100.4 Umbau	VEB Lokbau E. Werke	15 094	1975
MWB V 1351	213 339	V 100 2339	V 100.	MaK	1 000 386	1966
MWB V 1701		angemietet LSG	G 1206 BB	VSFT	1 001 117	2000
MWB V 2001	220-01	RSE C 220-01	M 62-08 PKP	Woroschilowgrad	3 554	1979
MWB V 2101			G 1206	VSFT	1 001 141	2002

NABALTEC Nabaltec Schwandorf Bayern

Beschriftung	Baureihe	Ex-Bezeichnung	Bauart-Typ	Firma	Nr.	Baujahr
Nabaltec	323 551	Köf 6243	Köf			
Nabaltec	323 687	Köf 6505	Köf			

NE Neusser Eisenbahn Neuss NRW

Die Neusser Eisenbahnen sind ein öffentliches Eisenbahninfrastrukturunternehmen und bieten im Güterverkehr, wo sie auch als öffentliches Eisenbahn-Verkehrs-Unternehmen zugelassen sind, eine zielgerichtete Logistik in allen Bereichen des Schienengüterverkehrs. Das Betätigungsfeld der Neusser Eisenbahn ist der Central-Hafen Neuß mit seinen Anliegern im nahen regionalen Bereich. Zur Zeit wird auf 54 km Betriebsgleisen und 16 km Privatanschlussgleisen der Betrieb mit acht Dieselloks absolviert. Auch im Bereich der Baustellenlogistik für Gleisbaufirmen und andere Dienstleister werden die Triebfahrzeuge der NE angeboten.

Beschriftung	Baureihe	Ex-Bezeichnung	Bauart-Typ	Firma	Nr.	Baujahr
NE 1			M 700 C	Krauss-Maffei	19 815	1975
NE 2			G 761 CBB	MaK	700 025	1978
NE 3			G 761 CBB	MaK	700 061	1982
NE 4			G 700 C	MaK	500 057	1973
NE 5			G 1300 BB	MaK	1 000 244	1965

Beschriftung	Baureihe	Ex-Bezeichnung	Bauart-Typ	Firma	Nr.	Baujahr
NE 6			G 1205	MaK	1 000 890	1993
NE 7			G 1205	MaK		1997
NE 8			G 1700 BB	VSFT	1 001 113	2001
NE 07		EURO TRAC 07	G 1206	MaK		

Am 26. März 1997 durchfuhr die Diesellok 1 der Neusser Eisenbahn den Essener Hauptbahnhof

Diesellok der Neusser Eisenbahn am 24. Oktober 2001 in Gladbeck

NEB Niederbarnimer Eisenbahn AG Berlin Berlin

Die Gründung der Niederbarnimer Eisenbahn fand im Jahr 1900 statt. Bereits im Mai 1901 konnte der Personenverkehr auf der Reinickendorf-Liebenwalde-Groß-Schönebecker Eisenbahn, wie sie damals noch genannt wurde, eröffnet werden. Eine Änderung im Jahr 1927 führte zu ihrem heutigen Namen, der Niederbarnimer Eisenbahn-Aktiengesellschaft. Es folgte ein weiterer Ausbau des Streckennetzes. Die NEB ist eine der ältesten Kleinbahnen Deutschlands, sie verbindet die Gemeinde- und Landkreise Barnim und Oberhavel mit Berlin. Nach Kriegsende waren die Strecken der NEB durch Grenzlinien getrennt. Nur auf kleineren Strecken konnte wieder der Betrieb, unter der Regie der Deutschen Reichsbahn, aufgenommen werden. Seit September 1998 hat die Niederbarnimer Eisenbahn ihre Eisenbahninfrastruktur wieder selbst übernommen.

Beschriftung	Baureihe	Ex-Bezeichnung	Bauart-Typ	Firma	Nr.	Baujahr
NEB V 100.20	202 325	112 325	V 100 DR	VEB Lokbau E. Werke	12 834	1971
NEB	202 360		V 100 DR	VEB Lokbau E. Werke	12 869	1971
NEB V 100.21	202 388	112 388	V 100 DR	VEB Lokbau E. Werke	12 897	1972
NEB	202 431		V 100 DR	VEB Lokbau E. Werke	12 940	1972
NEB	202 449		V 100 DR	VEB Lokbau E. Werke	13 488	1972
NEB	202 750		V 100 DR	VEB Lokbau E. Werke	14 451	1974
NEB V 200.22	220	PKP ST 44-733	M 62	Woroschilowgrad	3 184	1978
NEB V 200.23	220	PKP ST 44-749	M 62	Woroschilowgrad	3 513	1978

NEG Norddeutsche Nahverkehrsgesellschaft mbH

Die NEG ist eine noch recht junge Gesellschaft, sie wurde im Januar 1998 gegründet. Als Tochtergesellschaft der Vossloh AG führte sie den Betrieb auf der vier Kilometer langen UeE-Strecke Uetersen–Tornesch durch. Im September 2001 wurde sie dann an die ELC, eine Tochter der luxemburgischen Staatsbahnen der CFL, verkauft. Die NEG-Diesellok 05 wurde an die Eisenbahnfreunde Uetersen abgegeben.

Beschriftung	Baureihe	Ex-Bezeichnung	Bauart-Typ	Firma	Nr.	Baujahr
NEG 01			240 B	MaK	220 061	1960
NEG 02			240 B	MaK	220 095	1962
NEG 03		UeE	240 B	MaK	220 020	1954
NEG 04		VEBA Chemie	G 500 C	MaK	500 045	1967
NEG 05		verkauft an EBfr. Uetersen	Köf II			
NEG 06		an DE vermietet	G 1206	VSFT	1 001 017	2000
NEG 07		an NE vermietet	G 1206	VSFT	1 001 018	2000
NEG V 170 1125	170 1125	MY 1125 DSB		NoHab	2 366	1957
NEG V 170 1127	170 1127	MY 1127 DSB		NoHab	2 368	1957
NEG V 170 1131	170 1131	MY 1131 DSB		NoHab	2 372	1957
NEG V 170 1138	170 1138	MY 1138 DSB		NoHab	2 379	1958

Beschriftung	Baureihe	Ex-Bezeichnung	Bauart-Typ	Firma	Nr.	Baujahr
NEG V 170 1143	170 1143	MY 1143 DSB		NoHab	2 384	1958
NEG V 170 1147	170 1147	MY 1147 DSB		NoHab	2 598	1964
NEG V 170 1149	170 1149	MY 1149 DSB		NoHab	2 600	1964
NEG V 170 1151	170 1151	MY 1151 DSB		NoHab	2 602	1965
NEG V 170 1155	170 1155	MY 1155 DSB		NoHab	2 606	1965

NEG Lok 06 im Sommer 2001

NoHab-Lok V 170 1151 der NEG als Leihlok für die Bayrische Oberlandbahn unterwegs

NESA Neckar-Schwarzwald-Alb-Eisenbahnverkehrsgesellschaft mbH

Die NESA ist das Eisenbahnverkehrsunternehmen der Eisenbahnfreunde Zollernbahn und hat ihr Domizil in Tübingen. Von hier aus setzen Bauzüge oder der Touristikverkehr und der Nostalgie-Orient-Express ein.

Beschriftung	Baureihe	Ex-Bezeichnung	Bauart-Typ	Firma	Nr.	Baujahr
NESA V 100 1041	211 041		V 100.10	Jung	13 315	1962
NESA V 100 2335	213 335	V 100 2335	V 100.20	MaK	1 000 382	1966
NESA V 170 1142	170 1142	DSB 1142, ex NEG	MY	NoHab	2 383	1958

Net-Log NET-Log Bad Honnef NRW

Die NET-Log setzt als Eisenbahn-Verkehrs-Unternehmen für ihre BoxXpress-Containerzüge das Personal der MEV und Triebfahreuge aus dem Siemens-Lokpool ein. Vor diesen Container-Zügen kommen moderne Elektrolokomotiven der neuen Baureihen 145, 152 der ÖBB-Baureihe 1116 zum Einsatz. Desweiteren gibt es bei NET-Log zwei Dieselloks mit der neuen Baureihennummer 206. Hierbei handelt es sich um ehemalige Lokomotiven der Deutschen Reichsbahn, Baureihe 202 bzw. Ex-Bauart 110.

Net-Log-Lok 206 466 alias 202 466 durchfährt den Bahnhof Bremen
Foto: John

Beschriftung	Baureihe	Ex-Bezeichnung	Bauart-Typ	Firma	Nr.	Baujahr
NET-Log ES 64 P 001	127 001		Eurosprinter	Krauss-Maffei/Siemens		
NET-Log	145-CL 031	angemietet Bombardier	E 145			2001
NET-Log ES 64 F 001	152 901		E 152	Krauss-Maffei/Siemens		
NET-Log ES 64 F 002	152 902		E 152	Krauss-Maffei/Siemens		
NET-Log ES 64 U2-902	1116 902		ÖBB 1116	Krauss-Maffei/Siemens		2000
NET-Log ES 64 U2-903	1116 903		ÖBB 1116	Krauss-Maffei/Siemens		2000
NET-Log	ME 26-11	NSB 6.671	DE 1024	MaK	30 015	1995
NET-Log 206 364	202 364		V 100.1	LEW	12 873	1971
NET-Log 206 466	202 466		V 100.1	LEW	13 505	1972

NEWAG Oberhausen NRW

Die NEWAG aus Oberhausen liefert seit 1987 selbstentwickelte Diesellokomotiven für den Rangierdienst. Ähnliche Maschinen werden und wurden nach Kundenwünschen für alle Einsatzbereiche erstellt und geliefert. Ein weiteres Standbein der NEWAG liegt in der Vermietung von Diesellokomotiven mit und ohne Personal. Auch andere Fahrzeuge wie Gleiskraftwagen, Zweiwegefahrzeuge, Baggeranbaugeräte und NEWAG Spezialmaschinen können hier kurz- bis langfristig gemietet werden.

Beschriftung	Baureihe	Ex-Bezeichnung	Bauart-Typ	Firma	Nr.	Baujahr
NEWAG	211 150		V 100.10			

NIAG / NIAG-Logistik Niederrheinische Verkehrsbetriebe AG Moers NRW

Das aus der Moerser Kreisbahn entstandene Unternehmen hat ein Schienennetz von 36 km, dass seit 1968 nur noch dem Güterverkehr dient. Reger Betrieb wird auf der Strecke Moers–Orsoy abgewickelt. Auch auf DB-Strecken rund um Moers ist die Sichtung der NIAG-Lokomotiven möglich, da auch dort Verkehr regelmäßig stattfindet. Die Belieferung der STEAG-Kraftwerke in Voerde und Wanne-Eickel mit Importkohle führt die NIAG dabei im Auftrag der DB-AG durch. In der ehemaligen Lokwerkstatt auf dem Betriebsgelände in Moers betreibt die Firma Vossloh umfangreiche Lokinstandsetzungen. Für ihre Dienstleistungen setzt die NIAG verschiedene Diesellokomotiven vor ihren Zügen ein. Auch ehemalige Loks der DB versehen, nach Überholung und Umlackierung in NIAG-Farben, hier ihren Dienst. Gelegentlicher Sonderverkehr wird mit den Schienenbussen VT 20/21 auf Gleisen im Revier durchgeführt.

Zur Mittagspause verweilte NIAG 3 im NIAG-Bahnhof Moers

NIAG 8 (Ex-DB-Lok 216 111) ist kurz vor Moers mit einem Güterzug unterwegs

NIAG 9 (Ex-DB-Lok 216 055) steht in Moers für einen neuen Auftrag bereit

NIAG 11 übernahm heute das Rangieren der Wagen im Bereich der Werkstatt in Moers am 28. März 2001

Die NIAG-Triebwagen VT 20 und VT 21 durchfahren als Sonderfahrt am 2. September 1989 den Essener Hauptbahnhof

Beschriftung	Baureihe	Ex-Bezeichnung	Bauart-Typ	Firma	Nr.	Baujahr
NIAG 1		ausgemustert nach Unfall	850 D	Maschinenbau AG Kiel		
NIAG 1 II		Stadt Moers	G 1204 BB	Maschinenbau AG Kiel	1 000 798	1981
NIAG 2 II			G 1204 BB	Maschinenbau AG Kiel	1 000 820	1985
NIAG 3 II			G 1205	Maschinenbau AG Kiel	1 000 894	1993
NIAG 4						1962
NIAG 4 II	211 162	DH 1004/1	V 100.10	Maschinenbau AG Kiel	57 399	1962
NIAG 5			G 1202 BB	Maschinenbau AG Kiel	1 000 781	1978
NIAG 6			G 1202 BB	Maschinenbau AG Kiel	1 000 782	1978
NIAG 7	323 170		Köf	Orenstein & Koppel	26 009	1959
NIAG 8	216 111		V 160	Henschel	31 217	
NIAG 9	216 055		V 160	MaK	2 00 045	1965
NIAG 11			DHG 240 B	Henschel	30 872	1964
NIAG 12			D 25 B	Gmeinder	5 471	1972
NIAG 27		WHE Lok 27	G 1204 BB	MaK	1 000 813	1983
NIAG 50		Verschubgeräte	RW 240 DH	Windhoff	260 169	1998
NIAG 51		Verschubgeräte	RW 240 DH	Windhoff	260 184	1999
NIAG VT 20 II		V.-Betr. Hornberg VT 22		MAN	143 409	1957
NIAG VT 21 II		V.-Betr. Hornberg VT 21		MAN	143 410	1957

NLE* Niederlausitzer Eisenbahn Brandenburg

Die Niederlausitzer Eisenbahn, die Abkürzung wurde von uns frei vergeben, blickt auf eine lange Geschichte zurück. Schon seit 1898, wo sie als Aktiengesellschaft gegründet wurde, war sie von Anfang an eine der kleinsten Eisenbahnen unter den Privatbahnen in Süd-Brandenburg. Die NLE, eine Nebenstrecke die von Falkenberg/Elster nach Lübben Beeskow führt, war Anfang der neunziger Jahre von der Stillegung bedroht. Durch die DRE wurde jedoch Ende 1998 die Strecke von der DB übernommen. Seitdem verkehren wieder Güterzüge, von der 102 004 gezogen, und am Wochende wird durch den Ausflugsverkehr die Strecke mit Leben erfüllt.

Beschriftung	Baureihe	Ex-Bezeichnung	Bauart-Typ	Firma	Nr.	Baujahr
DRE V 102 004	102 004	ex NVA 04	V 22	LOB	262 626	1976
DRE VT 11		SWEG VT 11		MAN	141 757	1955
DRE VS 111		SWEG VS 111		MAN	141 758	1955

NME Neukölln-Mittenwalder Eisenbahn-Gesellschaft AG Berlin

Die Neukölln-Mittenwalder Eisenbahn-Gesellschaft betreibt ein 9 km langes Reststück Berlin–Neukölln mit beachtlichem Güterverkehr, der aus Müll- und Container-Ganzzügen besteht. Auch wird mit Kohlen-Ganzzügen das BEWAG-Kraftwerk Rudow bedient. Personenverkehr findet auf den Gleisen der NME schon lange nicht mehr statt.

Beschriftung	Baureihe	Ex-Bezeichnung	Bauart-Typ	Firma	Nr.	Baujahr
NME ML 00604			R 42 C	Jung	13 428	1963
NME ML 00605			M 700 C	Krauss-Maffei	19 086	1965
NME ML 00606		Edelstahlwerk Witten Nr. 3	DHG 700 C	Henschel	32 559	1981
NME ML 00607		Edelstahlwerk Witten Nr. 2	DHG 700 C	Henschel	32 558	1981
NME ML 00608			G 321 B	MaK	220 117	1991
NME ML 00609			G 321 B	MaK	220 118	1992
NME ML 00610	-	Henschel Kassel Nr.2	DHG 300 B	Henschel	32 836	1986
NME ML 00611	-	Edelstahlwerk Witten Nr.	DHG 300 B	Henschel	32 835	1986
NME ML 00612	-	IGB Lok 5	RC 43 C	Jung	14 040	1970
NME ML 00613		Stinnes Gelsenkirchen	M 500 C	Krauss-Maffei	19 051	1965
NME V 3	-	Nahmer		O&K	25 988	1960
NME 75	-	ex DB	B3yg			
NME 76	-	ex DB	B3yg			

NOB Nord-Ostsee-Bahn GmbH Kiel Schleswig-Holstein

Eine Verkehrsgesellschaft der Connex-Gruppe. Sie führt den Schienenpersonenverkehr in Schleswig-Holstein rund um Kiel durch. Der Verkehr wird mit, von der Landesnahverkehrsgesellschaft gemieteten, modernen Triebfahrzeugen vom Typ Lint 41 durchgeführt. Die Lint-Triebwagen wurden von der Alstom LHB GmbH in Salzgitter gebaut und verfügen über einen Antrieb von 2 x 35 KW und erreichen eine Spitzengeschwindigkeit von 120 km/h. Das Fahrgastangebot liegt bei 129 Sitzplätzen. Der Verwaltungssitz dieses Verkehrsunternehmens Nord-Ostsee-Bahn GmbH ist in Kiel.

Beschriftung	Bauart-Typ	Firma	Baujahr
NOB VT 301	Lint 41-H	Alstom	2000
NOB VT 301	Lint 41-H	Alstom	2000
NOB VT 302	Lint 41-H	Alstom	2000
NOB VT 303	Lint 41-H	Alstom	2000
NOB VT 304	Lint 41-H	Alstom	2000
NOB VT 305	Lint 41-H	Alstom	2000
NOB VT 306	Lint 41-H	Alstom	2000
NOB VT 307	Lint 41-H	Alstom	2000
NOB VT 308	Lint 41-H	Alstom	2000
NOB VT 309	Lint 41-H	Alstom	2000

Bei der Innotrans in Berlin wurde auch der NOB-Triebwagen VT 306 ausgestellt
Foto: Geißler

NVAG Nordfriesische Verkehrsbetriebe AG Niebüll Schleswig-Holstein

Am 22. Januar 1895 wurde sie als Kleinbahn Niebüll-Dagebüll OHG gegründet. Die Eröffnungsfeierlichkeiten fanden am 13. Juli 1895 statt. Der Verkehr auf der 13,6 km langen Strecke zwischen Niebüll und Dagebüll-Mole dient fast ausschließlich dem Zubringerverkehr Wyk und Amrum mit IC-EC-Kurswagen der Deutschen Bahn AG. Auch im Badeverkehr nach Dagebüll herrscht hohes Personenverkehrsaufkommen. Güterverkehr besteht ausschließlich aus Stückgutverkehr für Dagbüll-Mole. Der Lokschuppen der NVAG liegt in Niebüll. Eingesetzt werden hier auch ehemalige Fahrzeuge der DB bzw. DR. Aus der ehemaligen Diesellok 211 293 der Deutschen Bundesbahn wurde nach Umbau die NVAG-Lok DL 2. Seit einiger Zeit kommt nun auch eine Diesellokomotive der ehemaligen Deutschen Reichsbahn, 203 503 von dem Schienenfahrzeugzentrum Stendal, zum Einsatz. Ihr Triebwagen, der NVAG-T4, wird auch für Einsätze zum Transport von Güterwagen im Stückgutverkehr sowie beim Ziehen und Rangieren herangezogen. Für die Verstärkung im Güterverkehr sollen die Ex-DR-Loks der Baureihe V 100, die unten aufgeführten Loks 202 345, 202 461 und 202 732, bestellt worden sein.

Diesellok DL 1 der Nordfriesischen Verkehrsbetriebe, Bauart V 65.

Diesellok DL 2 der Nordfriesischen Verkehrsbetriebe in Niebüll mit der Aufschrift „100 Jahre NVAG"

NVAG-Triebwagen am 3. Juli 1989 im Bahnhof Niebüll

NVAG-Triebwagen am 14. August 1997 bei der Ausfahrt Bahnhof Niebüll

Beschriftung	Baureihe	Ex-Bezeichnung	Bauart-Typ	Firma	Nr.	Baujahr
NVAG DL 1			V 6 5		400 004	1955
NVAG DL 2	211 233	Nordfriesland	V 100.10	Krupp	4 343	1961
NVAG My 1148		DSB My 1148		NoHab		
NVAG	202 345		V 100.	VEB Lokbau E. Werke	12 854	1971
NVAG	202 461		V 100.	VEB Lokbau E. Werke	13 500	1972
NVAG	202 732		V 100.	VEB Lokbau E. Werke	14 433	1974
NVAG-Leihlok	203 503	202 787-7	V 100.4 Umbau	VEB Lokbau E. Werke	14 844	1975
NVAG T 1				DWK	80	1926
NVAG T 2				Esslingen	24 846	1956
NVAG T 3				MaK	518	1960
NVAG T 4			5047	Jenbacher Werke	J 3894-103	1995

NWB Nord West Bahn GmbH

Als ein Gemeinschaftsunternehmen der DEG und der Connex-Gruppe betreibt die NWB nur Schienenpersonenverkehr mit LINT-Triebwagen. Bedient werden mit den modernen Triebwagen der NWB die Strecken Osnabrück–Oldenburg–Wilhelmshaven, Wilhelmshaven–Essens und Osnabrück–Delmenhorst. Nach gutem Erfolg im Jahr 2000/2001, das Fahrgastaufkommen konnte um 70 Prozent gesteigert werden, wurde die Flotte im Jahr 2001 mit sechs Triebwagen des Typs Desiro verstärkt.

NWB-Triebwagen VT 507 bei der Einfahrt in den Osnabrücker Hauptbahnhof

NWB-Triebwagen VT 512 in der Nähe von Wittmund Foto: John

NWB-Triebwagen VT 519 unterwegs als DNR 82 224 Foto: John

Beschriftung	Baureihe	Ex-Bezeichnung	Bauart-Typ	Firma	Nr.	Baujahr
NWB DE 300.01	232 103	angemietet	232-Bauart	Lugansk	0325	1974
NWB VT 501		angemietet LNVG	Lint 41-H	LHB	001	1999
NWB VT 502		angemietet LNVG	Lint 41-H	LHB	002	1999
NWB VT 503		angemietet LNVG	Lint 41-H	LHB	003	1999
NWB VT 504		angemietet LNVG	Lint 41-H	LHB	004	1999
NWB VT 505		angemietet LNVG	Lint 41-H	LHB	005	1999
NWB VT 506		angemietet LNVG	Lint 41-H	LHB	006	1999
NWB VT 507		angemietet LNVG	Lint 41-H	LHB	007	1999
NWB VT 508		angemietet LNVG	Lint 41-H	LHB	008	1999
NWB VT 509		angemietet LNVG	Lint 41-H	LHB	009	1999
NWB VT 510		angemietet LNVG	Lint 41-H	LHB	010	1999
NWB VT 511		angemietet LNVG	Lint 41-H	LHB	011	1999
NWB VT 512		angemietet LNVG	Lint 41-H	LHB	012	1999
NWB VT 513		angemietet LNVG	Lint 41-H	LHB	013	1999
NWB VT 514		angemietet LNVG	Lint 41-H	LHB	014	1999
NWB VT 515		angemietet LNVG	Lint 41-H	LHB	015	1999
NWB VT 516		angemietet LNVG	Lint 41-H	LHB	016	1999
NWB VT 517		angemietet LNVG	Lint 41-H	LHB	017	1999
NWB VT 518		angemietet LNVG	Lint 41-H	LHB	018	1999
NWB VT 519		angemietet LNVG	Lint 41-H	LHB	019	1999

Beschriftung	Baureihe	Ex-Bezeichnung	Bauart-Typ	Firma	Nr.	Baujahr
NWB VT 520		angemietet LNVG	Lint 41-H	LHB	020	1999
NWB VT 521		angemietet LNVG	Lint 41-H	LHB	021	1999
NWB VT 522		angemietet LNVG	Lint 41-H	LHB	022	1999
NWB VT 523		angemietet LNVG	Lint 41-H	LHB	023	1999
NWB VT 560		angemietet Connex	Desiro	Siemens		2001
NWB VT 561		angemietet Connex	Desiro	Siemens		2001
NWB VT 562		angemietet Connex	Desiro	Siemens		2001
NWB VT 563		angemietet Connex	Desiro	Siemens		2001
NWB VT 564		angemietet Connex	Desiro	Siemens		2001
NWB VT 565		angemietet Connex	Desiro	Siemens		2001
NWB 0007		angemietet von OME		Talbot		1998
NWB 0008		angemietet von OME		Talbot		1998
NWB 0009		angemietet von OME		Talbot		1998
NWB 0010		angemietet von OME		Talbot		1998
NWB 0011		angemietet von OME		Talbot		1998
NWB 0012		angemietet von OME		Talbot		1998
NWB VT 440		angemietet von WEG	Regio-Shuttle	ADtranz	36 846	1999
NWB VT 442		angemietet von WEG	Regio-Shuttle	ADtranz	36 848	1999

NWC Nord West Cargo GmbH Osnabrück Niedersachsen

Ein Gemeinschaftsunternehmen der Connex-Gruppe und Stadtwerke Osnabrück AG. Für die Durchführung des Güterverkehrs hat die Connex-Gruppe für die Nord West Bahn Elektrolokomotiven der DB-Baureihe 185 vom Hersteller Bombardier in Kassel bestellt. Somit kann dieser Dienstleister auf nationalen und internationalen Gleisen seine Leistungen anbieten. Erste Erfolge kann die NWC verbuchen. Für MEGA-Tiernahrung werden jährlich etwa 60 000 t Futtermittel vom Seehafen Brake nach Rechterfeld befördert. Die Diesellok V 132 der Teutoburger Waldeisenbahn wurde nach Rechterfeld umstationiert, um diesen Verkehr der NWC durchzuführen. Die gesamte Abwicklung der Transporte zwischen Brake und Rechterfeld hat die NWC übernommen.

Beschriftung	Baureihe	Ex-Bezeichnung	Bauart-Typ	Firma	Nr.	Baujahr
NWC 185-CL 001	185		DB-E 185	Bombardier	33 450	2001
NWC 185-CL 002	185		DB-E 185	Bombardier	33 452	2001
NWC 185-CL 003	185		DB-E 185	Bombardier	33 455	2001

NWP Netzwerk Privatbahnen

Im November 2000 wurde das Netzwerk Privatbahnen aus mehreren Eisenbahn-Verkehrsunternehmen neugegründet.

Es gehören diesem Unternehmen folgende Verkehrsunternehmen an:

BGW	Bahngesellschaft Waldhof AG		Baden-Württemberg
D&D	D&D Eisenbahn-Transport Logistik GmbH	Hagenow-Land	MVP
EKO-Trans	EKO-Transportgesellschaft Gmb	Eisenhüttenstadt	Brandenburg
EMN	Eisenbahnbetriebe Mittlerer Neckar GmbH	Kornwestheim	Baden-Württemberg
EuroRail	Niederlassung der Schweizer Euro Rail	Lörrach	Baden-Württemberg
EVB	Eisenbahn und Verkehrsbetriebe Elbe-Weser GmbH		Niedersachsen
HRS	Hoyer Rail Serv GmbH		
Infra Leuna	Infra Leuna Infrastruktur und Service GmbH	Leuna	Sachsen Anhalt
MWB	Mittel-Weser-Bahn	Bruchhausen-Vilsen	Niedersachsen
NET-Log	Net Logistic	Bad Honnef	NRW
OHE-Sp	Osthavelländische Eisenbahn Berlin-Spandau	Berlin-Spandau	Berlin
R4C	RAIL 4 CHEM	Essen	NRW
RSE	Rhein-Sieg Verkehrsgesellschaft GmbH	Troisdorf	NRW

OEG Oberrheinische-Eisenbahn-Gesellschaft Mannheim Baden-Württemberg

Die Oberrheinische Eisenbahngesellschaft Mannheim betreibt reine Nahverkehrsleistungen im Raum Mannheim. Nach Einstellung des Güterverkehrs im Jahr 1983 befördert sie auf ihrem etwa 63 Kilometer langen Streckennetz nur noch Fahrgäste auf den Strecken Mannheim Hbf–Heidelberg–Mannheim Hbf, hier beträgt die Strecke 56,6 km, und auf der kleineren Strecke Mannheim–Käfertal nach Heddesheim mit nur etwa 6 km bei einer Spurweite von 1000 mm.

Beschriftung	Baureihe	Ex-Bezeichnung	Bauart-Typ	Firma	Nr.	Baujahr
OEG 16			Arbeitswagen	Fuchs		1914
OEG 19			Schleifwagen	Fuchs		1928

Beschriftung	Baureihe	Ex-Bezeichnung	Bauart-Typ	Firma	Nr.	Baujahr
OEG 45			historischer Halbzug	Fuchs		1928
OEG 46			historischer Halbzug	Fuchs		1928
OEG 56		Leihgabe LTA		Karlsruhe	1 168	1886
OEG 73				Rastatt		1959
OEG 80				Rastatt		1961
OEG 81				Rastatt		1963
OEG 82				Duewag	33 596	1966
OEG 83				Duewag	33 597	1966
OEG 84				Duewag	33 598	1966
OEG 85				Duewag	33 599	1966
OEG 86				Duewag	33 600	1966
OEG 87				Duewag	33 601	1966
OEG 88				Duewag	33 602	1966
OEG 89				Duewag	33 603	1966
OEG 90				Duewag	34 072	1969
OEG 91				Duewag	34 073	1969
OEG 92				Duewag	34 074	1969
OEG 93				Duewag	34 075	1969
OEG 94				Duewag	34 076	1969
OEG 95				Duewag	34 077	1969
OEG 96				Duewag	34 078	1969
OEG 97				Duewag	34 079	1969
OEG 98				Duewag	36 147	1973
OEG 99				Duewag	36 148	1973
OEG 100				Duewag	36 149	1973
OEG 101				Duewag	36 150	1973
OEG 102		Leihgabe LTA		Henschel	3 618	1891
OEG 102				Duewag	36 151	1974
OEG 103				Duewag	36 152	1974
OEG 104				Duewag	36 153	1974
OEG 105				Duewag	36 154	1974
OEG 106				Duewag	36 155	1974
OEG 107				Duewag	36 156	1974
OEG 108				Duewag	36 157	1974
OEG 109				Duewag	36 158	1974
OEG 110				Duewag	36 159	1974
OEG 111				Duewag	37 399	1987
OEG 112				Duewag	37 400	1987
OEG 113				Duewag	37 401	1987
OEG 114				Duewag	37 402	1987
OEG 115				Duewag	37 403	1987
OEG 116				Duewag	37 404	1987
OEG 117				ADtranz	36 472	1996
OEG 118				ADtranz	36 482	1996
OEG 119				ADtranz	36 492	1996
OEG 120				ADtranz	36 502	1996
OEG 121				ADtranz	36 512	1996
OEG 122				ADtranz	36 522	1996
OEG 301		Bielefeld 846		Duewag		1962
OEG 302		Bielefeld 847		Duewag		1962
OEG 303		Bielefeld 849		Duewag		1962
OEG 304		Bielefeld 848		Duewag		1962
OEG 350				Gmeinder	4 822	1954
OEG 351		NBM Zeist		Eigenbau		1949
OEG 355		OEG 71	Arbeitswagen	Rastatt		1958
OEG 356		OEG 74	Arbeitswagen	Rastatt		1960
OEG 357		OEG 76	Arbeitswagen	Rastatt		1963
OEG 358		OEG 77	Arbeitswagen	Rastatt		1963
OEG 359		OEG 75	Arbeitswagen	Rastatt		1963

OHE Osthannoversche Eisenbahn AG Celle Niedersachsen

Die OHE ist nach Zusammenschluss mehrerer Kleinbahnen im Jahr 1944 entstanden. Sie ist seitdem die größte Privatbahn in Niedersachsen. Auf ihren Strecken findet umfangreicher Güterzugverkehr statt. Neben anderen Dieselloks setzt die OHE ehemalige Fahrzeuge der DB-AG ein. Das Streckennetz umfasst eine Länge von 325 km. Der Personenverkehr wurde schon 1977 eingestellt. Dafür kann man gelegentlichen Sonderverkehr, im Auftrag des Verkehrsvereins Soltau, mit Wismarer Schienenbussen VT 0508 und DT 0508 auf dem Streckennetz der OHE beobachten.

Beschriftung	Baureihe	Ex-Bezeichnung	Bauart-Typ	Firma	Nr.	Baujahr
OHE 23 041			KS 230 B	Deutz	57 200	1961
OHE 23 042			KS 230 B	Deutz	57 201	1961
OHE 23 043			KS 230 B	Deutz	57 202	1961
OHE 60 021		verkauft an VGH	650 D	MaK	600 155	1959
OHE 60 022			650 D	MaK	600 157	1959
OHE 60 023			650 D	MaK	600 158	1959
OHE 100 031		ausgemustert	1000 D	MaK		
OHE 100 032			1000 D	MaK	1 000 015	1959
OHE 120 051			1200 D	MaK	1 000 016	1959
OHE 120 052		ausgemustert	1200 D	MaK	1 000 045	1961
OHE 120 053		ausgemustert	1200 D	MaK	1 000 155	1963
OHE 120 054			1200 D	MaK	1 000 156	1963
OHE 120 068			DG 1200 BBM	Deutz	57 465	1962
OHE 120 069		Schwandorf M 13	DG 1200 BBM	Deutz	57 250	1961
OHE 120 070		RAG 680; ex EBV	DG 1200 BBM	Deutz	58 241	1968
OHE 120 071			DG 1200 BBM	Deutz	57 100	1960
OHE 120 072			DG 1200 BBM	Deutz	57 101	1960
OHE 140 001			G 1202 BB	MaK	1 000 786	1979
OHE 140 002			G 1202 BB	MaK	1 000 788	1979
OHE 150 003			G 1204 BB	MaK	1 000 814	1984
OHE 150 004			G 1204 BB	MaK	1 000 822	1985
OHE 150 073		Soltau	DG 1500 BB	Deutz	58 250	1969
OHE 160 073			G 1600 BB	MaK	1 000 517	1971
OHE 160 074		Winsen	G 1600 BB	MaK	1 000 518	1972
OHE 160 075		Wittingen	G 1600 BB	MaK	1 000 597	1975
OHE 160 076		On Rail 38, ex WBHE 27	G 1600 BB	MaK	1 000 517	1972
OHE 200 091		Celle	DG 2000 CCM	Deutz	57 649	1963
OHE 200 092		Lüneburg	DG 2000 CCM	Deutz	57 650	1964
OHE 200 096	216 158		V 160	Deutz		1967
OHE 200 097	216 123		V 160	Deutz		1967
OHE DK L 0603			RL 8	O & K	21 208	1938
OHE DK L 0606			KK 130 B	Deutz	56 747	1957
OHE DK L 0607			HF 130 C	Gmeinder	4 196	1944
OHE DL 800 011		verkauft nach Hamburg	800 D	MaK		
OHE DL 800 012		verkauft nach Italien	800 D	MaK		
OHE DL 800 013		1973 abgestellt	800 D	MaK		
OHE DT 0511				Wismar	20 235	1934
OHE VT 0508				Wismar	20 299	1937

OHE-Lok 60 074 am 5. Juni 2000 in Kirchweyhe

OHE-Lok 200 096 während der Innotrans in Berlin 2000 Foto: Geißler

OHE-Sp Osthavelländische Eisenbahn Berlin-Spandau Berlin

Die heutige Strecke der Osthavelländischen Eisenbahn Berlin-Spandau ist ein Teil eines großen Streckennetzes, das bis Nauen und Ketzin reichte. 1945 wurde es 1945, da es in der sowjetischen Besatzungszone lag. Nach Bedarf wird reger Güterverkehr mit Dieselloks betrieben. Der Personenverkehr wurde bereits 1950 eingestellt, weil die verbleibenden Strecken keinen Gewinn mehr erzielten.

OHE-Sp 200.1 im Bahnhof von Berlin-Johannesstift Foto: Geißler

Beschriftung	Baureihe	Ex-Bezeichnung	Bauart-Typ	Firma	Nr.	Baujahr
OHE-Sp 200.1	220	PKP ST 44-161	M 62	LTS	1 109	1971
OHE-Sp 203 001	202 349		V 100.4 Umbau	VEB Lokbau E. Werke	12 858	1971
OHE-Sp DL 5			R 60 D	Jung	13 712	1963
OHE-Sp DL 6			R 60 D	Jung	13 931	1966
OHE-Sp DL 7			RC 60 BB	Henschel	14 112	1972
OHE-Sp DL 8			G 1202 BB	MaK	1 000 779	1978

OME Ostmecklenburgische Eisenbahngesellschaft mbH Mecklenburg-Vorpommern

Aus einer Industriebahn, Gründung 1959, entstand ein wachsendes Eisenbahn-Verkehrs-Unternehmen. Seit 1998 werden Triebfahrzeuge des Typs Talent aus Aachen eingesetzt. Befahren werden die Strecken Neustrelitz–Feldberg, Pasewalk–Schwerin und Rostock–Güstrow. Die Ostmecklenburgische Eisenbahn ist damit zu Mecklenburg-Vorpommerns größtem Eisenbahnunternehmen geworden. Die OME ist eine 100-prozentige Tochter der Connex-Gruppe aus Frankfurt am Main. Sie verbindet die Region, bietet eine Reise durch das Land und bringt ihre Gäste in die schönsten Ecken Mecklenburg-Vorpommerns. So stellt sich die Ostmecklenburische Eisenbahn GmbH in ihren Schriften jedenfalls vor. Also, nichts wie hin!

OME-Triebwagen in Gütersloh-Nord während einer Veranstaltung der TWE

OME-Triebwagen als zweiteilige Ausführung

OME-Triebwagen als dreiteilige Ausführung

Beschriftung	Baureihe	Ex-Bezeichnung	Bauart-Typ	Firma	Nr.	Baujahr
OME 1			V 10 B			
OME 2			V 22	LOB		
OME 3		IAB	V 60	LEW		
OME 4		IAB	V 60	LEW		
OME 5		IAB	V 60	LEW		
OME 6			V 60	LEW		
OME VT 0001			Talent	Talbot	190 635 - 637	1998
OME VT 0002			Talent	Talbot	190 638 - 640	1998
OME VT 0003			Talent	Talbot	190 641 - 643	1998
OME VT 0004			Talent	Talbot	190 644 - 646	1998
OME VT 0005			Talent	Talbot	190 647 - 649	1998
OME VT 0006			Talent	Talbot	190 650 - 652	1998
OME VT 0007			Talent	Talbot	190 653 - 655	1998
OME VT 0008			Talent	Talbot	190 656 - 658	1998
OME VT 0009			Talent	Talbot	190 659 - 661	1998
OME VT 0010			Talent	Talbot	191 342 - 344	1998
OME VT 0011			Talent	Talbot		1998
OME VT 0012			Talent	Talbot		1998

Oil Tanking Oil Tanking Karlsruhe Baden-Württemberg

Beschriftung	Baureihe	Ex-Bezeichnung	Bauart-Typ	Firma	Nr.	Baujahr
Oil Tanking	322 135		Köf			
Oil Tanking	322 146	321 171	Köf 6149			

OnRail Gesellschaft für Eisenbahnausrüstung und Zubehör Moers NRW

Beschriftung	Baureihe	Ex-Bezeichnung	Bauart-Typ	Firma	Nr.	Baujahr
OnRail 07	211 261	verkauft nach Nigeria	V 100 1261			
OnRail	211 293	an TWF				
OnRail 23						
OnRail 32			G 1100 BB	MaK	800 161	1969
OnRail 36		VPS	G 1300 BB	LHB		
OnRail 37	37	WHE 20	G 1100 BB	MaK	800 186	1973
OnRail 38	38		G 1600 BB	MaK	1 000 517	1972
OnRail	212 025	2001 zum Kauf vorgesehen				
OnRail	212 027	2001 zum Kauf vorgesehen				
OnRail	212 038	2001 zum Kauf vorgesehen				
OnRail	212 056	2001 zum Kauf vorgesehen				
OnRail	212 061	2001 zum Kauf vorgesehen				
OnRail	212 070	2001 zum Kauf vorgesehen				
OnRail	212 072	2001 zum Kauf vorgesehen				
OnRail	212 073	2001 zum Kauf vorgesehen				
OnRail	212 075	2001 zum Kauf vorgesehen				
OnRail	212 088	2001 zum Kauf vorgesehen				
OnRail	212 095	2001 zum Kauf vorgesehen				
OnRail	212 099	2001 zum Kauf vorgesehen				
OnRail	212 173	2001 zum Kauf vorgesehen				
OnRail	212 214	2001 zum Kauf vorgesehen				
OnRail	212 262	2001 zum Kauf vorgesehen				
OnRail	212 282	2001 zum Kauf vorgesehen				
OnRail	212 292	2001 zum Kauf vorgesehen				
OnRail	212 304	2001 zum Kauf vorgesehen				
OnRail	212 305	2001 zum Kauf vorgesehen				
OnRail	212 306	2001 zum Kauf vorgesehen				
OnRail	212 314	2001 zum Kauf vorgesehen				
OnRail	212 373	2001 zum Kauf vorgesehen				

Lok 38 der OnRail in Moers

OnRail-Lok 07 und 23 in Moers

OPEL Adam Opel AG

Beschriftung	Baureihe	Ex-Bezeichnung	Bauart-Typ	Firma	Nr.	Baujahr
OPEL V 28-109		Bochum		Henschel	31 676	1972
OPEL V 08-371		Rüsselsheim	MB 10 N	Orenstein & Koppel	26 582	1966
OPEL V 08-372		Rüsselsheim	MC 500 N	Orenstein & Koppel	26 779	1973
OPEL V 08-373		Rüsselsheim	G 321 B	MaK	220 111	1984
OPEL V 08-374		Rüsselsheim	G 321 B	MaK	220 112	1984

Werklok der Opel-Bochum V 28-109 eine Henschel-Lok Baujahr 1972

OSB Ortenau-S-Bahn GmbH Baden-Württemberg

Die OSB ist eine Tochtergesellschaft der SWEG und führt nur SPNV durch. Betrieben werden die Strecken Offenburg–Kehl, Offenburg–Bad Griesbach und Offenburg–Hausach. In Ottenhöfen befindet sich die Werkstatt der Ortenau-S-GmbH. Die neuen modernen Triebwagen des Typs Regio-Shuttle wurden bei Adtranz gebaut und sollen das Angebot im Nahverkehr verbessern.

Beschriftung	Baureihe	Bauart-Typ	Firma	Nr.	Baujahr
OSB VT 509	VT 509			36 615	1998
OSB VT 510	VT 510			36 616	1998
OSB VT 511	VT 511			36 617	1998
OSB VT 512	VT 512			36 618	1998
OSB VT 513	VT 513			36 619	1998
OSB VT 514	VT 514			36 620	1998
OSB VT 515	VT 515			36 621	1998
OSB VT 516	VT 516			36 622	1998
OSB VT 517	VT 517	Regio-Shuttle	ADtranz	36 623	1998
OSB VT 518	VT 518			36 624	1998
OSB VT 519	VT 519			36 625	1998
OSB VT 520	VT 520			36 626	1998
OSB VT 521	VT 521			36 627	1998
OSB VT 522	VT 522			36 628	1998
OSB VT 523	VT 523			36 629	1998
OSB VT 524	VT 524			36 630	1998
OSB VT 525	VT 525			36 631	1998
OSB VT 526	VT 526			36 632	1998
OSB VT 527	VT 527			36 633	1998

Triebwagen VT 516 der Ortenau-S-Bahn in Hausach am 12. Oktober 1998

Triebwagen VT 513 der Ortenau-S-Bahn in Biberach am 12. Oktober 1998

ÖSB Öchsle Schmalspurbahn e. V. Ochsenhausen Baden-Württemberg

EBO Eisenbahn-Betriebsgesellschaft mbH Ochsenhausen

Beschriftung	Baureihe	Ex-Bezeichnung	Bauart-Typ	Firma	Nr.	Baujahr
ÖSB	99 594	99 1594-3	B'B'n4vt	Hartmann	3 714	1913
ÖSB	99 716	99 1716-2	En2t	Hartmann	4 673	1927
ÖSB	99 752	099 752-8	1'E 1'h2t	LKM-Babelsberg	32 029	1955
ÖSB	99 1773	Px 48 1773	Dh2	Chrzanow	3 058	1952
ÖSB	99 1774	Px 48 1774	Dh2	Chrzanow	3 059	1952
ÖSB	99 1788	099 752	1'E 1'h2t	LKM-Babelsberg	132 029	1957
ÖSB	99 1903	Px 48 1903	Dh2	Chrzanow	3 233	1955
ÖSB	99 1913	Px 48 1913		Chrzanow	3 247	1955
ÖSB	99 4010			O & K		1936
ÖSB	99 7843	99 7843-	C'1n2t	Krauss & Co Linz	3 816	1898
ÖSB		Hermännle	Cn2t	Chrzanow	3 321	1954
ÖSB VT 137 343	137 343	ÖBB 2091.012		Simmering	66 767	1940
ÖSB	205 004	V 15 004	101	Gmeinder	4 046	1943
ÖSB	205 008	V 15 008	101	Gmeinder	4 823	1954

Beschriftung	Baureihe	Ex-Bezeichnung	Bauart-Typ	Firma	Nr.	Baujahr
ÖSB	205 011	V 15 011	101	Gmeinder	5 290	1962
ÖSB	205 016	V 15 016	101	Gmeinder	5 244	1961
ÖSB	205 908	V 15 908	V 15 908	Gmeinder	4 227	1946
ÖSB	251 902	V 51 902	251	Gmeinder	5 328	1964
ÖSB	251 903	V 51 903	251	Gmeinder	5 329	1964
ÖSB	311 262		101	Gmeinder	1 623	1937

Dampflok 99 1764 der ÖSB am 6. Mai 1990 in Ochsenhausen

Wismarer Triebwagen der Öchsle-Schmalspurbahn in Ochsenhausen

Papierfabriken

Beschriftung	Baureihe	Ex-Bezeichnung	Ortsangabe	Firma	Nr.	Baujahr
Papierfabrik	322 624	Kö 4648	Raubling-Redenfelden			
Papierfabrik	323 209	Köf 6453	Teisnach			
Papierfabrik	323 216	Köf 6460	Wuppertal-Beyenburg			
Papierfabrik Kämmerer		Köf II	Osnabrück	Windhoff	1 035	1948
Papierfabrik Scheufelen	236 262	an DBG Hildesheim	Oberlenningen		2 019	1948
Papierfabrik Scheufelen	261 687		Oberlenningen		600 276	1959

PBSV Planen-Bauen-Schienen-Verkehre GmbH Magdeburg Sachsen-Anhalt

Wie bei vielen Dienstleistern verdienen auch bei dieser Gesellschaft die Lokomotiven ihr Brot im Bauzugdienst und in Rangierleistungen. Eingesetzt werden bei der PBSV überwiegend Lokomotiven der ehemaligen Deutschen Reichsbahn.

Auf dem Weg zum nächsten Einsatz durchfährt PBSV 12 Ex-202 066 den Bahnhof Pasing

Beschriftung	Baureihe	Ex-Bezeichnung	Bauart-Typ	Firma	Nr.	Baujahr
PBSV 01	346	DEUSA	V 60 D	LEW	16 533	1979
PBSV 02	346	ausgeliehen IGE Werrabahn	V 60 D	LEW	15 355	
PBSV 03	346	Heizkraftwerk Cottbus 2	V 60 D	LOB	262 137	1971
PBSV 04	346	Walzwerk Hettstedt	V 60 D	LEW	14 291	1974
PBSV 06	346 399	V 60 1399	V 60 D	LOB	11 680	1969
PBSV 07	346	Magdeburger Hafenbahn 1	V 60 D	LEW	16 972	1980
PBSV 10	346	SUSA GmbH	V 60 D	LEW		
PBSV 11			V 10 B	LEW		
PBSV 11	202 287		V 100.4 Umbau	VEB Lokbau E. Werke	12 754	1970
PBSV 12	202 066	112 066	V 100.4 Umbau	VEB Lokbau E. Werke	11 904	1968
PBSV 20			V 22	LKM		
PBSV 21	781 416	verkauft	M 62	Lugansk	1 536	1972
PBSV 22	781 418/582	verkauft	M 62	Lugansk	3 408	1972

PCKS Petrol Chemisches Kombinat Schwedt Schwedt Brandenburg

Beschriftung	Baureihe	Ex-Bezeichnung	Bauart-Typ	Firma	Nr.	Baujahr
PCKS V 150-1	201	Lok 11	V 100.Ost	VEB Lokbau E. Werke	16 324	1981
PCKS V 150-2	201	Lok 12	V 100.Ost	VEB Lokbau E. Werke	16 325	1981
PCKS V 150-3	201	Lok 13	V 100.Ost	VEB Lokbau E. Werke	16 326	1981
PCKS V 150-4	201	PCK Schwedt 14	V 100.4 Umbau	VEB Lokbau E. Werke	16 673	1981
PCKS V 150-5	201	PCK Schwedt 15	V 100.4 Umbau	VEB Lokbau E. Werke	16 674	1981

PEF Passauer Eisenbahn GmbH Passau Bayern

Hervorgegangen als Eisenbahn-Verkehrs-Unternehmen ist die Passauer Eisenbahn GmbH aus den Passauer Eisenbahnfreunden, für die sie den Sonderzugverkehr abwickelt. Seit Anfang des Jahres 2002 hat die PEF die etwa 50 Kilometer lange Strecke Passau–Freyung übernommen und ist bestrebt, dieser Strecke, seit 1982 fand hier kein Reisezugverkehr mehr statt, wieder zu neuem Leben zu verhelfen.

Beschriftung	Baureihe	Ex-Bezeichnung	Bauart-Typ	Firma	Nr.	Baujahr
PEF V 018	-	Auerhahn	VPS 018	KHD	55 789	1954
PEF V 40		Hafenbahn Regensburg	ML 400 C	Krauss-Maffei	17 684	1951
PEF E 10 002			E 10	Krauss-Maffei	17 785	1952
PEF VT 798 706	798 706-8		VT 98	Uerdingen	66 591	1960
PEF VT 798 776			VT 98	Uerdingen		
PEF VB 998 034	998 034-3		VB 98	Uerdingen		1956
PEF VB 998 840	998 840-3		VS 98	WMD		1959
PEF KLv 53 0238			Klv 53			1952
PEF KLa 03 0354			KLa 03	Schöma		1973

PEG Prignitzer Eisenbahn GmbH Putlitz Brandenburg

In Putlitz in Brandenburg hat dieses, 1996 entstandene, Eisenbahn-Verkehrs-Unternehmen seinen Standort. Es besitzt eine bundesweite Zulassung im Schienenpersonen- und Güterverkehr. Mit einem Schienenbus auf der Strecke Putlitz–Pritzwalk fing es an, dann expandierte die PEG. Personenverkehr wird auf den Strecken Pritzwalk–Putlitz, Pritzwalk– Kyritz–Neustadt (Dosse), Pritzwalk–Meyenburg, Neustadt (Dosse)–Rathenow und Neustadt (Dosse)–Neuruppin. Auch im Ruhrgebiet sind Leistungen durch Ausschreibungen gewonnen worden. Das sind die Strecken Dorsten–Oberhausen, sowie Oberhausen–-Duisburg–Ruhrort. Im überregionalen Güterverkehr hat sich die PEG eine zusätzliche Einnahmequelle verschafft. Durch Ankauf von ausgemusterten Diesellokomotiven von der PKP der Bauart M 62, der DR-Bauart V 60 D und anderen Bahngesellschaften konnte die Prignitzer Eisenbahn GmbH nun auch ihre Leistungen im Güterverkehr anbieten. Die Aufgaben der Prignitzer Eisenbahn GmbH wachsen und entwickeln sich prächtig. Im Herbst 1999 gründete man die Prignitzer Eisenbahn Cargo GmbH. Die Industriebahngesellschaft Berlin GmbH und die Prignitzer Eisenbahn kooperieren seit 1999, um den wachsenden Ganzzugverkehr besser koordinieren zu können. Zu diesem Zweck wurde die Rail Cargo Berlin gegründet.

Köf-Diesellok 5731 in Putlitz noch mit der Beschriftung „Prignitzer Kleinbahn"

Lok 1 der PEG

PEG V 60.06 fährt mittlerweile für die Imotrans, hier am 15. April 2001 in Gemünden

V 200.01 der PEG in Putlitz am 6. Juli 1999

PEG V 200.02 im August 1999 in Berlin-Spandau

Foto: Geißler

Ex-DB-Triebwagen 798 723 fährt bei der PEG als T 9, hier am 3. Juli 1999 in Neuruppin

PEG T 11 der ehemalige Triebwagen VT 208 der Dürener Kreisbahn

Beschriftung	Baureihe	Ex-Bezeichnung	Bauart-Typ	Firma	Nr.	Baujahr
PEG 50 3521	50 3521		1'Eh2			
PEG Kö 5731	310 931	100 931	Kö II	BMAG	10 315	1934
PEG Lok 1	201	an WAB 11	V 100.4	LEW	16 375	1981
PEG V			N 4 B	LOB	251 141	1957
PEG V 10	-		V 10			1956
PEG V 10	-		V 10 B	LKM	252 527	1970
PEG V 22.01	-	Lok 01	V 22	LEW	262 593	1975
PEG V 22.02	-		V 22	LKM	261 386	1964
PEG V 22.	-		V 22	LKM	261 486	1966
PEG V 25.01	-	MEG 4	V	Esslingen	5 283	1964
PEG V 60-	344	Stadtwerke Schwerin	V 60 D	LEW	13 358	1974
PEG V 60-	344	Stadtwerke Schwerin	V 60 D	LEW	13 776	1976
PEG V 60-01	344	Schwedt V 60-41	V 60 D	LEW	15 147	1976
PEG V 60-02	344	Lauchhammer D 1	V 60 D	LEW	11 026	1965
PEG V 60-03	344	Lok 6	V 60 D	VEB Lokbau E. Werke	16 643	1980
PEG V 60-04	344	Lok 9	V 60 D	VEB Lokbau E. Werke	16 696	1979
PEG V 60-05	344	Lok 10	V 60 D	VEB Lokbau E. Werke	16 697	1980
PEG V 60-06	344	an ImoTrans	V 60 D	VEB Lokbau E. Werke	10 875	1964
PEG V 60-07	344	Lok 15	V 60 D	LEW	11 321	1966
PEG V 60-08	344	Lok 26	V 60 D	LEW	11 028	1965
PEG V 60-09	344	Lok 29	V 60 D	LEW	13 799	1973
PEG V 200.	220	PKP ST 44-749	M 62	Lugansk		
PEG V 200.01	220	CD 781 436-	M 62	Lugansk	1 556	1972
PEG V 200.02	220	CD 781 427-	M 62	Lugansk	1 701	1972
PEG V 200.03	220	CD 781 516-	M 62	Lugansk	1 740	1973
PEG V 200.04	220	CD 781 335-/781	M 62	Lugansk	1 472	1971
PEG V 200.	220	PKP ST 44-542	M 62	Lugansk		
PEG V 200.05	220	PKP ST 44-844	M 62	Lugansk	3 428	1985
PEG V 200.06	220	PKP ST 44-218	ME 62	Woroschilowgrad	1 819	1979
PEG V 200.07	220	PKP ST 44-934	M 62	Lugansk	3 513	1978
PEG V 200.07	220	PKP ST 44-952	M 62	Lugansk	3 536	1979
PEG V 200.08	220	PKP ST 44-705	M 62	Lugansk	2 944	1977
PEG V 200.11	220	PKP ST 44-281	M 62	Lugansk	1 981	1973

Beschriftung	Baureihe	Ex-Bezeichnung	Bauart-Typ	Firma	Nr.	Baujahr
PEG V 200.22	220	PKP ST 44-733	M 62	Lugansk	3 184	1978
PEG V 200.	220	PKP ST 44-1007	M 62	Lugansk	3 184	1978
PEG V 201 026	201 026		V 100.4 Umbau	VEB Lokbau E. Werke	11 455	1967
Triebwagen						
PEG B 1	140 517		VB 140			
PEG S	996 757	abgestellt	VS 98	MAN	145 077	1959
PEG S	996 791	abgestellt	VT 98	MAN	145 111	1959
PEG S	996 802	abgestellt	VT 98	WMD	1 322	1959
PEG S	996 859	abgestellt	VT 98	WMD	1 391	1959
PEG S	996 628	abgestellt	VB 98	WMD	1 184	1956
PEG S 1	996 770		VS 98	MAN		1962
PEG T	403 001	abgestellt		LHB	002	1974
PEG T	403 002	abgestellt		LHB	001	1974
PEG T	403 003	abgestellt		LHB	003	1974
PEG T	403 004	abgestellt		LHB	004	1974
PEG T	403 005	abgestellt		LHB	005	1974
PEG T	403 006	abgestellt		LHB	006	1974
PEG T	404 001			LHB	3 001	1974
PEG T	404 002			LHB	3 002	1974
PEG T	404 003			LHB	3 003	1974
PEG T	404 101			LHB	3 004	1974
PEG T	404 102			LHB	3 005	1974
PEG T	404 103			LHB	3 006	1974
PEG T	798 532	abgestellt	VT 98	Uerdingen	60 272	1955
PEG T	798 562	abgestellt	VT 98	WMD	1 198	1956
PEG T	798 658	abgestellt	VT 98	Uerdingen	66 544	1959
PEG T	798 713	abgestellt	VT 98	Uerdingen	66 660	1960
PEG T	798 767	abgestellt	VT 98			1961
PEG T	996 757			MAN	145 077	1959
PEG T	996 628	abgestellt	VT 98	WMD	1 184	1956
PEG T	996 791	abgestellt	VT 98	MAN	145 111	1959
PEG T	998 802	abgestellt	VT 98	WMD	1 322	1959
PEG T	998 859	abgestellt	VT 98	WMD	1 391	1959
PEG T 1	796 538		VT 98	WMD	1 221	1955
PEG T 2	798 610		VT 98	Uerdingen	61 965	1956
PEG T 3	798 644		VT 98	Uerdingen	61 999	1956
PEG T 4	798 680		VT 98	Uerdingen	66 575	1960
PEG T 5	798 698		VT 98	Uerdingen	66 570	1960
PEG T 6	796 721		VT 98	Uerdingen	66 589	1960
PEG T 7	796 816		VT 98	MAN	146 598	1962
PEG T 8	796 792		VT 98	MAN	146 574	1960
PEG T 9	798 723		VT 98	MAN	145 114	1960
PEG T 10	798 633	DKB VT 201	VT 98	Uerdingen	61 988	1956
PEG T 11	798 667	DKB VT 208	VT 98	Uerdingen	66 552	1959
PEG T 12	798 701		VT 98	Uerdingen	66 605	1960
PEG T		GDT 0516	GDT	MaK	509	1954
PEG T		GDT 0517	GDT	MaK	510	1954
PEG T		GDT 0520	GDT	MaK	513	1954
PEG T		GDT 0522	GDT	MaK	515	1954
PEG T			Talent	Talbot		

Pfalzbahn Eisenbahn-Betriebs-Gesellschaft mbH Frankenthal Rheinland-Pfalz

Die Pfalzbahn-Eisenbahn-Betriebs-Gesellschafts mbH aus Rankenthal in Rheinland-Pfalz verfügt zur Zeit über kein eigenes Streckennetz und bemüht sich um die Vergabe für den Betrieb einer eigenen Strecke. So muss sie sich mit Sonderverkehr in den Sommermonaten auf der Strecke Monsheim–Langmeil begnügen.

Beschriftung	Baureihe	Ex-Bezeichnung	Bauart-Typ	Firma	Nr.	Baujahr
Pfalzbahn 310 275	310 275	100 275	Kö 4175	Orenstein & Koppel	20 269	1934
Pfalzbahn 310 278	310 278	DR	Köf II	Orenstein & Koppel	20 272	1933
Pfalzbahn 310 278	310 278	100 278	Kö 4178	Orenstein & Koppel	20 272	1934
Pfalzbahn 310 930	310 930	100 930	Kö 5730	Deutsche Werke Kiel		1939
Pfalzbahn VB167		KVG	Esslinger	Esslingen	23 439	1952
Pfalzbahn VS 998 746	998 746	DB	VS 98	MAN	145 066	1960
Pfalzbahn VT 50		KVG VT 50	Esslinger	Esslingen	23 608	1954
Pfalzbahn VT 798 622	798 622	DB	VT 98	Uerdingen	61 977	1956

Portland Portland Zementwerke Kiefersfelden Bayern

Beschriftung	Baureihe	Ex-Bezeichnung	Bauart-Typ	Firma	Nr.	Baujahr
Portland-Zementwerke	322 055	Köf 6356	Köf			
Portland-Zementwerke	322 146	Köf 6155	Köf			
Portland-Zementwerke	322 181	Köf	Köf			

Portlux Portlux S. A. Hafenbahn Wasserbillig

Beschriftung	Baureihe	Ex-Bezeichnung	Bauart-Typ	Firma	Nr.	Baujahr
Portlux			KG 275 B	KHD	57 381	1965
Portlux			KG 275 B	KHD	58 242	1968
Portlux			KG 230 B	KHD	58 235	1968
Portlux	311 663	101 663	V 15 2292	LKM	261 265	1963

PRESS Eisenbahnbau- und Betriebsgesellschaft Preßnitztalbahn mbH Jöhstadt Sachsen

Die Press ist ein recht junges Unternehmen und hat im Juni 2001 erst die Zulassung als EVU erhalten. Seitdem engagiert sie sich mit Leistungen im Bauzugdienst und im Güter- und Personenverkehr. Während eines Einsatzes im Bauzugdienst konnten wir die blau und mit einem weissen Streifen lackierte V 60 D in Haltern ablichten. Desweiteren betreibt die Press Personenverkehr auf der Schmalspurbahn im Preßnitztal. Diese Schmalspurbahn wurde 1892 gegründet und führte von Wolkenstein nach Jöhstadt mit einer Streckenlänge von 23 km. Das Aus kam für diese Bahn 1984, sie wurde stillgelegt und zurückgebaut. Eisenbahnfreunde gründeten 1989 die IG Preßnitztal e. V. und nach jahrelanger Arbeit konnte im August 2000 ein Teilstück von Jöhstadt nach Steinebach mit einer Streckenlänge von acht Kilometern wieder in Betrieb genommen werden. Zugloks sind Dampfloks der Baureihe 99.

PRESS-Lok 346 001 im Bauzugdienst am 26. August 2001 in Haltern

Beschriftung	Baureihe	Ex-Bezeichnung	Bauart-Typ	Firma	Nr.	Baujahr
Press 312 002-	312 001-	Heizkraftwerk	V 22	LKM	262 607	1975
Press 346 001-	346 001-		V 60 D	LEW	11 977	1968
Press 346 003-	346 003-	ex MEG 06	V 60 D	LEW	16 956	1980

PSG Piesberger Steinindustrie GmbH & Co Osnabrück Niedersachsen

Beschriftung	Baureihe	Ex-Bezeichnung	Bauart-Typ	Firma	Nr.	Baujahr
PSG	323 592	ex NEWAG	Köf 6275	Gmeinder	4 975	1957

RAG-BuH Ruhrkohle AG und Hafenbetriebe Gladbeck NRW

In den früheren Jahren wurden auf den damaligen Grubenanschlussbahnen im Bergbau Nassdampf-Tender Dampflokomotiven mit zwei-, drei-, vier- und später fünfachsiger Bauart eingesetzt. Später wurden auch Heissdampf-Lokomotiven angeschafft. Die ZuH setzte damals ca. 200 Dampflokmotiven der obengenannten Bauarten in ihrem Betrieb ein. Heute erinnert an diese Zeit nur noch das Dampflok-Denkmal der Pörtingsiepen am Eingang der Zechen- und Hafenbetriebe in Gladbeck. Nach Gründung der Ruhrkohle AG 1968 wurden Grubenanschlussbahnen nach und nach im Zechen- und Hafenbetrieb zusammengefasst. Dampfloks wurden ausgemustert und man begann den Fahrzeugpark zu vereinheitlichen. Der Betrieb wurde nun mit Elektrolokomotiven mit Drehstrom-Leistungsübertragung und standardisierten Diesellokmotiven durchgeführt. Die Ruhrkohle AG und Hafenbetriebe in Gladbeck setzte auf ihrem Schienennetz (im Jahr 1971 noch 1225 km und heute etwa 500 km) die unterschiedlichsten Bauarten von Diesellokomotiven, Elektrolokomtiven und Sonderfahrzeugen ein. Den Zuwachs von Neufahrzeugen konnte die RAG 2001 vermelden. Elektroloks der DB-Baureihe 145, Dieselloks der G 2000 Baureihe und der Blue Tiger kamen zur RAG und bereichern nun den dortigen Fahrzeugpark. Fast das gesamte Spektrum an Diesellokomotiv-Bauarten stand beziehungsweise ist noch in Diensten der Ruhrkohle AG in Gladbeck. Dieses Unternehmen bietet die größtmögliche Anzahl an Diesellok-Bauarten!

Die Dampflok 76.0 C der RAG durchfährt mit Sonderzug das Hochlartal in Recklinghausen

Die Dampflok der RAG ist mittlerweile verkauft

RAG-Lok 005, eine Lok der Bauart E 1200 in Gladbeck

RAG-Lok 021, eine Lok der Bauart ED 1200 in Gladbeck

RAG-Lok 103, eine Lok der Bauart EA 1000, noch als E 403 Typ Hibernia auf Zeche Nordstern

Beschriftung	Baureihe	Ex-Bezeichnung	Bauart-Typ	Firma	Nr.	Baujahr
RAG 45 D-Hibernia AG		Naßdampf-Lokomotive	Typ Ruhr	Henschel		
RAG 54 D-Hibernia AG		Naßdampf-Lokomotive	Typ Ruhr	Henschel		
RAG 59 D-Hibernia AG		Naßdampf-Lokomotive	Typ Ruhr	Henschel		
RAG 001		E 001	E 1200	Henschel/BBC	32 090	1976
RAG 002		E 002	E 1200	Henschel/BBC	32 091	1976
RAG 003		E 003	E 1200	Henschel/BBC	32 092	1976
RAG 004		E 004	E 1200	Henschel/BBC	32 093	1976
RAG 005		E 005	E 1200	Henschel/BBC	32 094	1976
RAG 006		E 006	E 1200	Henschel/BBC	32 095	1976
RAG 011			E 1200	Henschel/BBC	32 773	1984
RAG 012			E 1200	Henschel/BBC	32 774	1984
RAG 013			E 1200	Henschel/BBC	32 775	1984
RAG 014			E 1200	Henschel/BBC	32 776	1984
RAG 015			E 1200	Henschel/BBC	32 777	1984
RAG 016			E 1200	Henschel/BBC	32 828	1984
RAG 017			E 1200	Henschel/BBC	32 829	1984
RAG 021		ex RAG 107	ED 1600	Henschel/Siemens/BuH	31 336	1992
RAG 022		ex RAG 108	ED 1600	Henschel/Siemens/BuH	31 338	1992
RAG 101	Hibernia E 1	E 401	EA 1000	Henschel/AEG	31 330	1968
RAG 102	Hibernia E 2	E 402	EA 1000	Henschel/AEG	31 331	1968
RAG 103	Hibernia E 3	E 403	EA 1000	Henschel/AEG	31 332	1968
RAG 104	Hibernia E 4	E 404	EA 1000	Henschel/AEG	31 333	1968
RAG 105	Hibernia E 5	E 405	EA 1000	Henschel/AEG	31 334	1968
RAG 106	Hibernia E 6	E 406	EA 1000	Henschel/AEG	31 335	1968
RAG 107	Hibernia E 7	E 407	EA 1000	Henschel/AEG	31 336	1968
RAG 108	Hibernia E 8	E 408	EA 1000	Henschel/AEG	31 337	1968
RAG 109	Hibernia E 9	E 409	EA 1000	Henschel/AEG	31 338	1968
RAG 110	Hibernia E 10	E 410	EA 1000	Henschel/AEG	31 339	1968
RAG 111	Hibernia E 11	E 411	EA 1000	Henschel/AEG	31 406	1969
RAG 112	Hibernia E 12	E 412	EA 1000	Henschel/AEG	31 407	1969
RAG 121	Rheinstahl E 1	E 421	EA 1000	Henschel/AEG	31 123	1966
RAG 122	Rheinstahl E 2	E 422	EA 1000	Henschel/AEG	31 124	1966
RAG 123	Rheinstahl E 3	E 423	EA 1000	Henschel/AEG	31 125	1966
RAG 124	Rheinstahl E 4	E 424	EA 1000	Henschel/AEG	31 126	1966
RAG 201	145-CL 201		E 145	ADtranz	33 844	2001
RAG 202	145-CL 202		E 145	ADtranz	33 845	2001
RAG 203	145-CL 203		E 145	ADtranz	33 846	2001
RAG 204	145-CL 204		E 145	ADtranz	33 847	2001
RAG 205	145-CL 205		E 145	ADtranz	33 849	2001
RAG 206	145-CL 206		E 145	ADtranz	33 850	2001
RAG 261	Ewald Kohle E 01	E 461	ED 700	ZuH/SIEMENS	3 118	1964
RAG 262	Ewald Kohle E 02	E 462	ED 700	ZuH/SIEMENS	3 119	1964
RAG 263	Ewald Kohle E 03	E 463	ED 700	ZuH/SIEMENS	3 120	1964
RAG 264	Ewald Kohle E 04	E 464	ED 700	ZuH/SIEMENS	3 121	1964
RAG 265	Ewald Kohle E 05	E 465	ED 700	ZuH/SIEMENS	3 122	1964
RAG 281	Rheinstahl E 5	E 455	ED 700	Henschel/AEG	31 127	1966
RAG 282	Rheinstahl E 6	E 456	EA 800	Henschel/AEG	31 128	1966
RAG 283	Rheinstahl E 7	E 457	EA 800	Henschel/AEG	31 129	1966
RAG 284	Rheinstahl E 8	E 458	EA 800	Henschel/AEG	31 130	1966
RAG 289	Rheinstahl E 8	E 489	EA 500	Henschel/AEG	31 131	1966
RAG 290	Rheinstahl E 9	E 490	EA 500	Henschel/AEG	31 132	1966
RAG V 301 = RAG 321	Rheinelbe BD 1	V 301	DH 240	Henschel	29 704	1958
RAG V 302 = RAG 322	Rheinelbe BD 2	V 302	DH 240	Henschel	29 705	1958
RAG V 303 = RAG 323	Graf Bismarck	V 303	DH 240	Henschel	29 709	1959
RAG V 304 = RAG 324		V 304	DH 240	Henschel	30 298	1961
RAG V 305		V 305				
RAG V 306		V 306		Deutz	26 154	1962
RAG V 307		V 307	240 B	MaK	220 047	1958
RAG V 308		V 308	KG 230 B	Deutz	58 218	1967
RAG 320	Fürst Leopold	V 431	DH 240	Henschel	29 980	1960
RAG 321	Rheinelbe B D 1	V 301	DH 240	Henschel	29 704	1958
RAG 322	Rheinelbe B D 2	V 302	DH 240	Henschel	29 705	1958
RAG 323	Graf Bismarck	V 303	DH 240	Henschel	29 709	1959
RAG 32 4		V 304	DH 240	Henschel	30 298	1961
RAG 325	Fürst Leopold	V 432	DH 240	Henschel	30 311	1961
RAG 326	Hibernia 3-160	V 411	DHG 160	Henschel	31 088	1965
RAG 330	Ewald Kohle D 10	V 412	180 B	LHB	3 147	1967
RAG 331	Ewald Kohle D 11	V 413	180 B	LHB	3 148	1967
RAG 332	Ewald Kohle D 12	V 414	180 B	LHB	3 149	1967

Beschriftung	Baureihe	Ex-Bezeichnung	Bauart-Typ	Firma	Nr.	Baujahr
RAG V 338 = RAG 448	Rheinelbe Cd 18	V 338	DHG 500	Henschel	31 072	1964
RAG V 339 = RAG 449	Rheinelbe Cd 19	V 339	DHG 500	Henschel	31 073	1965
RAG V 353 = RAG 523		V 353	DHG 500	Henschel	31 468	1970
RAG V 354		V 354	MC 25 N	Orenstein & Koppel	26 626	
RAG V 355 = RAG 530		V 355	ML 700 C	Krauss-Maffei	19 454	1968
RAG V 356 = RAG 531		V 356	ML 700 L	Krauss-Maffei	19 088	1963
RAG 360		EBV 41	M 400 C	Krauss-Maffei	19 396	1968
RAG 361		EBV 42	M 400 C	Krauss-Maffei	19 397	1968
RAG 362		V 436	M 350	Krauss-Maffei	19 398	1969
RAG 370			MV 6 B	O&K	26 593	1966
RAG V 375 = RAG 620	Rheinelbe Dd 5	V 375	DHG 1000	Henschel	30 711	1964
RAG V 376 = RAG 621	Rheinelbe Dd 6	V 376	DHG 1000	Henschel	30 712	1964
RAG V 377 = RAG 622	Rheinelbe Dd 7	V 377	DHG 1000	Henschel	31 116	1965
RAG V 378 = RAG 623	Rheinelbe Dd 8	V 378	DHG 1000	Henschel	31 117	1966
RAG V 379 = RAG 524	Hugo D 6	V 379	DH 675	Henschel	26 493	1957
RAG 410		AV 10	C-dh 5	Gemeinder	5 275	1962
RAG 411		AV 11	C-dh 5	Gemeinder	5 277	1962
RAG 412		AV 12	C-dh 5	Gemeinder	5 278	1963
RAG 413		AV 13	C-dh 5	Gemeinder	5 279	1963
RAG 414		AV 14	C-dh 5	Gemeinder	5 281	1964
RAG 415		AV 15	C-dh 5	Gemeinder	5 282	1965
RAG 416		AV 16	C-dh 5	Gemeinder	5 376	1965
RAG 420		V 565	DH 500	Henschel	29 710	1958
RAG 421	Rheinelbe Cd 1	V 321	DH 500	Henschel	29 724	1958
RAG 422	Rheinelbe Cd 2	V 322	DH 500	Henschel	29 961	1958
RAG 423		V 323	DH 500	Henschel	29 711	1957
RAG 424	Rheinelbe Cd 4	V 324	DH 500	Henschel	30 017	1959
RAG 425	Rheinelbe Cd 5	V 325	DH 500	Henschel	30 258	1960
RAG 426	Rheinelbe Cd 6	V 326	DH 500	Henschel	30 259	1961
RAG 427	Rheinelbe Cd 7	V 327	DH 500	Henschel	30 305	1961
RAG 428	Rheinelbe Cd 8	V 328	DH 500	Henschel	30 306	1961
RAG 429	Rheinelbe Cd 9	V 329	DH 500	Henschel	30 319	1961
RAG 430	Rheinstahl D 1	V 463	DH 500	Henschel	30 625	1963
RAG 431		BAG V 131	DHG 500	Henschel	31 186	1966
RAG 432		BAG V 132	DHG 500	Henschel	31 187	1966
RAG 433		BAG V 133	DHG 500	Henschel	31 188	1966
RAG 434		BAG V 134	DHG 500	Henschel	31 189	1966
RAG 435		BAG V 135	DHG 500	Henschel	31 232	1968
RAG 436		BAG V 128	DHG 500	Henschel	31 175	1966
RAG 437		BAG V 129	DHG 500	Henschel	31 176	1966
RAG 438		BAG V 139	DHG 500	Henschel	30 853	1966
RAG 440	Rheinelbe Cd 10	V 330	DHG 500	Henschel	30 573	1963
RAG 441	Rheinelbe Cd 11	V 331	DHG 500	Henschel	30 574	1963
RAG 442	Rheinelbe Cd 12	V 332	DHG 500	Henschel	30 575	1963
RAG 443	Rheinelbe Cd 13	V 333	DHG 500	Henschel	30 576	1963
RAG 444	Rheinelbe Cd 14	V 334	DHG 500	Henschel	30 577	1963
RAG 445	Rheinelbe Cd 15	V 335	DHG 500	Henschel	30 854	1963
RAG 446	Rheinelbe Cd 16	V 336	DHG 500	Henschel	30 855	1963
RAG 447	Rheinelbe Cd 17	V 337	DHG 500	Henschel	30 856	1964
RAG 448	Rheinelbe Cd 18	V 338	DHG 500	Henschel	31 072	1964
RAG 449	Rheinelbe Cd 19	V 339	DHG 500	Henschel	31 073	1965
RAG 450	Rheinelbe Cd 20	V 340	DHG 500	Henschel	31 075	1965
RAG 451	Hibernia 30-500	V 461	DHG 500	Henschel	31 236	1968
RAG 452	Hibernia 43-500	V 462	DHG 500	Henschel	31 237	1968
RAG 453	Hibernia 7-500	V 464	DHG 500	Henschel	31 183	1966
RAG 454	Hibernia 8-500	V 465	DHG 500	Henschel	31 184	1967
RAG 455	Hibernia 41-500	V 460	DHG 500	Henschel	31 185	1966
RAG 456	Thyssen S. V. 57		DHG 500	Henschel	30 859	1965
RAG 457	Ruhrglas 1		DHG 500	Henschel	30 924	1965
RAG 462	Hibernia 41-350	V 436	M 350 C	Krauss-Maffei	19 398	1969
RAG 463	Ewald Kohle D 05	V 437	375C	LHB	3 086	1964
RAG 470		BAG VV 570	DHG 500	Henschel	31 114	1965
RAG 471		BAG V 571	DHG 500	Henschel	31 191	1966
RAG 472		BAG V 572	DHG 500	Henschel	31 177	1966
RAG 473		BAG V 573	DHG 500	Henschel	30 925	1964
RAG 474		BAG V 574	DHG 500	Henschel	30 860	1964
RAG 475		BAG V 575	DHG 500	Henschel	31 074	1965
RAG 480		EBV 1	MG 530 C	KHD	57 783	1964
RAG 481		EBV 3	M 500 C	Krauss-Maffei	19 456	1971

RAG-Lok 121, eine Lok der Bauart EA 1000 Typ Rheinstahl

RAG-Lok 201 und 202, Neufahrzeuge der RAG Elloks der Baureihe 145 bei der Ankunft in Gladbeck

RAG-Lok 202, Baureihe 145, eine der neuesten Errungenschaften der RAG

RAG-Lok 263, eine Lok der Bauart EA 700 während einer kleinen Fahrzeugschau in Gladbeck

RAG-Lok 284, eine Lok der Bauart EA 800

RAG-Lok 290, eine Lok der Bauart EA 500

RAG-Lok 326, eine Lok der Bauart DHG 160

RAG-Lok 437, eine Lok der Bauart DHG 500, auf der Zeche Friedrich-Heinrich im Juni 1997

RAG-Lok 522, eine Lok der Bauart DHG 700

RAG-Lok 377, eine Lok der Bauart DHG 1200 als V 377, beschriftet mit „Zeche Nordstern"

RAG-Lok 640, eine Lok der Bauart DHG 1200, Zeche Walsum

RAG-Lok 362, eine Lok der Bauart M 350 C

RAG-Lok 519, eine Lok der Bauart M 700 C, auf Zeche Niederberg im Jahr 1998

RAG-Lok 370, eine Lok der Bauart MV 6 B, auf Zeche Hansa im März 1995

RAG-Lok 560, eine Lok der Bauart DE 500 C, Einzelstück von Gmeinder bei der RAG

RAG-Lok 562, eine Lok der Bauart DE 502, am 31. Januar 1990 im Hafen Bottrop

Beschriftung	Baureihe	Ex-Bezeichnung	Bauart-Typ	Firma	Nr.	Baujahr
RAG 510		BAG V 107	M 700 C	Krauss-Maffei	19 730	1974
RAG 511		BAG V 101	M 700 C	Krauss-Maffei	19 675	1973
RAG 512		BAG V 102	M 700 C	Krauss-Maffei	19 679	1973
RAG 513		BAG V 103	M 700 C	Krauss-Maffei	19 680	1973
RAG 514		BAG V 104	M 700 C	Krauss-Maffei	19 687	1973
RAG 515		BAG V 105	M 700 C	Krauss-Maffei	19 689	1973
RAG 516		BAG V 136	M 700 C	Krauss-Maffei	19 678	1973
RAG 517		BAG V 137	M 700 C	Krauss-Maffei	19 688	1973
RAG 518		BAG V 138	M 700 C	Krauss-Maffei	19 695	1973
RAG 519		BAG V 106	M 700 C	Krauss-Maffei	19 729	1974
RAG 520	Hibernia 4-700	V 481	DHG 700	Henschel	30 713	1964
RAG 521	Hibernia 5-700	V 482	DHG 700	Henschel	30 714	1965
RAG 522	Hibernia 6-700	V 483	DHG 700	Henschel	31 195	1966
RAG 523	Hugo D 5	V 353	DHG 700	Henschel	31 468	1970
RAG 524	Hugo D 6	V 379	DH 675	Henschel	26 493	1957
RAG 530	Emil/Fritz 6	V 355	M 700 C	Krauss-Maffei	19 454	1968
RAG 531	Ewald Kohle D 04	V 356	M 700 C	Krauss-Maffei	19 088	1963
RAG 540	Ewald Kohle D 07	V 467	530 C	LHB	3 144	1966
RAG 541	Ewald Kohle D 06	V 468	530 C	LHB	3 142	1966
RAG 551		V 501	DE 501	MaK/BBC	700 039	1980
RAG 552		V 502	DE 501	MaK/BBC	700 053	1981
RAG 553		V 503	DE 501	MaK/BBC	700 054	1981
RAG 554		V 504	DE 501	MaK/BBC	700 055	1981
RAG 555		V 505	DE 501	MaK/BBC	700 056	1981
RAG 556		V 506	DE 501	MaK/BBC	700 057	1982
RAG 557			DE 501	MaK/BBC	700 047	1981
RAG 558			DE 501	MaK/BBC	700 051	1981
RAG 559			DE 501	MaK/BBC	700 049	1981
RAG 560		V 510	DE 500 C	Gmeinder	9 591	1981
RAG 561			DE 502	Mak/ABB	700 095	1989
RAG 562			DE 502	Mak/ABB	700 096	1989
RAG 563			DE 502	Mak/ABB	700 097	1989
RAG 564			DE 502	Mak/ABB	700 098	1989
RAG 570		BAG V 670	M 700 C	Krauss-Maffei	19 693	1973
RAG 571		BAG V 671	M 700 C	Krauss-Maffei	19 674	1973
RAG 572		BAG V 672	M 700 C	Krauss-Maffei	19 685	1973
RAG 573		BAG V 673	M 700 C	Krauss-Maffei	19 681	1973
RAG 574		BAG V 674	M 700 C	Krauss-Maffei	19 734	1974
RAG 575		BAG V 675	M 700 C	Krauss-Maffei	19 686	1973
RAG 576		BAG V 676	M 700 C	Krauss-Maffei	19 690	1974
RAG 577		BAG V 677	M 700 C	Krauss-Maffei	19 684	1973
RAG 578		BAG V 678	M 700 C	Krauss-Maffei	19 682	1973
RAG 579		BAG V 679	M 700 C	Krauss-Maffei	19 683	1973
RAG 580		BAG V 680	M 700 C	Krauss-Maffei	19 691	1974
RAG 581		BAG V 681	M 700 C	Krauss-Maffei	19 731	1975
RAG 582		BAG V 682	M 700 C	Krauss-Maffei	19 732	1975
RAG 583		BAG V 683	M 700 C	Krauss-Maffei	19 676	1973
RAG 584		BAG V 684	M 700 C	Krauss-Maffei	19 692	1974
RAG 585		BAG V 685	M 700 C	Krauss-Maffei	19 677	1973
RAG 586		BAG V 686	M 700 C	Krauss-Maffei	19 733	1975
RAG 587		Krupp Rheinhausen 85	DE 501	MaK/BBC	700 047	1981
RAG 588		Krupp Rheinhausen 88	DE 501	MaK/BBC	700 051	1981
RAG 589						
RAG 590	MaK-Vorführlok	Deutsche Solvay	DE 501	MaK/BBC	700 049	1981
RAG 620	Rheinelbe Dd 5	V 375	DHG 1000	Henschel	30 711	1964
RAG 621	Rheinelbe Dd 6	V 376	DHG 1000	Henschel	30 712	1964
RAG 622	Rheinelbe Dd 7	V 377	DHG 1000	Henschel	31 116	1965
RAG 623	Rheinelbe Dd 8	V 378	DHG 1000	Henschel	31 117	1966
RAG 631	201 056	110 056	V 100.4 Umbau	VEB Lokbau E. Werke	11 894	1968
RAG 632	202 075	112 075	V 100.4 Umbau	VEB Lokbau E. Werke	11 935	1968
RAG 633		RRL Lok 66	G 1203	MaK	1 000 804	1983
RAG 640		BAG V 140	DHG 1200 BB	Henschel	31 178	1966
RAG 641		BAG V 141	DHG 1200 BB	Henschel	31 179	1966
RAG 642		BAG V 142	DHG 1200 BB	Henschel	31 180	1966
RAG 643		BAG V 143	DHG 1200 BB	Henschel	31 181	1966
RAG 651		EBV 4	DE 1003	MaK/BBC	1 000 793	1982
RAG 652			DE 1003	MaK/BBC	1 000 831	1988
RAG 661			DE 1003	MaK/ABB	1 000 843	1988
RAG 662			DE 1003	MaK/ABB	1 000 844	1988

Beschriftung	Baureihe	Ex-Bezeichnung	Bauart-Typ	Firma	Nr.	Baujahr
RAG 663			DE 1003	MaK/ABB	1 000 845	1988
RAG 664			DE 1003	MaK/ABB	1 000 846	1988
RAG 670		Bettina	G 1204 BB	MaK	1 000 866	1991
RAG 673		BAG 793	G 1204 BB	MaK	1 000 817	1984
RAG 674		BAG 794	G 1204 BB	MaK	1 000 797	1982
RAG 675		BAG 795	G 1204 BB	MaK	1 000 803	1982
RAG 676		BAG 796	G 1204 BB	MaK	1 000 807	1983
RAG 677		BAG 797	G 1204 BB	MaK	1 000 812	1983
RAG 678		BAG 798	G 1204 BB	MaK	1 000 815	1984
RAG 679		BAG 799	G 1204 BB	MaK	1 000 821	1985
RAG 680		ex-EBV, jetzt OHE 120 070	DG 1000 BB M	KHD	58 241	1968
RAG 731		Rheinland ZW 2	A 921A	Liebherr/Ries		1981
RAG 731 II		AV M 18	AB 1602 DK-ZW	Atlas-Weyhausen	20 325	1978
RAG 732		S 32	RG 7	Robel	2 111	1963
RAG 733		S 33	RN 1	Robel	2 112	1969
RAG 734		S 43	Klv 53	Schöma	3 224	1970
RAG 739			U 1650	Daimler-Benz/Zweiweg	192 281	1998
RAG 740		BAG S 710	U 416	Daimler-Benz/Ries		1974
RAG 741		BAG S 711	U 416	Daimler-Benz/Zweiweg		1976
RAG 742		Julia Kohleaufbereitung 1	RW 150 DH	Windhoff	260 030	1984
RAG 743			U 1650	Daimler-Benz/Zweiweg	184 346	1995
RAG 744			U 1250	Daimler-Benz/Zweiweg	1 045	1990
RAG 745		Rheinland ZW 1	U 1250	Daimler-Benz/Zweiweg		1986
RAG 746			U 1250	DDaimler-Benz/Zweiweg		1994
RAG 747		S 47	FU 80/2366	Windhoff	2 366	1981
RAG 748		S 48	U 416	Daimler-Benz/Zweiweg	100 799	1983
RAG 749			U 1120	Daimler-Benz/Zweiweg		1997
RAG 750	795 322-7	VT 95 9322		Waggonfabrik Union	59 103	1953
RAG 760		Niederberg VI	Knapsack D 400	Krupp	3 435	1961
RAG 801			G 1206	Siemens	1 000 900	1997

RAG-Lok 651, eine Lok der Bauart DE 1002, unterwegs mit einem Sonderzug

RAG-Lok 652, eine Lok der Bauart DE 1002

RAG-Lok 664, eine Lok der Bauart DE 1003, mit EK-Sonderwagen

RAG-Lok 674, eine Lok der Bauart G 1204, vor der Lokhalle Hansa

Beschriftung	Baureihe	Ex-Bezeichnung	Bauart-Typ	Firma	Nr.	Baujahr
RAG 802			G 1206	Siemens	1 000 901	1997
RAG 803			G 1206	Siemens	1 000 902	1997
RAG 804			G 1206	Siemens	1 000 903	1997
RAG 805			G 1206	Siemens	1 000 904	1997
RAG 806			G 1206	Siemens	1 000 905	1997
RAG 807			G 1206	Siemens	1 000 913	1998
RAG 808			G 1206	Siemens	1 000 914	1998
RAG 809			G 1206	Siemens	1 000 915	1998
RAG 810			G 1206	Siemens	1 000 916	1998
RAG 811			G 1206	Siemens	1 000 917	1998
RAG 821		angemietet von LSG	G 1206	VSFT-MaK	1 001 012	1999
RAG 822		angemietet von LSG	G 1206	VSFT-MaK	1 001 013	1999
RAG 823		angemietet von LSG	G 1206	VSFT-MaK	1 001 014	1999
RAG 824		angemietet von LSG	G 1206	VSFT-MaK	1 001 015	1999
RAG 825		angemietet von LSG	G 1206	VSFT-MaK	1 001 016	1999
RAG 826		angemietet von LSG	G 1206	VSFT-MaK	1 001 021	2000
RAG 827		angemietet von LSG	G 1206	VSFT-MaK	1 001 023	2000
RAG 828		angemietet von LSG	G 1206	VSFT-MaK	1 001 024	2000
RAG 839		angemietet von LSG	G 1206	VSFT-MaK	1 001 026	2000
RAG 830		angemietet von LSG	G 1206	VSFT-MaK	1 001 027	2000
RAG 831		angemietet von NEG 06	G 1206	VSFT-MaK	1 001 017	1999
RAG 832		angemietet von LSG	G 1206	VSFT-MaK	1 001 127	2001
RAG 901		Serienmaschinen	G 2000 BB	Vossloh	1 001 030	2001
RAG 902		Serienmaschinen	G 2000 BB	Vossloh	1 001 031	2001
RAG 903		Serienmaschinen	G 2000 BB	Vossloh	1 001 032	2001
RAG 904		Serienmaschinen	G 2000 BB	Vossloh	1 001 036	2001
RAG 905		Prototyp G 2000.01	G 2000 BB	Vossloh	1 001 028	2001
RAG 906		Prototyp G 2000.02	G 2000 BB	Vossloh	1 001 029	2001
RAG 951	250 001	Blue Tiger	DE-AC 33 C	ADtranz	33 293	1996
RAG Bereisungswagen						

RAG-Lok 801, eine Lok der Bauart G 1206 Ruhrpottsprinter, noch ohne RAG-Beschriftung

RAG-Lok 826, mittlerweile nicht mehr im Bestand der RAG

Prototyp G 2000.01 von Vossloh bei Einfahrt auf das RAG-Gelände Talstraße in Gladbeck

RAG 901 im Güterbahnhof Gladbeck-West

RAG 903 im Betriebsgelände an der Schranke Talstraße in Gladbeck

Der Ex-DB-Triebwagen fuhr früher auch als S 50 bei der RAG

Unter der Bezeichnung RAG 742 wird der Tele Trac geführt

Für Arbeiten wird auch der SKL 733 der RAG herangezogen

Bei der RAG werden auch Zweiwegefahrzeuge eingesetzt

R4C RAIL 4 CHEM Essen NRW

Ein Joint-Venture Unternehmen aus der BASF AG, Bertschi AG, VTG-Lehnkering AG und der Hoyer GmbH. Gefahren werden Zugleistungen zwischen Ludwigshafen-BASF–Aachen–Antwerpen, Ludwigshafen-BASF und Großkorbetha-Ruhland und Ludwigshafen-BASF–Heringen–Heimboldshausen. Mit ihrer grünen Farbgebung und dem R 4 C-Logo versehen fahren für die Rail 4 Chem Elektrolokomotiven der DB-Bauart 145 und Diesellokomotiven der Ex-DR-Baureihe 242 durch die Lande.

Beschriftung	Baureihe	Ex-Bezeichnung	Bauart-Typ	Firma	Nr.	Baujahr
R 4 C 145-CL 001	145-CL 001	angem. ADtranz-Pool	BR 145 DB	ADtranz		1999
R 4 C 145-CL 002	145-CL 002	angem. ADtranz-Pool	BR 145 DB	ADtranz		2000
R 4 C 145-CL 003	145-CL 003	angem. ADtranz-Pool	BR 145 DB	ADtranz	33 815	2000
R 4 C 145-CL 004	145-CL 004	angem. ADtranz-Pool	BR 145 DB	ADtranz	33 841	2000
R 4 C 145-CL 005	145-CL 005	angem. ADtranz-Pool	BR 145 DB	ADtranz	33 842	2001
R 4 C W 232.02	242 003		Bauart 232	Lugansk	0 002	1967
R 4 C W 232.03	242 004		Bauart 232	Lugansk	0 003	1967

E-Lok 145-CL-001 für die R 4 C fahrend im Bahnhof Nordhausen am 27. Mai 2001

E-Lok 145-CL-005 der R 4 C steht am 24. Mai 2001 in Nordhausen

Doppeltraktion der W 232.02 und 232.03 der R 4 C in Gerstungen am 12. Juli 2001

W 232.03 vor ihrer Schwesterlok W 232.02 in Gerstungen

RAR RAR-Eisenbahn Service AG Baden-Württemberg

Dieses Unternehmen bietet für Baulogistikdienstleister, Verkehrsunternehmen wie Werks- und Anschlussbahnen, die Vermietung von Lokomotiven, Triebwagen und Güterwagen an. Aber auch Leistungen für Bahnlogistik, Verkauf und Wartung von Fahrzeugen zählen zum Angebot der RAR.

Beschriftung	Baureihe	Ex-Bezeichnung	Bauart-Typ	Firma	Nr.	Baujahr
RAR 1		EKO 32	V 60 D	LEW	12 363	1969
RAR 2		ex RAR 9	KK 140 B	KHD	57 788	1965
RAR 9			KK 140 B	KHD	57 788	1965
RAR 11		EKO 35	V 60 D	LEW	13 760	1973
RAR 12			V 100	LEW		
RAR 13			V 100	LEW		
RAR 14	228 672	AMP 7	V 180	LKM	280 072	1967
RAR ESG 1	265 012	TAG V 65-12	650 D	MaK		
RAR ESG 2	201 883	DWU 15	V 100.4 Umbau	VEB Lokbau E. Werke	16 377	1977
RAR ESG 3			Köf II			
RAR KLv 03-0306			KLa 03	Waggon Union		
RAR KLv 53-0764			KLv 53	Windhoff		1979
RAR MWB V 249	332 190	angemietet von MWB	Köf III	Orenstein & Koppel	26 328	1963
RAR VT 11	VT 11	AVG / SWEG VT 112	einteilig	Esslingen		

RBB Regio Bahn Bitterfeld Bitterfeld Sachsen

Nach dem Zusammenschluss mehrerer Werkbahnen betreibt die Regio Bahn Bitterfeld auf einem 107 km langem Streckennetz den Güterverkehr. Über 30 Gleisanschlüsse werden durch die RBB mit ihren Diesellokomotiven der DR-Bauart V 60 D befahren. Von der DB-AG wurden die 364 587 und die 364 938 angemietet. Eine Zulassung als Eisenbahn des öffentlichen Verkehrs, Güter- und Personenverkehr, besitzt die RBB seit April 1996. Zu ihren Kunden zählen zum Beispiel die Chemie GmbH Bitterfeld-Wolfen, die Bayer Bitterfeld GmbH oder das Dämmstoffwerk Delitzsch. Als Übergabebahnhof dient der DB-Bahnhof Bitterfeld-Nord.

Beschriftung	Baureihe	Ex-Bezeichnung	Bauart-Typ	Firma	Nr.	Baujahr
RBB KLa						
RBB KLa						
RBB SKL 25			SKL		14 307	1986
RBB V 20			V 60 D	LEW	15 357	1976
RBB V 21			V 60 D	LEW	11 974	1968
RBB V 22			V 60 D	LEW	16 575	1979
RBB V 24			V 60 D	LEW	14 193	1973
RBB V 26			V 60 D	LEW	15 616	1977
RBB V 27			V 60 D	LEW	16 577	1979
RBB V 28			V 60 D	LEW	15 676	1979
RBB V 29			V 60 D	LEW	17 586	1981
RBB V 33			V 22	LEW	262 603	1975
RBB V 133	-	RStE V 133	G 1300 BB	MaK	1 000 257	1968
RBB V 141	201	TWE	V 100.4 Umbau	VEB Lokbau E. Werke	17 728	1983
RBB V 142	201 864	110 864	V 100.4 Umbau	VEB Lokbau E. Werke	15 382	1976
RBB V 364 587	364 587	angemietet DB	V 60 D	MaK	4 010	1960
RBB V 364 938	364 938	angemietet DB	V 60 D	MaK	600 384	1961
RBB Zweiwege-Bagger						
RBB Zweiwege-Fahrzeug			Unimog			

RBE Rheinisch-Bergische Eisenbahn Mettmann NRW

Die Rheinisch-Bergische Eisenbahn, Mitglied der Connex-Gruppe, führt im Auftrag der Regiobahn die Wartung an den Talent-Fahrzeugen der Regio-Bahn in Mettmann durch. Die Aufgaben der RBE umfasst auch die Aus- und Weiterbildung ihrer Triebfahrzeugführer. Desweiteren überwacht und steuert sie den Betriebsablauf der Regio-Bahn. Mit modernen Triebwagen des Typs Talent von Talbot betreibt die Regiobahn den Personenverkehr zwischen Kaarst und Mettmann im 20-Minutentakt.

RBG Regental Bahnbetriebs-GmbH Viechtach Bayern

Die Regental-Bahn Betriebs-GmbH betreibt auf den eigenen Strecken keinen Personennahverkehr, sondern nur noch Überführungsfahrten zur Werkstatt in Viechtach. Im bayrischen Wald kann man dieses Unternehmen im Bereich des Personennahverkehrs auf den Strecken der DB-AG Kötzting–Blaibach–Miltach–Cham, Cham–Waldmünchen, Zwiesel–Bodenmais sowie Plattling–Deggendorf–Gotteszell–Zwiesel–Bayrisch–Eisenstein mit ihren Triebwagen antreffen. Eingesetzt werden Triebwagen älterer Bauart, der Bauart NE 81 und moderne Regio-Shuttle von ADtranz. Diese Triebwagen tragen seitlich die Beschriftung „Waldbahn".

RGB-Diesellok während der Fahrzeugparade in Nürnberg 1985

RGB-Diesellok bei der Mittagspause in Kötzting Foto: Janikowski

Diesellok D 05 der RGB ist die Ex-228 119, hier in Lam 1996

RGB-Diesellok D 06 in Lam am 4. November 1996 Foto: Janikowski

Bei Winterwetter genießt die D 08 der RBG ihre Betriebsruhe in Lam

VT 01 der Regenthalbahn

VT 02 der Regenthalbahn, ein Triebwagen NE 81 der Waggon-Union

VT 04 am 23. September 1985 bei Miltach Foto: Janikowski

VT 06 am 28. Oktober 1987 in Viechtach Foto: Janikowski

Alt-Bautriebwagen VT 07 in Lam

VT 13 der RGB, heute als Zug N 6471, abfahrfertig im Bahnhof Blaibach

RFG Regental-Fahrzeugwerkstätten GmbH Viechtach Bayern

siehe RBG

Beschriftung	Baureihe	Ex-Bezeichnung	Bauart-Typ	Firma	Nr.	Baujahr
RBG-RFG Regentalbahn	323 486		Köf II	Jung	5 492	1934
RBG-RFG Regentalbahn	310 594	100 594	Kö II	Krupp	1 369	1934

Rheinbraun

Beschriftung	Baureihe	Ex-Bezeichnung	Bauart-Typ	Firma	Nr.	Baujahr
Rheinbraun 485				Kaelble / Gmeinder		
Rheinbraun 502						
Rheinbraun 686						

Werklok 485 der Rheinbraun bei einer Fahrzeugschau in Köln-Nippes

Werklok 686 der Rheinbraun bei einer Fahrzeugschau in Köln-Nippes

RHB Rhein-Haardtbahn GmbH Ludwigshafen Rheinland-Pfalz

Die Rhein-Haardtbahn wurde im Jahr 1913 bereits eröffnet und verfügt über eine eigene Strecke von Bad Dürkheim–Ludwigshafen–Oggersheim, die 16,3 km lang ist und eine Spurweite von 1 000 mm aufweist. Auf diesen und den Gleisen der Verkehrsbetriebe Ludwigshafen und der Mannheimer Verkehrs-AG führt sie den öffentlichen Personenverkehr durch. Ihre Diesellok und Arbeitswagen werden nur noch für den Arbeitsdienst herangezogen, da der Güterverkehr auf der RHB bereits 1959 eingestellt wurde.

Beschriftung	Baureihe	Ex-Bezeichnung	Bauart-Typ	Firma	Nr.	Baujahr
RHB 01		OEG D 03		Gmeinder	4 826	1954
RHB 1015		VBL 1015		Duewag		1963
RHB 1017		MVG 1017		Duewag		1963
RHB 1018		MVG 1018		Duewag		1963
RHB 1019		MVG 1019		Duewag		1967
RHB 1020		MVG 1020		Duewag		1967
RHB 1022		VBL 1022		Duewag		1967
RHB 1031		Ludwigshafen		Duewag		1994
RHB 1032				Duewag		1995
RHB 1041		Deutsche Weinstraße		Duewag		1995
RHB 1042		Maxdorf		Duewag		1995
RHB 1043				Duewag		1995

Rhenania Rhenania Intermodal Transport GmbH Heilbronn Baden-Württemberg

Beschriftung	Baureihe	Ex-Bezeichnung	Bauart-Typ	Firma	Nr.	Baujahr
Rhenania 1	322 653	321 527	Köf II	Krauss-Maffei	15 448	1935

Rhenus Rhenus AG & Co Heilbronn Baden-Württemberg

Beschriftung	Baureihe	Ex-Bezeichnung	Bauart-Typ	Firma	Nr.	Baujahr
Rhenus 1			A 4 L 514 R	KHD	56 806	1958
Rhenus 2	323 700	Köf 6702	Köf II	Jung	13 140	1959

Rhenus   Rhenus Keolis GmbH & KG   Mainz   Rheinland-Pfalz

Dieses Unternehmen entstand im September 2001 durch Umbenennung aus der Eurobahn-Verkehrsgesellschaft. Laut Aussage ihrer Schriften ist Rhenus Keolis die Alternative im öffentlichen Personenverkehr und ein Qualitätsdienstleister. Die Eurobahn betreibt SPNV auf den Strecken Bielefeld– Rahden und Bielefeld–Lemgo und Alzey–Kirchheimbolanden. Auch die Strecke Freiberg–Holzhau der Freiberger Eisenbahn in Sachsen zählt zur Rhenus.

Beschriftung	Baureihe	Strecken	Bauart-Typ	Firma	Nr.	Baujahr
Eurobahn VT 1.01		Alzey-Kirchheimbolanden	Regio-Shuttle	ADtranz	36 881	2000
Eurobahn VT 1.02		Alzey-Kirchheimbolanden	Regio-Shuttle	ADtranz	36 882	2000
Eurobahn VT 2.01 a/b/c		Bielefeld-Rahden	Talent	Talbot	191 300 - 302	2000
Eurobahn VT 2.02 a/b/c		Bielefeld-Rahden	Talent	Talbot	191 303 - 305	2000
Eurobahn VT 2.03 a/b/c		Bielefeld-Rahden	Talent	Talbot	191 306 - 308	2000
Eurobahn VT 2.04 a/b/c		Bielefeld-Rahden	Talent	Talbot	191 309 - 311	2000
Eurobahn VT 2.05 a/b/c		Bielefeld-Rahden	Talent	Talbot	191 312 - 314	2000
Eurobahn VT 2.06 a/b/c		Bielefeld-Rahden	Talent	Talbot	191 315 - 317	2000
Eurobahn VT 2.07 a/b/c		Bielefeld-Rahden	Talent	Talbot	191 395 - 398	2000
Eurobahn VT 3.01	FEG-VT 3.01	Freiberg	Regio-Shuttle	ADtranz	36 883	2000
Eurobahn VT 3.02	FEG-VT 3.02	Freiberg	Regio-Shuttle	ADtranz	36 884	2000
Eurobahn VT 3.03	FEG-VT 3.03	Freiberg	Regio-Shuttle	ADtranz	36 885	2000

RLE/RLG   Regionalverkehr Ruhr-Lippe GmbH   Soest   NRW

Gründung der RLG war 1979 unter dem Dach der Westfälischen Verkehrsgesellschaft. Betrieben wird der Güterverkehr auf den Strecken Hamm RLG–Lippborg, Neheim-Hüsten–Arnsberg-Süd, sowie Neheim-Hüsten–Sundern. Für die Unterbringung der Fahrzeuge befindet sich in Neheim-Hüsten ein moderner Lokschuppen.

RLG 66 im September 1997

Beschriftung	Baureihe	Ex-Bezeichnung	Bauart-Typ	Firma	Nr.	Baujahr
RLG D 63		an NTB V 2	650 D	MaK	600 152	1958
RLG D 66		Arnsberg	G 1203 BB	MaK	1 000 804	1983
RLG D 67		Neheim-Hüsten	G 1203 BB	MaK	1 000 809	1986
RLG D 68		KBE V 38	DG 1200 BBM	Deutz	57 466	1962

RME   Röbel/Müritz Eisenbahn GmbH   Röbel   Mecklenburg-Vorpommern

Beschriftung	Baureihe	Ex-Bezeichnung	Bauart-Typ	Firma	Nr.	Baujahr
Hei Na Ganzlin/RME	-	KWK 1	V 10 B	LKM	252 121	1960
Hei Na Ganzlin/RME	-	KWO 4	V 10 B	LKM	252 506	1968
Hei Na Ganzlin/RME	-	TRO 1	V 10 B	LKM		1961
Hei Na Ganzlin/RME	201 019	110 019	V 100	VEB Lokbau E. Werke	11 228	1967
Hei Na Ganzlin/RME	310 228	100 228	Kö	Klöckner Humboldt Deutz	10 921	1934
Hei Na Ganzlin/RME	310 927	100 927	Köf	Berliner Maschinenbau		1936
Hei Na Ganzlin/RME	310 929	100 929	Köf	Deutsche Werke Kiel		1939
Hei Na Ganzlin/RME	311 012-9	101 012	V 15.10	VEB Lokbau K. Marx	253 013	1960
Hei Na Ganzlin/RME	311 609-2	101 609	V 15.20	VEB Lokbau E. Werke	10 874	1964
Hei Na Ganzlin/RME	609		V 60 D	LEW		1964

Romonta   Montanwachs-Fabrik Romonta   Amesdorf

Beschriftung	Baureihe	Ex-Bezeichnung	Bauart-Typ	Firma	Nr.	Baujahr
Dampfspeicherlok	-		FLC	Meiningen	03 067	1985
Dampfspeicherlok	-	Ersatzteilspender	FLC			
Dampfspeicherlok 4-118	-			LKM	14 667	1959
Diesellok	-		V 15			
Diesellok	-		V 60			

RPE Rheinland-Pfalz Eisenbahngesellschaft Rheinland-Pfalz

Beschriftung	Baureihe	Ex-Bezeichnung	Bauart-Typ	Firma	Nr.	Baujahr
RPE V 100.01	202 487	112 487	V 100.	VEB Lokbau E. Werke	13 520	1972

RSE Rhein-Sieg-Eisenbahn-Betriebsgesellschaft mbH Troisdorf NRW

Zwischen Bonn-Beuel und Hangelar betreibt die Rhein-Sieg-Eisenbahn-Gesellschaft mbH (RSE) auf ihrer eigenen Strecke den Güterverkehr. In den Sommermonaten wird auf der Strecke Linz/Rhein und Kalenborn Personen-Wochendverkehr angeboten.

Beschriftung	Baureihe	Ex-Bezeichnung	Bauart-Typ	Firma	Nr.	Baujahr
RSE V 01	-	Südzucker Zeil am Main	MV 9	O&K	26 163	1962
RSE V 07	-	Bundeswehr	V 18	LKM	251 101	1956
RSE V 09				O&K	25 910	1959
RSE V 14 Emma	-	Trocknungswerk Erdeborn	V 15 B	LKM	261 465	1967
RSE V 22	-	EM Rittersgrün	V 22	LKM	262 082	1968
RSE VT 6		SWEG	einteilig	MAN	141 750	1955
RSE VT 7		SWEG	einteilig	MAN	151 287	1966
RSE VT 23		SWEG	einteilig	MAN	142 782	1956
RSE VT 25		SWEG	einteilig	MAN	145 166	1960
RSE VB 223		SWEG	einteilig	Esslingen		1958
RSE KLv 53-0277			KLv 53			1973
RSE KLa 03-0274			KLa 03		16 827	1960

RStE Rinteln-Stadthagener Eisenbahn Rinteln Niedersachsen

siehe RStV

Die Rinteln-Stadthagener Eisenbahn wurde durch Konkurs 1995 von der RSTV übernommen und führt nun die Abwicklung des Güterverkehrs durch. Personenverkehr wurde auf den Gleisen der RStE bis zum Jahr 1965 durchgeführt.

Beschriftung	Bauart-Typ	Firma	Baujahr
RStE V 101	1000 D	MaK	1995
RStE V 122	1200 D	MaK	
RStE V 133			

RStV Rinteln-Stadthagener Verkehrs GmbH Rinteln Niedersachsen

Durch den Konkurs der Rinteln-Stadthagener Eisenbahn (RStE) entstand im Jahr 1995 die neue Gesellschaft RStV. Sie führt den Güterzugverkehr zwischen Rinteln-Nord und Stadthagen-West durch. Ein Grund zum Feiern gab es für die Rinteln-Stadthagener Verkehrs-GmbH im Mai 2000, sie konnte auf eine hundertjährige Unternehmensgeschichte zurückblicken.

Beschriftung	Baureihe	Ex-Bezeichnung	Bauart-Typ	Firma	Nr.	Baujahr
RStV 150 005		Siemens-Vorführlok	G 1205 BB	VSFT	1 000 897	1995

RSVG Rhein-Sieg-Verkehrsgesellschft Toisdorf NRW

Für den Hauptkunden Hüls AG betreibt die RSVG den Güterverkehr auf der Strecke Troisdorf-West und Lülsdorf. Eingestellt bei der Rhein-Sieg-Verkehrsgesellschaft ist die Diesellok Inge, Eigentum der Firma Schreck-Mieves.

Beschriftung	Baureihe	Ex-Bezeichnung	Bauart-Typ	Firma	Nr.	Baujahr
RSVG 3			G 700 C	MaK	500 053	1970
RSVG 4			G 700 C	MaK	500 058	1972
RSVG INGE	ex TWE	Eigentum Schreck-Mieves	600 D	MaK	600 139	1958

RTS Rohr-Transport-Service Mannesmann Mülheim NRW

Beschriftung	Baureihe	Ex-Bezeichnung	Bauart-Typ	Firma	Nr.	Baujahr
RTS-Rohrtransportservice	323 585	Köf 6268	Köf			
RTS-Rohrtransportservice	323 094	Köf 6364	Köf			
RTS-Rohrtransportservice	323 248	Köf 6622	Köf			

RüKB Rügensche Kleinbahn GmbH & Co Putbus Mecklenburg-Vorpommern

Als Rügensche Kleinbahn-Aktiengesellschaft wurde am 22. Juli 1895 die Strecke Putbus nach Binz eröffnet. Das gesamte Streckennetz von damals 97,3 km Länge wurde 1899 fertiggestellt. Der Personenverkehr wurde auf dieser Schmalspur, sie fährt auf einer Spurweite von 750 mm, sehr stark in Anspruch genommen. Die beliebten Seebäder lagen nun einmal entlang der Strecken. Der Güterzugverkehr wurde in den sechziger Jahren bereits eingestellt. Heute findet nur noch auf einem Reststück Personenverkehr statt. Besser ist diese Bahn auf der Ostseeinsel Rügen unter dem Namen „Rasender Roland" bekannt. Die Rügensche Kleinbahn ist ein Tochterunternehmen der Karsdorfer Eisenbahngesellschaft und betreibt als Schmalspurbahn das 24,1 km lange Reststück im Personenverkehr zwischen Putbus und Göhren. Zum Einsatz kommen Dampfloks der Baureihe 99. Nach der Rückgabe der Deutschen Bahn AG ist die Rügensche Kleinbahn AG ein privatwirtschaftlicher Betrieb.

Beschriftung	Baureihe	Ex-Bezeichnung	Bauart-Typ	Firma	Nr.	Baujahr
RüKB		LBA 101-04	V 10 C	LKM	250 284	1962
RüKB		Lok 7	V 10 C	LKM	250 287	1962
RüKB		Lok 8	V 10 C	LKM	250 288	1962
RüKB		Lok 52	V 10 C	LKM	250 292	1962
RüKB 199 002	310 901	100 902	Köf 6003 DR	Gmeinder	4 205	1944
RüKB				Gmeinder	4 233	1946
RüKB V 51 901	251 901	VL 21	V 51	Gmeinder	5 327	1964
RüKB 52 MH	099 770	99 4632		Vulcan	2 951	1914
RüKB 53 MH	099 771	99 4633		Vulcan	3 851	1925
RüKB	099 782	99 1782		LKM	32 023	1953
RüKB	099 783	99 1783		LKM	32 024	1953
RüKB	099 784	99 1784		LKM	32 025	1953
RüKB	099 4652	99 4652		Henschel	25 983	1941
RüKB	099 4801	99 4801		Henschel	24 367	1938
RüKB	099 4802	99 4802		Henschel	24 368	1938
RüKB	Frank-Nicki-S			Henschel	25 982	1941

RVM Regionalverkehr Münsterland Rheine NRW

Die Gesellschaft Regionalverkehr Münsterland GmbH betreibt auf der Strecke Rheine–Altenrheine–Osnabrück–Eversburg den Güterverkehr. Die Übergabe auf das Netz der DB-AG erfolgt im Rangierbahnhof Osnabrück. Den Lokschuppen der RVM findet man in Rheine-Stadtberg. Ihren Namen wechselte diese Bahnlinie aber schon des öfteren. Als Kleinbahn Piesberg-Rheine AG begann der Lebenslauf am 24. Oktober 1903 mit der Eröffnung des 24,0 km langen Streckenabschnittes Eversburg–Recke. In den Jahren von 1904 bis 1905 wurde die Strecke von Recke über Rheine-Kanalhafen nach Rheine/Ibbenbürener Straße um etwa 26 km verlängert. Eine Umspurung auf die Normalspur erlebte die Bahn 1934/35, deren Inbetriebnahme sie im März 1935 begehen konnte. Ende des Jahres 1935 nannte man sie Tecklenburger Nordbahn. Zu den Verkehrsbetrieben des Kreises Tecklenburg wechselte sie im Jahr 1960. Den vorerst letzten Wechsel erlebte sie 1980: seitdem gehört sie zum RVM.

Beschriftung	Baureihe	Ex-Bezeichnung	Bauart-Typ	Firma	Nr.	Baujahr
RVM 22		TN 22	R 40 C	Jung	12 346	1956
RVM 23		TN 23	R 30 C	Jung	13 619	1963
RVM 24		TN 24		Wind	904	1946
RVM 25		WLE VL 0613	600 D	MaK	600 127	1958
RVM 26		WLE VL 0609	450 D	MaK	400 059	1966
RVM 27		WLE VL 0651	1200 D	MaK	1 000 058	1962
RVM 28		KFBE V 73	DG 1000 BBM	Deutz	57 672	1964
RVM 29		RLE D 63 Sundern		MaK	600 152	1958
RVM 45		KFBE V 74	DG 1200 BBM	Deutz	57 673	1964
RVM Zweiwege-Unimog			Zweiwege-Unimog			

Saarbahn Stadtbahn Saarbahn GmbH Saarbrücken Saarland

Die Saarbahn GmbH im Saarland betreibt seit Oktober 1997 mit von Bombardier gebauten Triebwagen zwischen Saarbrücken und dem südlichen Umland Personenverkehr. Eingesetzt werden diese Triebwagen als Mehrsystem-Fahrzeuge und können somit auch die Gleise der Deutschen Bahn AG befahren.

Beschriftung	Baureihe	Ex-Bezeichnung	Bauart-Typ	Firma	Nr.	Baujahr
Saarbahn 1001			Stadtbahntriebwagen	Bombardier/Kiepe		1997
Saarbahn 1002			Stadtbahntriebwagen	Bombardier/Kiepe		1997
Saarbahn 1003			Stadtbahntriebwagen	Bombardier/Kiepe		1997
Saarbahn 1004			Stadtbahntriebwagen	Bombardier/Kiepe		1997
Saarbahn 1005			Stadtbahntriebwagen	Bombardier/Kiepe		1997
Saarbahn 1006			Stadtbahntriebwagen	Bombardier/Kiepe		1997

Beschriftung	Baureihe	Ex-Bezeichnung	Bauart-Typ	Firma	Nr.	Baujahr
Saarbahn 1007			Stadtbahntriebwagen	Bombardier/Kiepe		1997
Saarbahn 1008			Stadtbahntriebwagen	Bombardier/Kiepe		1997
Saarbahn 1009			Stadtbahntriebwagen	Bombardier/Kiepe		1997
Saarbahn 1010			Stadtbahntriebwagen	Bombardier/Kiepe		1997
Saarbahn 1011			Stadtbahntriebwagen	Bombardier/Kiepe		1997
Saarbahn 1012			Stadtbahntriebwagen	Bombardier/Kiepe		1997
Saarbahn 1013		an RBK vermietet	Stadtbahntriebwagen	Bombardier/Kiepe		1997
Saarbahn 1014			Stadtbahntriebwagen	Bombardier/Kiepe		1997
Saarbahn 1015			Stadtbahntriebwagen	Bombardier/Kiepe		1997
Saarbahn 1016			Stadtbahntriebwagen	Bombardier/Kiepe		2000
Saarbahn 1017			Stadtbahntriebwagen	Bombardier/Kiepe		2000
Saarbahn 1018			Stadtbahntriebwagen	Bombardier/Kiepe		2000
Saarbahn 1019			Stadtbahntriebwagen	Bombardier/Kiepe		2000
Saarbahn 1020			Stadtbahntriebwagen	Bombardier/Kiepe		2000
Saarbahn 1021			Stadtbahntriebwagen	Bombardier/Kiepe		2000
Saarbahn 1022			Stadtbahntriebwagen	Bombardier/Kiepe		2000
Saarbahn 1023			Stadtbahntriebwagen	Bombardier/Kiepe		2000
Saarbahn 1024			Stadtbahntriebwagen	Bombardier/Kiepe		2000
Saarbahn 1025			Stadtbahntriebwagen	Bombardier/Kiepe		2000
Saarbahn 1026			Stadtbahntriebwagen	Bombardier/Kiepe		2000
Saarbahn 1027			Stadtbahntriebwagen	Bombardier/Kiepe		2000
Saarbahn 1028			Stadtbahntriebwagen	Bombardier/Kiepe		2000

S-Bahn Berlin S-Bahn Berlin GmbH Berlin Berlin

Die S-Bahn Berlin ist eine Tochtergesellschaft der Deutschen Bahn AG und betreibt mit Triebwagen der unterschiedlichsten Baureihen den S-Bahn-Verkehr in Berlin. Eine Besonderheit ist der Triebwagenzug mit der Reihung 488 501, 888 001 und 488 501, besser als Panorama-S-Bahn bekannt. Dieser aus älteren Wagen umgebaute und mit einer Klimaanlage ausgestattete Panorama-Zug zeigt an Wochenenden den Reisenden die Hauptstadt Berlin von einer anderen Seite.

Beschriftung	Baureihe	Ex-Bezeichnung	Bauart-Typ	Firma	Nr.	Baujahr
S-Bahn 475	475					
S-Bahn 477	477		S-Bahn zweiteilig			
S-Bahn 478.0	471	Hilfszugeinheiten				
S-Bahn 478.5	472	Hilfszugeinheiten				
S-Bahn 478 101	478	Schlepptriebwagen				
S-Bahn 478.6	478	Bauzugdienst				
S-Bahn 480	480		S-Bahn zweiteilig			
S-Bahn 481	481		S-Bahn zweiteilig			
S-Bahn 482	482		S-Bahn zweiteilig			
S-Bahn 485	485		S-Bahn dreiteilig			
S-Bahn 488	488	Panorama-S-Bahn	S-Bahn dreiteilig			

S-Bahn Hamburg S-Bahn Hamburg Hamburg Hamburg

Beschriftung	Baureihe	Ex-Bezeichnung	Bauart-Typ	Firma	Nr.	Baujahr
S-Bahn 470	470		S-Bahn dreiteilig			
S-Bahn 471	471		S-Bahn dreiteilig			
S-Bahn 472	472		S-Bahn dreiteilig			
S-Bahn 474	474		S-Bahn dreiteilig			

S-Bahn München S-Bahn München München Bayern

Für den Verschub von S-Bahn-Triebwagen wurden Dieselloks vom DB-Stendal angemietet.

Beschriftung	Baureihe	Ex-Bezeichnung	Bauart-Typ	Firma	Nr.	Baujahr
DB-Stendal-Lokpool	203 501	202 260	V 100.4 Umbau	VEB Lokbau E. Werke	12 562	1970
DB-Stendal-Lokpool	203 503	202 787-7	V 100.4 Umbau	VEB Lokbau E. Werke	14 844	1975

SBO Sächsische Binnenhäfen Oberelbe GmbH Torgau Sachsen

Auf eine hundertjährige Geschichte blickt die sächsische Hafenwirtschaft zurück. Die 100-prozentige Tochter des Freistaates Sachsen, die SBO, setzte diese Tradition fort. Als der Betreiber der sächsischen Häfen in Dresden, Riesa und Torgau bietet die SBO für Umschlag- und Logistikunternehmen optimale Standortbedingungen.

V 60 D der Sächsischen Binnenhäfen GmbH Oberelbe

Beschriftung	Bauart-Typ
SBO	V 60 D
SBO	V 60 D

Schoeller Schoeller jr. GmbH & Co Osnabrück Niedersachsen

Die Schoeller GmbH aus Osnabrück ist führender Hersteller in Photobasispapier und beliefert alle namhaften Firmen der Foto-Industrie. Die Geschichte der Schoeller GmbH reicht bis in das Jahr 1809 zurück. Dampfspeicherloks kamen hier zum Einsatz.

Feuerlose Lok 2 der Firma Schoeller in Osnabrück, Baujahr 1946, Nr.28 394

Beschriftung	Baureihe	Ex-Bezeichnung	Bauart-Typ	Firma	Nr.	Baujahr
Schoeller Lok 1			C-fl-FLC	RAW Meiningen	03 189	1987
Schoeller Lok 2		an IM Osnabrück-Piesberg	B-fl	Henschel	28 394	1946

Schreck-Mieves Baufirma Schreck-Mieves Troisdorf NRW

Beschriftung	Baureihe	Ex-Bezeichnung	Bauart-Typ	Firma	Nr.	Baujahr
INGE		eingestellt bei RSVG	600 D	MaK		

SGL SGL Acotec GmbH Bornum Sachsen-Anhalt

Beschriftung	Baureihe	Ex-Bezeichnung	Bauart-Typ	Firma	Nr.	Baujahr
SGL		Wolff Walsrode		MaK	220 083	1966

SHH Städtische Häfen Hannover Hannover Niedersachsen

siehe auch BHG, LHG, MHG, SHH

Die Städtischen Häfen Hannover führen an allen vier Hafenstandorten als Anschlussbahn des nichtöffentlichen Verkehrs eine sogenannte Nebenbahn durch. Alle Standorte verfügen über ein weitverzweigtes Gleisnetz, das sich auf über 100 km erstreckt. Neben der Durchführung des Rangierbetriebes und die Transporte im Gleisanschlussverkehr werden von den Häfen verstärkt bahnlogistische Angebote für interessierte Unternehmen erstellt. Insgesamt stehen 13 Diesellokomotiven, zum Teil mit Funkfernsteuerung, und mehr als 20 eigene Hafenwagen innerhalb der Anschlussbahnen zur Verfügung. Für den im Jahr 1918 gebauten Nordhafen konnte die Aufnahme des Eisenbahnverkehrs im Dezember erfolgen. Der Nordhafen liegt im Stadtteil Stöcken. Hier führt die SHH den Werkverkehr für die Volkswagen AG durch. Bei der Verladung auf Eisenwagen wird die werkeigene Schiebebühne genutzt. Das Gleisnetz der Hafeneisenbahn im Nordhafen umfasst 44 km und wird mit sieben hafeneigenen Diesellokomotiven befahren. Tarifbahnhof ist Hannover-Nordhafen.

Beschriftung	Baureihe	Ex-Bezeichnung	Bauart-Typ	Firma	Nr.	Baujahr
SHH F 1				Krauss-Maffei	19 696	1974
SHH F 2				Maschinenbau AG Kiel	700 022	1977
SHH F 3				Maschinenbau AG Kiel	700 071	1982
SHH F 4				Maschinenbau AG Kiel	700 090	1987
SHH F 5				Maschinenbau AG Kiel	700 102	1992
SHH F 6	211 112		V 100.10	Maschinenbau AG Kiel	1000 130	1962
SHH F 7				KHD	57 853	1965
SHH F 8				KHD	58 231	1968
SHH F 10				Maschinenbau AG Kiel	500 055	1971
SHH	998 226	Bereisungswagen				

Siemens Siemens Dispolok GmbH

Beschriftung	Baureihe	Ex-Bezeichnung	Bauart-Typ	Firma	Nr.	Baujahr
SIEMENS-Lokpool	ME 26-01	6.661	DE 1024 Bauart	MaK	30 005	1995
SIEMENS-Lokpool	ME 26-02	6.662	DE 1024 Bauart	MaK	30 006	1995
SIEMENS-Lokpool	ME 26-03	6.663	DE 1024 Bauart	MaK	30 007	1995
SIEMENS-Lokpool	ME 26-04	6.664	DE 1024 Bauart	MaK	30 008	1995
SIEMENS-Lokpool	ME 26-05	6.665	DE 1024 Bauart	MaK	30 009	1995
SIEMENS-Lokpool	ME 26-06	6.666	DE 1024 Bauart	MaK	30 010	1995
SIEMENS-Lokpool	ME 26-07	6.667	DE 1024 Bauart	MaK	30 011	1995
SIEMENS-Lokpool	ME 26-08	6.668	DE 1024 Bauart	MaK	30 012	1995
SIEMENS-Lokpool	ME 26-09	6.669	DE 1024 Bauart	MaK	30 013	1995
SIEMENS-Lokpool	ME 26-10	6.670	DE 1024 Bauart	MaK	30 014	1995
SIEMENS-Lokpool	ME 26-11	6.671	DE 1024 Bauart	MaK	30 015	1995
SIEMENS-Lokpool	ME 26-12	6.672	DE 1024 Bauart	MaK	30 017	1995
SIEMENS-Lokpool		6.673	Ersatzteilspender			
SIEMENS-Lokpool	127 001	ES 64P-001	Eurosprinter	Krauss-Maffei/Siemens		
SIEMENS-Lokpool	152 901	ES 64F-00 1	BR 152 DB	Krauss-Maffei/Siemens		
SIEMENS-Lokpool	152 902	ES 64F-002	BR 152 DB	Krauss-Maffei/Siemens	20 448	2000
SIEMENS-Lokpool	1116 901	ES 64U 2-901	BR 1116 ÖBB	Krauss-Maffei/Siemens		
SIEMENS-Lokpool	1116 902	ES 64U 2-902	BR 1116 ÖBB	Krauss-Maffei/Siemens		
SIEMENS-Lokpool	1116 903	ES 64U 2-903	BR 1116 ÖBB	Krauss-Maffei/Siemens		
SIEMENS	Parsifal	ex W. Waggon-Bau RE	RK 8 B	Jung	14 126	1971
SIEMENS	708 302	188 3	Messtriebwagen			

Siemens-Dispo-Lok der Bauart ME 26-07 in Gladbeck im August 2000

Siemens-Lok 352 001 in Gladbeck im September 1998

Siemens-Dispo-Lok 152 901 bei der Durchfahrt München-Pasing

Foto: Janikowski

SKB Schleifkottenbahn GmbH Halver NRW

Auf der Schleifkottenbahn im Sauerland auf der Strecke Halver-Oberbrügge ist eine Wiederaufnahme des Güterverkehrs geplant.

SKB Schleswiger Kreisbahn Schleswig-Holstein

Beschriftung	Baureihe	Ex-Bezeichnung	Bauart-Typ	Firma	Nr.	Baujahr
SKB V 32			240 C	MaK		1955
SKB V 33			240 C	MaK		1955
SKB V 35			240 C	MaK		1961

SK-Kiel Seehafen Kiel GmbH & Co KG Kiel Schleswig-Holstein

Der Seehafen Kiel zählt zu den vielseitigsten Häfen an der Ostsee. Seine günstige Lage und der direkte Anschluß an das Binnenwasserstrassen-, Schienen- und Streckennetz machen den Hafen für den Güterumschlag und den Passagierverkehr attraktiv. Der Seehafen Kiel betreibt im Güterverkehr die öffentlichen nichtbundeseigenen Eisenbahnen, kurz NE genannt. Die Eisenbahn Seehafen Kiel GmbH & Co fährt mit ihren Lokomotiven Übergabefahrten aus dem Hafen Kiel und den angrenzenden Gleisen zum Übergabebahnhof der Deutschen Bahn AG durch. Auf den Strecken der Kieler Ostuferbahn mit fünf km, der Eisenbahn Neuwittenbek–Voßbrook und der Kleinbahn Suchsdorf–-Kiel–Wik mit einer Länge von 6,2 km werden nur Güterverkehrsleistungen erbracht. Dafür setzt der Seehafen Kiel Dieselloks der unten aufgeführten Fahrzeugtypen ein.

Lok 1 (oben rechts), Lok 2 (unten links) und Lok 4 (unten rechts) der Seehäfen Kiel 1997 während einer Fahrzeugschau 100 Jahre KSE

Beschriftung	Baureihe	Ex-Bezeichnung	Bauart-Typ	Firma	Nr.	Baujahr
SK 1			450 C	MaK	400 037	1961
SK 2 II			G 1100 BB	MaK	800 190	1978
SK 3			240 C	MaK	220 059	1960
SK 4 II			G 1203 BB	MaK	1 000 853	1991
SK 5	323 143	ex SK 16	Köf II	Deutz	57 288	1959
SK 6			G 1206 BB	VSFT	1 001 137	2001

SK-Siegen Siegener Kreisbahn GmbH Siegen NRW

Im Siegerland wickelt die Siegener Kreisbahn GmbH den Güterverkehr auf ihren Strecken ab. Bedient wird ein großer Kundenkreis. Das Streckennetz der SK-Siegen umfasst etwa 47 Kilometer. Diese Gesellschaft entstand aus dem Zusammenschluss mehrerer Bahnen. Im Jahr 1953 wurde die Eisern-Siegener Eisenbahn und deren Strecken übernommen. Es folgten im Jahr 1970 die Kleinbahn Weidenau–Deuz–Irmgarteichen und die Freien Grunder Eisenbahn, die ebenfalls ihre Strecke Herdorf–Salchendorf–Pfannenberg in die Siegener Kreisbahnen einbrachte. Der Personenverkehr endete bereits 1967. Heute verfügt die SK-Siegen über eine öffentliche Infrastruktur von rund 47 km Gleislänge. Diese teilen sich auf die Niederlassungen wie folgt auf: Kleinbahn Weidenau-Deuz mit 23,8 km, Siegener Kreisbahn Kreuztal mit 3,4 km, Freien Grunder Eisenbahn mit 12,0 km und die Strecke der Eisern-Siegener Eisenbahn mit 7,7 km.

Doch keine dieser Niederlassungen ist miteinander verbunden und nur über das Netz der DB-AG zu erreichen. Zur Abwicklung setzt die SK-Siegen sechs Diesellokomotiven ein. Die Werkstatt für diese Loks befindet sich in Eintracht. Die Siegener Kreisbahn GmbH ist im Besitz der Genehmigungen von Eisenbahnverkehrsleistungen im öffentlichen Personen- und Güterverkehr.

Beschriftung	Baureihe	Ex-Bezeichnung	Bauart-Typ	Firma	Nr.	Baujahr
SK 11			R 42 C	Jung	13 119	1960
SK 12		an BLE vermietet	R 42 C	Jung	13 117	1959
SK 17			R 42 C	Jung	13 286	1961
SK 31			G 763 C	MaK	700 093	1989
SK 32			G 763 C	MaK	700 099	1990
SK 33			G 763 C	MaK	700 110	1993
SK 41		HLB 832	DE 1002	MaK	1 000 832	1988
SK 42			G 1700 BB	VSFT	1 001 108	2001
SK 651		angemietet von LSG	DE 1002	MaK	1 000 793	1981

Logo der Siegener Kreisbahn

Lok 11 der Siegener Kreisbahn beim Lokschuppen-Fest in Siegen

Lok 33 der Siegener Kreisbahn in Moers

Lok 41 der Siegener Kreisbahn vor der Halle der VSFT in Moers

SL ShortLines B.V. Rotterdam Niederlande

Nach Einbau der benötigten Indusi für Deutschland und dem Zugsicherungsystem ATB-L für die Niederlande und Belgien will das Unternehmen ShortLine mit eigenen Streckenloks der Bauart Classic 66 GM-EMD ab 2002 einen Containerzugverkehr zwischen dem Hafen Rotterdam und dem Duisburger-Ruhrorter Hafen aufnehmen.

Beschriftung	Bauart-Typ	Firma
SL 1001	V 60 D	
SL 66.003	JT 42 CWR	GM-EMD
SL 66.004	JT 42 CWR	GM-EMD

SLG-Spitzke Spitzke Logistik GmbH Berlin

Die Spitzke Logistik GmbH wurde im Jahre 1998 mit dem Ziel gegründet, den wachsenden Bedarf an logistischer Planung und Durchführung im Sektor Gleisbereich zu befriedigen. Eine offizielle Genehmigung als Eisenbahn-Verkehrs-Unternehmen des Güterverkehrs wurde für die GmbH im April 2000 erteilt. Das Unternehmen setzt ihre Fahrzeuge überwiegend im Bauzugdienst in ganz Deutschland ein. Auch auf der Neubaustrecke Köln–Frankfurt werden Fahrzeuge der SLG eingesetzt. Zur Verfügung stehen Loks der Baureihe 202, 228, 346 als Ex-DR beziehungsweise DB-Fahrzeuge.

Beschriftung	Baureihe	Ex-Bezeichnung	Bauart-Typ	Firma	Nr.	Baujahr
SLG V 22-SP-030		Ebfr. Hoher Fläming Belzig	V 22	LOB	262 216	1969
SLG V 60-SP-010	346 657	106 657	V 60 D	VEB Lokbau E. Werke	12 628	1970
SLG V 60-SP-011			V 60 D	VEB Lokbau E. Werke	13 746	1973
SLG V 60-SP-012		Di 462-65-B4 ex BKK	V 60 D	VEB Lokbau E. Werke	15 202	1976
SLG V 60-SP-013			V 60 D	VEB Lokbau E. Werke		
SLG V 100-SP-001	202 846	112 846/110 846	V 100.4 Umbau	VEB Lokbau E. Werke	15 231	1976
SLG V 100-SP-002	202 547	112 547/110 547	V 100.4 Umbau	VEB Lokbau E. Werke	13 586	1973
SLG V 100-SP-003	202 677	112 677/110 677	V 100.4 Umbau	VEB Lokbau E. Werke	14 378	1974
SLG V 180-SP-020	228 203	118 203/ex PEG	V 180 0	VEB Lokbau K. Marx	280 003	1966
SLG AMP 6	201 211	angemietet	V 100.4	VEB Lokbau E. Werke	12 493	1971

Lok V 60 - SP 011 der Firma Spitzke Logistik während eines Bauzugeinsatzes im Essener Hauptbahnhof

Lok V 100 - SP 011 der Firma Spitzke Logistik in Duisburg-Ruhrort am 25. Februar 2001

V 180 - SP 020 der Spitzke Logistik in Wustermark
Foto: Geißler

Schmolz Schmolz & Bickenbach Düsseldorf NRW

Beschriftung	Baureihe	Ex-Bezeichnung	Bauart-Typ	Firma	Nr.	Baujahr
Schmolz	261 671	V 60 671	V 60		600 260	1959

SOEG Sächsisch-Oberlausitzer Eisenbahngesellschaft mbl Zittau Sachsen

Auf eine lange Geschichte kann diese Bahn zurückblicken. Im Jahr 1890 nahm sie bereits ihren Regelbetrieb auf, 2001 konnte man auf 111 Jahre Zittauer Schmalspurbahnen und auf fünf Jahre Sächisch-Oberlausitzer Eisenbahngesellschaft zurückblicken, denn im Dezember 1996 wurde die SOEG gegründet und die Betriebszuführung von der DB-AG übernommen. Mit der Bimmelbahn ins Zittauer Gebirge führt die Strecke von Zittau nach Bertsdorf. Von dort aus verzweigt sie zum Kurort Jonsdorf und zum östlich gelegenen Kurort Oybin. Im Touristik-Verkehr und bei Sonderfahrten setzt die SOEG-GmbH Dampflokomotiven der Baureihe 99 ein. Eisenbahnfreunde können auf diesen Maschinen zum Ehrenlokführer ausgebildet werden.

Beschriftung	Baureihe	Ex-Bezeichnung	Bauart-Typ	Firma	Nr.	Baujahr
SOEG 99 731	99 731	99 1731		Hartmann	4 678	1928
SOEG 99 735	99 735	99 1735		Hartmann	4 682	1928
SOEG 99 749	99 749	99 1749		Schwartzkopf	9 538	1929
SOEG 99 750	99 750	99 1750		Schwartzkopf	9 539	1929
SOEG 99 757	99 757	99 1757		Schwartzkopf	10 148	1933
SOEG 99 758	99 758	99 1758		Schwartzkopf	10 149	1933
SOEG 99 760	99 760	99 1760		Schwartzkopf	10 151	1933
SOEG 99 787	99 787	99 1787		LKM	132 028	1955
SOEG 101 020	311 020		V 10 C	LKM		

SRS Schmierstoff Rafferinerie Salzbergen Salzbergen Niedersachsen

Beschriftung	Baureihe	Ex-Bezeichnung	Bauart-Typ	Firma	Nr.	Baujahr
SRS 1		Salzbergen Nr. 1	LDE 80	BMAG	10 633	1937
SRS 2			KG 230 Ex	Deutz	57 192	1962
SRS 653		an Eisenbahnmuseum	DHG 240 Ex	Henschel	30 684	1964

Stadtwerke Stadtwerke Chemnitz Chemnitz Sachsen

Beschriftung	Baureihe	Ex-Bezeichnung	Bauart-Typ	Firma	Nr.	Baujahr
Stadtwerke 4	201 067			VEB Lokbau E. Werke	11 905	1968

Stadtwerke Hafenbahn der Stadtwerke Düsseldorf Düsseldorf NRW

Beschriftung	Baureihe	Ex-Bezeichnung	Bauart-Typ	Firma	Nr.	Baujahr
Stadtwerke DL 1		an Vennbahn	DH 240	Henschel	25 483	1956
Stadtwerke DL 2		nicht mehr vorhanden				
Stadtwerke DL 3			G 761	MaK	70 060	1981
Stadtwerke DL 4			R 43 C	Jung	14 162	1972

Diesellok der Hafenbahn der Stadtwerke Düsseldorf DL 3

Diesellok der Hafenbahn der Stadtwerke Düsseldorf DL 4

Stadtwerke Hafenbahn der Stadtwerke Hamm Hamm NRW

Beschriftung	Baureihe	Ex-Bezeichnung	Bauart-Typ	Firma	Nr.	Baujahr
Stadtwerke 1			MB 300 N	Orenstein & Koppel	26 878	1976
Stadtwerke 2			MB 300 N	Orenstein & Koppel	26 879	1976
Stadtwerke 3			MB 280 N	Orenstein & Koppel	26 754	1972

STB Süd-Thüringen-Bahn Meiningen GmbH Meiningen Thüringen

Die Süd-Thüringen-Bahn ist ein Zusammenschluß der Erfurter Industriebahn und der Hessischen Landesbahn. Die Bedienung der Strecke Wernshausen–Schmalkalden–Zella–Mehlis wurde im Jahr 2001 aufgenommen. Auch im Bereich der Kursbuchstrecken 569 und 575 zwischen Eisfeld und Eisenach sind die Regio-Shuttle-Triebwagen der STB anzutreffen. Ab 2002 soll von der Süd-Thüringen-Bahn auch die Strecke Erfurt–Ilmenau bedient werden. Mit der Anschaffung von sechs neuen Triebwagen will die STB ihren Fahrzeugpark erweitern.

Beschriftung	Bauart-Typ	Firma	Baujahr
STB VT 101	Regio-Shuttle	ADtranz	2000
STB VT 102			2000
STB VT 103			2000
STB VT 104			2000
STB VT 105			2000
STB VT 106			2000
STB VT 107			2000
STB VT 108			2000
STB VT 109			2000
STB VT 110			2001
STB VT 111			2001
STB VT 112			2001
STB VT 113			2001

Triebwagen VT 103 der Süd-Thüringen-Bahn Meiningen im Bw. Weimar

Beschriftung	Bauart-Typ	Firma	Baujahr
STB VT 114			2001
STB VT 115			2001
STB VT 116			2001
STB VT 117			2001
STB VT 118			2001
STB VT 119			2001
STB VT 120	Regio-Shuttle	ADtranz	2001
STB VT 121			2001
STB VT 122			2001
STB VT 123			2001
STB VT 124			2001
STB VT 125			2001
STB VT 126			2001

STE Strausberger Eisenbahn GmbH Strausberg Brandenburg

Die Strausberger Eisenbahn GmbH in Brandenburg betreibt zwischen Strausberg-Vorstadt und Strausberg-Stadt mit Straßenbahn-Triebwagen und Elektrolokomotiven den Personennahverkehr als vollwertiges Eisenbahn-Verkehrs-Unternehmen. Blättert man in ihrer interessanten Geschichte nach, kann man feststellen, dass diese Bahn schon im August 1893 als Strausberger Kleinbahn gegründet wurde. Die Strecke führte von Strausberg-Vorstadt nach Strausberg-Stadt und hatte eine Länge von 6,5 km.

Beschriftung	Baureihe	Ex-Bezeichnung	Bauart-Typ	Firma	Nr.	Baujahr
STE 1		Traditionstriebwagen	Triebwagen	Wismar		1921
STE 13		BVG 721 040	Triebwagen			
STE 14		Bulle	E-Lok	LEW	9 890	1960
STE 15			E-Lok	LEW	10 051	1963
STE 16			Triebwagen	Uerdingen		1925
STE 21			Triebwagen	CKD		1990
STE 22			Triebwagen	CKD		1989
STE 23			Triebwagen	CKD		1989

Steil Theo Steil GmbH Metallgroßhandel Trier Rheinland-Pfalz

Beschriftung	Baureihe	Ex-Bezeichnung	Bauart-Typ	Firma	Nr.	Baujahr
Steil Theo 1	323 761	Köf 6561	Köf II	Gmeinder	5 195	1960
Steil Theo 2	323 920	Köe 4303	Köf II	Krauss-Maffei	15 439	1934
Steil Theo 3	322 506	Kö 6023	Köf II	Krauss-Maffei	15 562	1935

StEK Städtische Eisenbahn Krefeld Krefeld NRW

Die Städtische Eisenbahn Krefeld fährt seit Mai 1999 dreimal wöchentlich im Auftrag der DB-Cargo Züge auf der Strecke Krefeld–Goch. Zuglok war die von der BGW angemietete Lok der DB-Baureihe 211 und nach Neuanschaffung die G 1206 der VSFT. Desweiteren befördert die StEK einen Kesselzug vom Krefelder Hafen nach Gladbeck-West.

Ankunft der StEK-Diesellok mit einem Kesselzug im Bahnhof Gladbeck

Beschriftung	Baureihe	Ex-Bezeichnung	Bauart-Typ	Firma	Nr.	Baujahr
StEK D I			G 763 C	MaK	700 069	1982
StEK D II			G 763 C	MaK	700 070	1983
StEK D III		an WLS 5.2001 verkauft	R 40 C	Jung	12 347	1956
StEK D IV			G 1206	VSFT	1 001 020	2000
StEK D V			V 10 B	LKM	252 537	1970
StEK D VI			R 42 C	Jung	13 340	1964
BGW DH 110.02	211 271	angemietet BGW	V 100.10			

Wagen der StEK Krefeld in Krefeld-Oppum am 11. August 1985

Diesellok der StEK Krefeld

StM Betriebe der Stadt Mühlheim Mühlheim NRW

Beschriftung	Baureihe	Ex-Bezeichnung	Bauart-Typ	Firma	Nr.	Baujahr
StM 9		RAG 456	DHG 500	Henschel	30 859	1965

StMB Steinhuder Meer-Bahn GmbH Wunstdorf Niedersachsen

Die Steinhuder Meer-Bahn GmbH betreibt die Strecke Wunstorf-West nach Bokeloh-Mesmerode und transportiert überwiegend Kali des Schachtes Sigmundshall auf ihrer nur etwa sechs km langen Strecke. Personenverkehr erlebt sie schon seit 1964 nicht mehr. Dafür betreibt sie aber umfangreichen Personenverkehr mit ihren Bussen.

Beschriftung	Baureihe	Ex-Bezeichnung	Bauart-Typ	Firma	Nr.	Baujahr
StMB DL 33	DL 33		240 C	MaK	220 030	1955
StMB DL 263	DL 263		240 B	MaK	220 023	1955

STU Stahlwerke Thüringen GmbH Unterwellenborn Thüringen

Die Stahlwerke Unterwellenborn in Thüringen, eine reine Werkbahn der ehemaligen Maxhütte, verfügt über Dieselloks der ehemaligen Baureihen 201, 293 und 298 der DB bzw. DR. In Betrieb waren auch Maschinen der Bauart V 10 und V 60 D der Deutschen Reichsbahn. Bisher wurden nur Leistungen zwischen Bad Blankenburg und Könitz erbracht. Seit Mitte des Jahres 2001 verfügt die STU auch über die Zulassung als Eisenbahn-Verkehrs-Unternehmen und kann nun auch Leistungen für Dritte erbringen.

Beschriftung	Baureihe	Ex-Bezeichnung	Bauart-Typ	Firma	Nr.	Baujahr
STU			V 10			
STU			V 60 D			
STU			V 60 D			
STU			V 60 D			
STU			V 60 D			
STU			V 60 D			
STU			V 60 D			
STU			V 60 D			
STU			V 60 D			
STU			V 60 D			
STU			V 60 D			
STU			V 60 D			
STU 22	201	201	V 100.4 Umbau	VEB Lokbau E. Werke	16 584	1981
STU 23	293	293	V 100.10	VEB Lokbau E. Werke	17 849	1983
STU 24	298 130	298 130	V 100	VEB Lokbau E. Werke	12 431	1969
STU 25	298 135	298 135	V 100	VEB Lokbau E. Werke	12 436	1969
STU 26	201 171	110 171	V 100	VEB Lokbau E. Werke	12 452	1969
STU 27	201 070	110 070	V 100	VEB Lokbau E. Werke	11 908	1068
STU-ADtranz	201 881 / 999	zeitweilig 1997 angemietet	V 100	VEB Lokbau E. Werke	16 375	1996
STU-	202 309	zeitweilig 1998 angemietet	V 100	VEB Lokbau E. Werke	12 773	1970

SVG Schienenverkehrsgesellschaft mbH Stuttgart Baden-Württemberg

Beschriftung	Baureihe	Ex-Bezeichnung	Bauart-Typ	Firma	Nr.	Baujahr
SVG	118 019	E 18 19		AEG	4 937	1936
SVG Moritz		Kleinbahn Leeste	Köf II	Deutz	46 383	1947
SVG	425 120-3	OeBB, ex DB		MAN	127 289	1935
SVG	425 420-7	OeBB, ex DB		MAN		
SVG	427 105-	DB		MAN	150 116	1964
SVG	427 405-	DB		MAN		
SVG	432 201-2	DB		LHW/BBC		1936
SVG	432 501-2	DB		LHW/BBC		
SVG	465 005	OeBB, ex DB		Esslingen	18 800	1933
SVG VT 102	798 623	OeBB, ex DB	VT 98	Uerdingen	61 978	1956
SVG VT 101	798 752	DKB VT 209	VT 98	WMD	1 292	1960
SVG	825 020-1	OeBB, ex DB		MAN		
SVG	827 005-	DB		MAN		
SVG	832 201	DB				
SVG	865 611-8	DB		Esslingen		
SVG VB 302	996 302	DB	VB 98	Rathgeber	20 302	1961
SVG VS 601	998 800	DKB VS 252	VS 98	MAN	1 320	1959

SWEG Südwestdeutsche Verkehrs AG Lahr Baden-Württemberg

Die SWEG ist das regionale Dienstleistungsunternehmen des Landes Baden-Württemberg und betreibt auf mehreren Strecken den Schienenpersonen- und Güterzugverkehr. Entstanden ist die Südwestdeutsche Verkehrs AG aus dem Zusammenschluss der Mittelbadischen Eisenbahn AG, der Deutschen Eisenbahn-Betriebs-Gesellschaft und der Süddeutschen Eisenbahngesellschaft. Das Verkehrsgebiet der SWEG erstreckt sich von Weil am Rhein und Lörrach im Süden und von Baden-Württemberg bis in den Raum von Bad Mergentheim im Nordosten. Nahverkehrsleistungen werden auf den Strecken Offenburg–Kehl–Straßburg, Offenburg–Appenweiher–Bad Griesbach und Offenburg–Hausach erbracht. Eingesetzt werden Triebwagen Regio-Shuttle.

Verkehrsbetriebe der SWEG:

Achern-Ottenhöfen (AO)
Biberach-Oberharmersbach (BOH)
Endingen-Kaiserstuhlbahn (KB)
Furtwangen
Lahr (MES)
Meckesheim-Aglasterhausen (MAH)
Möckmühl-Dörzbach (MD)
Müllheim-Badenweiler
Ortenau-Regio-Bus GmbH
Breisgau-S-Bahn
Ortenau-S-Bahn
Staufen-Münstertalbahn (MT)
Schwarzach (MEN)
Weil am Rhein
Wiesloch
Zell am Hamersbach

MAN-VS 141 der SWEG im Juli 1984 in Ottenhöfen

SWEG-Triebwagen in Döttelbach Juli 1984

Der VT 104 der SWEG in Biberach wartet auf seine Fahrgäste am 14. Oktober 1997

SWEG-Triebwagen VT 126 in Freiburg April 1990

Beschriftung	Baureihe	Ex-Bezeichnung	Bauart-Typ	Firma	Nr.	Baujahr
SWEG 20			Bn2t	MBG	2 367	1928
SWEG 28		Dampflok T 3	Cn2t	Borsig	4 788	1900
SWEG SKL 53-0070			KLv 53	IWK		1967
SWEG V 22-01			V 12-16 750 mm	Gmeinder	5 413	1955
SWEG V 22-02			V 12-16 750 mm	Gmeinder	5 414	1965
SWEG V 22-03			L0 B 750 mm	Jung	11 770	1953
SWEG V 23-01			V 23	Gmeinder	5 491	1973
SWEG V 70 01		MEG	D 65 BB	Gmeinder	5 117	1959
SWEG V 100			G 1202 BB	MaK	1 000 801	1982
SWEG V 102			D 100 BB	Gmeinder	5 647	1985
SWEG V 103			D 100 BB	Gmeinder	5 648	1985
SWEG VB 112				MAN		
SWEG VB 118						
SWEG VB 226				Hansa-Waggonbau		1959
SWEG VB 236		AKN VT 6		Esslingen	23 349	1951
SWEG VB 238		AKN VT 8		Esslingen	23 788	1955
SWEG VB 240			NE 81	Waggon-Union	33 624	1985
SWEG VB 242			NE 81	Waggon-Union	33 636	1985
SWEG VS 50				MAN	150 118	1964
SWEG VS 51				MAN	150 119	1964
SWEG VS 111				MAN		
SWEG VS 141						
SWEG VS 142				MAN	143 548	1958
SWEG VS 202			NE 81	Waggon-Union	33 631	1985
SWEG VS 203			NE 81	Waggon-Union	33 632	1985
SWEG VS 204			NE 81	Waggon-Union	33 633	1985
SWEG VS 206						
SWEG VS 242			NE 81	Waggon-Union		
SWEG VS 470			NE 81	Waggon-Union		
SWEG VT 6		VEV VT 6		MAN	141 750	1955
SWEG VT 7 II				MAN	151 287	1966
SWEG VT 9			einteilig	MAN	151 436	1969
SWEG VT 11		Homburg VT 11		MAN	141 757	1955
SWEG VT 23		MEG		MAN	142 782	1956
SWEG VT 25		MEG		MAN	145 166	1960
SWEG VT 26		MEG	einteilig	MAN	146 643	1962
SWEG VT 27		MEG		MAN	151 132	1966
SWEG VT 28		MEG	einteilig	MAN	151 210	1967
SWEG VT 102		DEBG	einteilig	Esslingen	23 500	1952
SWEG VT 104		DEBG		Esslingen	23 498	1952
SWEG VT 112		BE VT 4		Esslingen	25 058	1958
SWEG VT 114		Moselbahn T 64		Esslingen	23 497	1952
SWEG VT 120			NE 81	Waggon-Union	30 895	1981
SWEG VT 121			NE 81	Waggon-Union	30 896	1981
SWEG VT 122			NE 81	Waggon-Union	30 897	1981
SWEG VT 125			NE 81	Waggon-Union	30 900	1981
SWEG VT 126			NE 81	Waggon-Union	33 637	1985
SWEG VT 127			NE 81	Waggon-Union	33 638	1985
SWEG VT 300		Rhein-Sieg-Eb. T 5		Wismar	21 147	1941
SWEG VT 303		Krsb. Oster.-Kr. T 1		Dessau	3 085	1935
SWEG VT 501	VT 501		Regio-Shuttle	ADtranz	36 555	1996
SWEG VT 502	VT 502		Regio-Shuttle	ADtranz	36 556	1997
SWEG VT 503	VT 503		Regio-Shuttle	ADtranz	36 557	1997
SWEG VT 504	VT 504		Regio-Shuttle	ADtranz	36 558	1997
SWEG VT 505	VT 505		Regio-Shuttle	ADtranz	36 559	1997
SWEG VT 506	VT 506		Regio-Shuttle	ADtranz	36 560	1997
SWEG VT 507	VT 507		Regio-Shuttle	ADtranz	36 561	1997
SWEG VT 508	VT 508		Regio-Shuttle	ADtranz	36 562	1997
SWEG VT 509	VT 509	eingesetzt bei OSB	Regio-Shuttle	ADtranz	36 615	1998
SWEG VT 510	VT 510	eingesetzt bei OSB	Regio-Shuttle	ADtranz	36 616	1998
SWEG VT 511	VT 511	eingesetzt bei OSB	Regio-Shuttle	ADtranz	36 617	1998
SWEG VT 512	VT 512	eingesetzt bei OSB	Regio-Shuttle	ADtranz	36 618	1998
SWEG VT 513	VT 513	eingesetzt bei OSB	Regio-Shuttle	ADtranz	36 619	1998
SWEG VT 514	VT 514	eingesetzt bei OSB	Regio-Shuttle	ADtranz	36 620	1998
SWEG VT 515	VT 515	eingesetzt bei OSB	Regio-Shuttle	ADtranz	36 621	1998
SWEG VT 516	VT 516	eingesetzt bei OSB	Regio-Shuttle	ADtranz	36 622	1998
SWEG VT 517	VT 517	eingesetzt bei OSB	Regio-Shuttle	ADtranz	36 623	1998
SWEG VT 518	VT 518	eingesetzt bei OSB	Regio-Shuttle	ADtranz	36 624	1998
SWEG VT 519	VT 519	eingesetzt bei OSB	Regio-Shuttle	ADtranz	36 625	1998

Beschriftung	Baureihe	Ex-Bezeichnung	Bauart-Typ	Firma	Nr.	Baujahr
SWEG VT 520	VT 520	eingesetzt bei OSB	Regio-Shuttle	ADtranz	36 626	1998
SWEG VT 521	VT 521	eingesetzt bei OSB	Regio-Shuttle	ADtranz	36 627	1998
SWEG VT 522	VT 522	eingesetzt bei OSB	Regio-Shuttle	ADtranz	36 628	1998
SWEG VT 523	VT 523	eingesetzt bei OSB	Regio-Shuttle	ADtranz	36 629	1998
SWEG VT 524	VT 524	eingesetzt bei OSB	Regio-Shuttle	ADtranz	36 630	1998
SWEG VT 525	VT 525	eingesetzt bei OSB	Regio-Shuttle	ADtranz	36 631	1998
SWEG VT 526	VT 526	eingesetzt bei OSB	Regio-Shuttle	ADtranz	36 632	1998
SWEG VT 527	VT 527	eingesetzt bei OSB	Regio-Shuttle	ADtranz	36 633	1998

SWK Städtische Werke Krefeld AG Krefeld NRW

Die Städtischen Werke Krefeld AG wurden erst 1990 gegründet, es handelt sich um die ehemalige Krefelder Verkehrs AG, kurz KREVAG genannt. Der Streckenabschnitt Hüls–Hülser Berg wurde 1870 eröffnet, damals noch im Besitz der Crefeld-Kreis Kempener Industrie-Eisenbahn-Gesellschaft. 1874 mußte die Gesellschaft Konkurs anmelden und der Eisenbahnverkehr ruhte bis 1880. In diesem Jahr wurde die Strecke durch die neue Crefelder Eisenbahn-Gesellschaft wieder zum Leben erweckt. Auf 17 Kilometern Länge zwischen Krefeld-Nord und St. Tönnis betreiben die Städtischen Werke Krefeld den Güterverkehr. Auch Personenverkehr wird im Sommer an den Wochenden meist mit der Dampflok Graf Bismarck XV mit der Kennung 98 8921 durchgeführt.

Beschriftung	Baureihe	Ex-Bezeichnung	Bauart-Typ	Firma	Nr.	Baujahr
SWK 1	988921	Graf Bismarck XV	D 600	Henschel	29 893	1947
SWK V 6		Krevag 2	RC 42	Jung	13 429	1963
SWK V 6 II			G 500 C	MaK	500 075	1975
SWK V 7		Dortmunder Bergbau AG	240 B	MaK	220 051	1958

TAG Tegernsee-Bahn-AG Bayern

Die Tegernsee-Bahn AG besitzt ihren Namen erst seit Übernahme der damaligen Eisenbahn AG Schaftlach-Gmund am Tegernsee am 21. August 1942. Diese Gesellschaft konnte bereits im August des Jahres 1883 die 7,7 km lange Strecke Schaftlach–Gmund eröffnen. Erst 1902 kam der Streckenabschnitt Gmund–Tegernsee hinzu. Der Personenverkehr wurde mit Dampflokomotiven des Herstellers Krauss bzw. Krauss-Maffei abgewickelt, bevor auch hier 1942 der erste Triebwagen VT 25 seinen Dienst antrat. Neben diesem Triebwagen gesellten sich 1963 noch zwei ehemalige Triebwagen der Altona-Kaltenkirchen-Neumünster hinzu. Neben Dieselloks verfügt die TAG auch über eigene Personenwagen, die zum Teil als Kurswagen zwischen München und Lenggries und abwechselnd auch nach Tegernsee eingesetzt wurden. Die TAG gibt es offiziell nur noch als Betreiber der Strecke Schaftlach–Tegernsee, da der SPNV mittlerweile von der BOB übernommen wurde. Die ehemaligen Fahrzeuge der TAG wurden verkauft.

Dampflok TAG 7 1988 in Altomünster

Dampflok TAG 8 1988 in Altomünster

Diesellok der TAG in Tegernsee am 5. August 1991

Die Diesellok V 65-12, hier im Dienst der TAG, wurde an die ESG verkauft

Auch Reisezugwagen gibt es bei der Tegernsee-Bahn

Beschriftung	Baureihe	Ex-Bezeichnung	Bauart-Typ	Firma	Nr.	Baujahr
TAG 1	Dampflok		Cn2t	Krauss	1 202	1883
TAG 2	Dampflok		Cn2t	Krauss	1 203	1883
TAG 3	Dampflok		Cn2t	Krauss	4 672	1901
TAG 4	Dampflok	an TCCD Türkei	Cn2t	Krauss	5 159	1904
TAG 5	Dampflok	Kesselschaden 1957	Dn2t	Krauss	6 967	1914
TAG 6	Dampflok	Schrott Schulz München	Dn2t	Krauss	8 315	1924
TAG 7	Dampflok	an BLV	1'D1'h2t	Krauss-Maffei	15 582	1936
TAG 8	Dampflok	an BEM Nördlingen	1'C2'	Krauss-Maffei	16 317	1942
TAG V 11	Dampflok		G 1100 BB	MaK	800 191	1978
TAG V 14	Dampflok	verkauft nach Österreich	G 1200 BB	MaK	1 000 800	1982
TAG V 65-11	Dampflok	verschrottet 1988		MaK	500 008	1955
TAG V 65-12	Diesellok	verkauft an ESG	650 D	MaK	600 514	1960
TAG VT 1	Triebwagen	an WEG VS 240	2'2'	Esslingen	23 779	1955
TAG VT 25	Triebwagen	verschrottet 1975	(1A)'(A1)'	Esslingen	20 000	1940
TAG VT 26	Triebwagen	an RBG VT 03	B'2'	Esslingen	23 350	1951
TAG 48	Wagen		Bm 232			
TAG 49	Wagen	Liegewagen				
TAG 50	Wagen	Liegewagen				

TE Trossinger Eisenbahn Trossingen Baden-Württemberg

Die Trossinger Eisenbahn wurde 1898 als elektrische Nebenbahn eröffnet. Die etwa nur fünf km lange Strecke verbindet Trossingen mit der Bundesbahnstrecke Rottweil und Villingen. Im Jahre 1998 konnte diese Bahn ihren 100. Geburtstag feiern.

Einer der Triebwagen der Trossinger Eisenbahn im Bahnhof Trossingen

Beschriftung	Baureihe	Ex-Bezeichnung	Bauart-Typ	Firma	Nr.	Baujahr
TE EL 4 Lina		Lina		AEG	160	1902
TE T 1 Zeug Christe		Zeug Christe	einteilig	MAN/AEG	369	1898
TE T 3				Esslingen/AEG	19 254	1938
TE T 5			einteilig	Esslingen	24 386	1956
TE T 6			einteilig	Rastatt	21-3	1968
TE B 2		Elias-Museumsfahrzeug	einteilig			1898

Thyssen

Beschriftung	Baureihe	Ex-Bezeichnung	Bauart-Typ	Firma	Nr.	Baujahr
Thyssen 8						
Thyssen 62			DE 500	Henschel	32 563	1983
Thyssen 405		ex RAG 475	DHG 500	Henschel	31 074	1965
Thyssen	322 501	Köf	Karlsruhe			
Thyssen Sonnenberg GmbH	322 663	Kö 4239	Mannheim			
Thyssen Sonnenberg GmbH	322 501	Kö 4249	Karlsruhe			
Thyssen Sonnenberg GmbH	323 127	Köf 6414	Mannheim	Deutz	57 272	1959
Thyssen Sonnenberg GmbH	323 716	Köf 6516	Heilbronn	Gmeinder	5 150	1960
Thyssen Sonnenberg GmbH	323 771	Köf 6571	Koblenz	Gmeinder	5 205	1960
Thyssen Dück GmbH & Co	-		Haidhof-Teublitz	Deutz	57 964	1966
Thyssen Dück GmbH & Co	323 764	Köf 6564	Haidhof-Teublitz	Gmeinder	5 198	1960
Thyssen Dück GmbH & Co	332 071	Köf 11 071	Haidhof-Teublitz	Gmeinder	5 312	1964

Thyssen-Lok 8, eine zweiachsige Diesellok von Henschel

Thyssen 405 in Gladbeck, die Ex-Lok 475 der RAG

Thyssen-Lok der Bauart DE 500 Henschel
32 563 aus dem Jahre 1983

TLG Transport & Logistik GmbH Köthen Sachsen-Anhalt

Die Transport & Logistik GmbH aus Köthen in Sachsen-Anhalt setzt ihre Fahrzeuge überwiegend im Bauzugdienst in ganz Deutschland ein. Für ihren Einsatz als öffentliches Eisenbahn-Verkehrs-Unternehmen setzt die TLG für Bahnbaustellen die unterschiedlichsten Diesellokomotiven der ehemaligen Deutschen Reichsbahn ein. Versehen sind diese meist mit einer gelben Lackierung mit blauem Streifen.

Beschriftung	Baureihe	Ex-Bezeichnung	Bauart-Typ	Firma	Nr.	Baujahr
TLG 1	293	710 968	V 100.4 Umbau	ADtranz-Leihlok	72 340	1999
TLG 2	201 881/999	293	V 100.Ost	VEB Lokbau E. Werke	16 375	1996
TLG 3		Deuna 2	V 60 D	VEB Lokbau E. Werke	13 783	1973
TLG 4	-	Buna 79	V 60 D	VEB Lokbau E. Werke	17 416	1980
TLG 5	201	PEG 2	V 100.4 Umbau	VEB Lokbau E. Werke	17 851	1982
TLG 6	201 001	PEG 3	V 100.4 Umbau	VEB Lokbau E. Werke	12 403	1969
TLG 7	201 833	Grashopper	V 100.4 Umbau	VEB Lokbau E. Werke	14 897	1975
TLG 8	293	293	V 100.4 Umbau	ADtranz-Leihlok	72 360	2000
TLG 9	230 077	„Bärbel"	V 300	Woroschilowgrad	0 099	1972
TLG 10	232 446	„Waltraud"	V	Lugansk	0 681	1976
TLG 11	202 494		V 100.4 Umbau	VEB Lokbau E. Werke	13 533	1972
TLG 12	346	PGMG	V 60 D	LEW	15 364	1976
TLG 13	293		V 100.4 Umbau	ADtranz/LEW	72 570	2000
TLG 14	202 207		V 100.4 Umbau	VEB Lokbau E. Werke	12 489	1970
TLG 15	-	KEG 006	V 60 D	VEB Lokbau E. Werke	16 965	1980
TLG 16	202 488	112 488	V 100	VEB Lokbau E. Werke	13 527	1972

Lok 5 der TLG am 6. September 2001 in Gladbeck

TLG-Lok der Ex-DR-Baureihe 230 in Dieringhausen

Diesellok TLG 15 im Bereich des Eisenbahnmuseums Dieringhausen

TLG 13 im Bahnhof Neustadt am 4. Oktober 2000

Trans Regio MB TransRegio Dt. Regionalbahn Moselbahn GmbH Trier Rheinland-Pfalz

Die TransRegio Deutsche Regionalbahn GmbH ist eine Tochtergesellschaft der Moselbahn und der Rheinischen Bahn. Mit ihren Dieseltriebwagen des Typs Regioshuttle werden von der Transregio die Strecken Andernach–Mayen–Kaiseresch, Landstuhl–Kusel und Bullay–Traben-Trabach befahren.

Beschriftung	Bauart-Typ	Firma	Nr.	Baujahr
Trans Regio VT 001	Regio-Shuttle	ADtranz	36 859	2000
Trans Regio VT 002	Regio-Shuttle	ADtranz	36 860	2000
Trans Regio VT 003	Regio-Shuttle	ADtranz	36 861	2000
Trans Regio VT 004	Regio-Shuttle	ADtranz	36 862	2000
Trans Regio VT 005	Regio-Shuttle	ADtranz	36 863	2000
Trans Regio VT 006	Regio-Shuttle	ADtranz	36 864	2000
Trans Regio VT 007	Regio-Shuttle	ADtranz	36 865	2000

VT 014 der TransRegio bei der Ausfahrt des Bahnhofs Mayen am 7. Oktober 2000

Beschriftung	Bauart-Typ	Firma	Nr.	Baujahr
Trans Regio VT 008	Regio-Shuttle	ADtranz	36 866	2000
Trans Regio VT 009	Regio-Shuttle	ADtranz	36 867	2000
Trans Regio VT 010	Regio-Shuttle	ADtranz	36 868	2000
Trans Regio VT 011	Regio-Shuttle	ADtranz	36 869	2000
Trans Regio VT 012	Regio-Shuttle	ADtranz	36 870	2000
Trans Regio VT 013	Regio-Shuttle	ADtranz	36 871	2000
Trans Regio VT 014	Regio-Shuttle	ADtranz	36 872	2000
Trans Regio VT 015	Regio-Shuttle	ADtranz	36 873	2000
Trans Regio VT 016	Regio-Shuttle	ADtranz	36 874	2000
Trans Regio VT 017	Regio-Shuttle	ADtranz	36 875	2000
Trans Regio VT 018	Regio-Shuttle	ADtranz	36 876	2000
Trans Regio VT 019	Regio-Shuttle	ADtranz	36 877	2000

VT 001-003-011 der TransRegio im Bahnhof von Mayen-West

TSB Verkehrsverbund Hochtaunus Bad Homburg Hessen

Beschriftung	Baureihe	Ex-Bezeichnung	Bauart-Typ	Firma	Nr.	Baujahr
TSB VT 11			VT 2 E	LHB	11 A/B	1992
TSB VT 12			VT 2 E	LHB	12 A/B	1992
TSB VT 13			VT 2 E	LHB	13 A/B	1992
TSB VT 14			VT 2 E	LHB	14 A/B	1992
TSB VT 15			VT 2 E	LHB	15 A/B	1992
TSB VT 16			VT 2 E	LHB	16 A/B	1992
TSB VT 17			VT 2 E	LHB	17 A/B	1992
TSB VT 18			VT 2 E	LHB	18 A/B	1992
TSB VT 19			VT 2 E	LHB	19 A/B	1992
TSB VT 20			VT 2 E	LHB	20 A/B	1992
TSB VT 21			VT 2 E	LHB	21 A/B	1992

TSD Transport-Schienen-Dienst GmbH Burbach NRW

Die Fahrzeuge der ehemaligen DR Baureihe 110 der Transport-Schienen-Dienst GmbH aus Burbach sind bei der EBM in Dieringhausen eingestellt. Die TSD, die ihre Fahrzeuge im Bauzugdienst und im Bereich der Lokvermietung einsetzt, zählt zu einer der kleineren Gesellschaften, die als Dienstleister tätig sind.

Lok der Transport-Schienen-Dienst GmbH in Gladbeck-Zweckel

Beschriftung	Baureihe	Ex-Bezeichnung	Bauart-Typ	Firma	Nr.	Baujahr
TSD 1	202 373	110 373	V 100.4 Umbau	VEB Lokbau E. Werke	12 882	1971
TSD 2	202 330	110 330	V 100.4 Umbau	VEB Lokbau E. Werke	12 389	1971

TWE Teutoburger Wald-Eisenbahn Gesellschaft Gütersloh NRW

Die Teutoburger Wald-Eisenbahn wurde im Juni 1899 als Aktiengesellschaft gegründet. Schon 14 Monate nach ihrer Gründung konnte der erste Streckenabschnitt von Gütersloh nach Laer mit einer Streckenlänge von 32,1 km eröffnet werden. Es folgten 1901 der Abschnitt von Laer nach Ibbenbüren (35,9 km) und Brochterbeeck-Hafen (7,2 km). Genau zwei Jahre später wurde im April 1903 die Eröffnung des Streckenstücks Gütersloh–Hövelhof (24, 6 km) gebührend gefeiert. Im Jahre 1935 ersetzten bereits Triebwagen die Dampfzüge auf der TWE. Die Einstellung des Schienenpersonenverkehres erfolgte 1968. Die TWE ist seit ihrer Gründung bis heute ein privatwirtschaftliches Unternehmen und seit 2000 Mitglied der Connex-Gruppe. Seit Sommer 2001 hat die TWE den Rangierdienst in Gütersloh übernommen. Ferner werden regionale Ganzzüge gefahren. Auch Werkstattleistungen für Lokomotiven, Güter- und Personenwagen werden in der Werkstatt in Lengerich erbracht.

Beschriftung	Baureihe	Ex-Bezeichnung	Bauart-Typ	Firma	Nr.	Baujahr
TWE-DE 771		angemietet von DE	ME 05	Krauss-Maffei	19 971	1988
TWE-DE 772		angemietet von DE	ME 05	Krauss-Maffei	19 972	1988
TWE V 11	323 850	Werkstattverschub Lengerich	Köf	Jung	13 218	1960
TWE V 65	265	265.	V 65	Maschinenbau AG Kiel		1958
TWE V 104		EKO 63	V 100.4	LEW	17 728	1983
TWE V 131		RStE	G 1300 BB	Maschinenbau AG Kiel	1 000 255	1968
TWE V 132			G 1300 BB	Maschinenbau AG Kiel	1 000 256	1968
TWE V 144	211 293	On Rail DH 1004/6	V 100.10	Krauss-Maffei	18 889	1962
TWE V 155				Maschinenbau AG Kiel		
TWE V E 152			G 1205 BB	Maschinenbau AG Kiel	1 000 895	1994
TWE V 157			G 1205 BB	Maschinenbau AG Kiel	1 000 896	1995
TWE V 211 052	211 052	Ersatzteilspender	V 100.10	Maschinenbau AG Kiel	1 000 070	1962
TWE VT 03		Reserve; Sonderfahrten	VT 70.9 einteilig	Wegmann	35 252	1926

VT 03, ein ehemaliger DB-Triebwagen der Baureihe 70.9

Am 30. März 1985 konnte man TWE VE 152 in Lengerich antreffen

TWE 156 und 157 bei der Ankunft in Gütersloh im August 2000

TWE 157 der Connex-Gruppe in Gladbeck am 24. Juli 2001

UBB Usedomer Bäderbahn GmbH Usedom Mecklenburg-Vorpommern

Die Usedomer Bäderbahn GmbH konnte ihr Fahrgastaufkommen beträchtlich vergrößern und soll acht weitere Triebwagen der Bauart GTW 2/6 für die Verlängerung Züssow–Stralsund bestellt haben. Nach Aussagen der UBB befördert sie heute mehr Fahrgäste in einem Monat als im gesamten Jahr 1992 zwischen Züssow, Zinnowitz und Ahlbeck. Im gesamten Inselbereich verkehren die modernen blau-weiss lackierten klimatisierten Niederflur-Gelenktriebwagen im einem dichten Takt und bedienen Haltepunkte zwischen Züssow-Zinnowitz und Peenemünde und Seebad Heringsdorf. Durch eine neue Brücke bei Wolgast, die über die Peene führt, wurde wieder eine durchgehende Verbindung zum Festland geschaffen. Für die Wartung und Instandsetzung ihrer Triebwagen besitzt die UBB eine moderne Werkstatt in Heringsdorf. Die GmbH ist eine 100-prozentige DB-AG Tochtergesellschaft. Eingesetzt werden neue Triebwagen der Baureihe 646 vom Typ GTW 2/6 von Adtranz/DWA.

Beschriftung	Baureihe	Ex-Bezeichnung	Bauart-Typ	Firma	Nr.	Baujahr
UBB 201 380	201 380		V 100.4 Umbau	VEB Lokbau E. Werke	12 889	1971
UBB 201 792	201 792		V 100.4 Umbau	VEB Lokbau E. Werke	14 849	1975
UBB 646	646 101		GTW 2/6	ADtranz/DWA		2000

Beschriftung	Baureihe	Ex-Bezeichnung	Bauart-Typ	Firma	Nr.	Baujahr
UBB 646	646 102		GTW 2/6	ADtranz / DWA		2000
UBB 646	646 103		GTW 2/6	ADtranz / DWA		2000
UBB 646	646 104		GTW 2/6	ADtranz / DWA		2000
UBB 646	646 105		GTW 2/6	ADtranz / DWA		2000
UBB 646	646 106		GTW 2/6	ADtranz / DWA		2000
UBB 646	646 107		GTW 2/6	ADtranz / DWA		2000
UBB 646	646 108		GTW 2/6	ADtranz / DWA		2000
UBB 646	646 109		GTW 2/6	ADtranz / DWA		2000
UBB 646	646 110		GTW 2/6	ADtranz / DWA		2000
UBB 646	646 111		GTW 2/6	ADtranz / DWA		2000
UBB 646	646 112		GTW 2/6	ADtranz / DWA		2000
UBB 646	646 113		GTW 2/6	ADtranz / DWA		2000
UBB 646	646 114		GTW 2/6	ADtranz / DWA		2000
UBB 771	771 005					
UBB 771	771 014					
UBB 772	772 201	Erdgasantrieb				
UBB 772	772 202	Erdgasantrieb				
UBB 946	946 101		GTW 2/6	ADtranz / DWA		2000
UBB 946	946 102		GTW 2/6	ADtranz / DWA		2000
UBB 946	946 103		GTW 2/6	ADtranz / DWA		2000
UBB 946	946 104		GTW 2/6	ADtranz / DWA		2000
UBB 946	946 105		GTW 2/6	ADtranz / DWA		2000
UBB 946	946 106		GTW 2/6	ADtranz / DWA		2000
UBB 946	946 107		GTW 2/6	ADtranz / DWA		2000
UBB 946	946 108		GTW 2/6	ADtranz / DWA		2000
UBB 946	946 109		GTW 2/6	ADtranz / DWA		2000
UBB 946	946 110		GTW 2/6	ADtranz / DWA		2000
UBB 946	946 111		GTW 2/6	ADtranz / DWA		2000
UBB 946	946 112		GTW 2/6	ADtranz / DWA		2000
UBB 946	946 113		GTW 2/6	ADtranz / DWA		2000
UBB 946	946 114		GTW 2/6	ADtranz / DWA		2000
UBB 946	946 501		GTW 2/6	ADtranz / DWA		2000
UBB 946	946 502		GTW 2/6	ADtranz / DWA		2000
UBB 946	946 503		GTW 2/6	ADtranz / DWA		2000
UBB 946	946 504		GTW 2/6	ADtranz / DWA		2000
UBB 946	946 505		GTW 2/6	ADtranz / DWA		2000
UBB 946	946 506		GTW 2/6	ADtranz / DWA		2000
UBB 946	946 507		GTW 2/6	ADtranz / DWA		2000
UBB 946	946 508		GTW 2/6	ADtranz / DWA		2000
UBB 946	946 509		GTW 2/6	ADtranz / DWA		2000
UBB 946	946 510		GTW 2/6	ADtranz / DWA		2000
UBB 946	946 511		GTW 2/6	ADtranz / DWA		2000
UBB 946	946 512		GTW 2/6	ADtranz / DWA		2000
UBB 946	946 513		GTW 2/6	ADtranz / DWA		2000
UBB 946	946 514		GTW 2/6	ADtranz / DWA		2000
UBB 971	971 014					
UBB 971	971 652					
UBB 972	972 201					
UBB 972	972 202					

Beschriftung vom UBB-Triebwagen 646 109-9

UBB-Triebwagen in Neustadt/Weinstrasse bei einer Fahrzeugschau

Triebwagen der UBB in Henningsdorf

Foto: Geißler

UeE Uetersener Eisenbahn AG Uetersen Schleswig-Holstein

Die Uetersener Eisenbahn AG zählt zu einer der kleinen Eisenbahnen in Norddeutschland und betrieb die Strecke Uetersen nach Tornesch. Der Personenverkehr endetete auf dieser Strecke bereits im Jahr 1965. Einen kleinen Lokschuppen findet man Uetersen-Ost.

Beschriftung	Baureihe	Ex-Bezeichnung	Bauart-Typ	Firma	Nr.	Baujahr
UeE V 1			240 B	MaK	220 020	1954
UeE V 2			Köf II	Gmeinder	4 905	1955

UEF UEF-Eisenbahnverkehrsgesellschaft mbH Amstetten Baden-Württemberg

Die UEF-Eisenbahnverkehrsgesellschaft wurde im Jahr 1997 von den Ulmer Eisenbahnfreunden gegründet, um den Güterverkehr auf der Strecke Amstetten und Gerstetten durchführen zu können. Die Ulmer Eisenbahnfreunde besitzen die unterschiedlichsten Fahrzeuge wie Dampflokomotiven, Diesellokomotiven und Kleinlastfahrzeuge, die überwiegend betriebsfähig sind und der Nachwelt erhalten werden sollen.

Dampflok 01 519 in Koblenz am 19. Juli 1997

01 1066 der UEF im Bahnhof von Fützen am 17. April 1987

Museumslok 99 7203 der UEF in Amstetten

Museums-Dampfzug der UEF am 9. Mai 1991 unterwegs bei Reutti

Beschriftung	Baureihe	Ex-Bezeichnung	Bauart-Typ	Firma	Nr.	Baujahr
UEF		Blauer Klaus		Deutz	55 414	1953
UEF 01 509	010509-8	Reko-OEL	2'C 1'h2	Krupp	1 426	1935
UEF 01 519	010519-7		2'C 1'h2	Henschel	22 929	1936
UEF 01 1066	012066-7	OEL	2'C 1'h3	BMAG	11 322	1940
UEF 012 081-6	012081-6	OEL	2'C 1'h3	BMAG	11 337	1940
UEF 18 316	018316	Eigentum LTA	2'C 1'h4v	Maffei	5 091	1919
UEF 50 2740	502740-4		1'Eh2	Henschel	26 808	1942
UEF 58 311	581111-2	G 12 bad.	1'Eh3	MF Karlsruhe	2 153	1921
UEF 75 1118	751118	bad. IVc	1'C 1'h2t	MF Karlsruhe	6 911	1921
UEF 86 346	086 346-4		1'D 1'h2t	Florisdorf	3 249	1939
UEF 98 812	098 812-1	GtL 4/4 bay.	Dh2	Krauss-Maffei	6 911	1914
UEF 99 7203	997203		Cn2t	Borsig	5 326	1904
UEF 399 008	399 008	Mansfeld 008	L 18H		25 163	1986
UEF 399 007	399 007	Mansfeld 007	L 18H			
UEF KLv 53-0037-1			KLv 53	Schöma		1966
UEF KLv 53-0038			KLv 53	Schöma		1966
UEF KLv 53-0757			KLv 53	Windhoff		1979
UEF KLv 53			KLv 53			
UEF KLa 03-0192-9			KLa 03	Robel		
UEF KLa 03-0371			KLa 03	Schöma		
UEF VS 209		WEG				
UEF T 34		WEG		Wismar	20 279	1937

VBE Verkehrsbetriebe Extertalbahn GmbH Barntrup Niedersachsen

Mit einer Investition von etwa 55 Mio. DM wollen die Verkehrsbetriebe Extertalbahn GmbH ihre Infrastruktur auf der Strecke Lemgo und Barntrup verbessern und neue Bahnkunden hinzu gewinnen. Über den Ankauf von neuen Diesellokomotiven werden bei der VBE schon Überlegungen angestellt.

VBE 22 mit Museums-Sonderfahrt am Gut Ullenhausen

Beschriftung	Baureihe	Ex-Bezeichnung	Bauart-Typ	Firma	Nr.	Baujahr
VBE E 21		Gepäck-Twg. mit Postabteil		Killing		1927
VBE E 22		Gepäck-Twg. mit Postabteil		Killing		1927
VBE-LEL-Museumsbetrieb	926505	Emil Mayrisch Nr. 3	D2nt	Krupp	2 154	1940

VBG Vogtlandbahn Reichenbach Sachsen

Die Vogtlandbahn in Sachsen betreibt seit 1996 ein Streckennetz von etwa 460 km in mehreren Bundesländern wie Sachsen, Thüringen und Bayern. Für ihren Personenverkehr stellt sie ihren Fahrgästen 27 moderne Triebwagen von zwei unterschiedlichen Bauarten zur Verfügung, die vom Freistaat Sachsen gefördert wurden. Aufgenommen hat die VBG ihren Betrieb mit den Regio-Sprintern VT 31 bis VT 48, von denen einige straßenbahntauglich sind. Seit einiger Zeit verkehren nun auch Triebwagen des Typs Desiro von Duewag. Weitere Eckpunkte der Strecken der Vogtlandbahn sind Plauen–Hof–Adorf–Marktredwitz–Weiden und Kraslice.

Beschriftung	Baureihe	Ex-Bezeichnung	Bauart-Typ	Firma	Nr.	Baujahr
VBG	312 150	RBG D 07	V 23	VEB Lokbau E. Werke	265 050	1970
VBG VT 01 A+B	VT 01		Desiro	Duewag	92 385-386	2000
VBG VT 02 A+B	VT 02		Desiro	Duewag	92 387-388	2000
VBG VT 03 A+B	VT 03		Desiro	Duewag	92 389-390	2000
VBG VT 04 A+B	VT 04	Sonderlackierung	Desiro	Duewag	92 391-392	2000
VBG VT 05 A+B	VT 05		Desiro	Duewag	92 393-394	2000
VBG VT 06 A+B	VT 06		Desiro	Duewag	92 395-396	2000
VBG VT 07 A+B	VT 07		Desiro	Duewag	92 397-398	2000

Beschriftung	Baureihe	Ex-Bezeichnung	Bauart-Typ	Firma	Nr.	Baujahr
VBG VT 08 A+B	VT 08		Desiro	Duewag	92 399-400	2000
VBG VT 09 A+B	VT 09		Desiro	Duewag	92 401-402	2000
VBG VT 31	VT 31		Regio-Sprinter	Duewag	91 482	1996
VBG VT 32	VT 32		Regio-Sprinter	Duewag	91 483	1996
VBG VT 33	VT 33		Regio-Sprinter	Duewag	91 484	1996
VBG VT 34	VT 34		Regio-Sprinter	Duewag	91 485	1996
VBG VT 35	VT 35		Regio-Sprinter	Duewag	91 486	1996
VBG VT 3 6	VT 36		Regio-Sprinter	Duewag	91 487	1996
VBG VT 3 7	VT 37		Regio-Sprinter	Duewag	91 488	1996
VBG VT 3 8	VT 38		Regio-Sprinter	Duewag	91 489	1996
VBG VT 3 9	VT 39		Regio-Sprinter	Duewag	91 693	1997
VBG VT 4 0	VT 40		Regio-Sprinter	Duewag	91 694	1997
VBG VT 4 1	VT 41		Regio-Sprinter	Duewag	91 695	1997
VBG VT 4 2	VT 42		Regio-Sprinter	Duewag	91 696	1997
VBG VT 4 3	VT 43		Regio-Sprinter	Duewag	91 697	1997
VBG VT 4 4	VT 44		Regio-Sprinter	Duewag	91 698	1997
VBG VT 4 5	VT 45		Regio-Sprinter	Duewag	91 699	1997
VBG VT 4 6	VT 46		Regio-Sprinter	Duewag	91 700	1997
VBG VT 4 7	VT 47		Regio-Sprinter	Duewag	91 701	1997
VBG VT 4 8	VT 48		Regio-Sprinter	Duewag	91 702	1997

Triebwagen VT 02B der neueren Bauart Desiro von Duewag in Zwickau

Triebwagen VT 04 B bei der Ausfahrt in Plauen am 15. August 2001

VT 39 am 16. August 2001 in Zwickau

VT 47 in der Innenstadt von Zwickau am 2. Mai 2000

VEB Vulkan-Eifel-Bahn Betriebsgesellschaft Gerolstein Rheinland-Pfalz

Ein neu gegründetes Partner-Unternehmen der Eisenbahn-Verkehrsgesellschaft im Bergisch-Märkischen Raum, besser bekannt als EBM in Dieringhausen. Zur Zeit firmiert die Tochtergesellschaft noch als EBM-Touristik und soll nach Zulassung als Verkehrs- und Infrastrukturunternehmen für die Eifelquerbahn dann unter dem neuen Namen Vulkan-Eifel-Bahn Betriebsgesellschaft umbenannt werden. Für ihren Einsatz hat die VEB Triebwagen von der EBM und EAKJ übernommen. Auch im Güterverkehr will sich die VEB als Dienstleister betätigen.

Beschriftung	Baureihe	Ex-Bezeichnung	Bauart-Typ	Firma	Nr.	Baujahr
VBE 795 414	795 414		VT 95	MAN	140 912	1954
VBE 796 658	796 658					
VBE 796 784	796 784		VT 98	MAN	146 566	1961
VBE 796 785	796 785		VT 98	MAN	146 567	1961
VBE 796 996	796 996					
VBE 798 670	798 670					
VBE 798 751	798 751					
VBE 798 796	798 796		VT 98	MAN	146 577	1961
VBE 995 409	995 409		VB 142			
VBE 996 748	996 748					
VBE 998 908	998 908					

VEBA VEBA-Oil Gelsenkirchen NRW

Die VEBA-Oil in Gelsenkirchen besitzt ein Streckennetz von 15 km mit zwei Bahnhöfen: Dem Nordbahnhof mit Verladestellen und dem Südbahnhof, der für den Eingang der Güter von etwa 500 000 t im Jahr zuständig ist. Sechs Verladestellen besitzt die VEBA in ihrem Betriebsbereich, wo Gefahrgüter in die Tankwagen bzw. Kesselwagen verladen werden. Für den Transport benutzt die VEBA keine eigenen Fahrzeuge, hier bedient man sich der Dieselloks der RAG, die für diesen Zweck angemietet werden. Die ehemaligen Dampfspeicherloks sind seit Jahren nicht mehr in Betrieb und stehen im Museum des ehemaligen Bahnbetriebswerks Bw. Gelsenkirchen-Bismarck. Eigentum der VEBA-Oil ist nur das unten aufgeführte Zweiwegefahrzeug.

Beschriftung	Baureihe	Ex-Bezeichnung	Bauart-Typ	Firma	Nr.	Baujahr
Dampfspeicherloks		Museum GE-Bismarck				
Dieselloks der RAG		siehe RAG				
Zeiwegefahrzeug			C4 aus Italien			

VEV Vorwohle-Emmerthaler Verkehrsbetriebe Bodenwerder Niedersachsen

Die Strecke der Vorwohle-Emmerthaler Verkehrsbetriebe aus Bodenwerder in Niedersachsen reicht von Emmerthal nach Vorwohle und hat eine Streckenlänge von 32 Kilometern. Leider ist kaum noch Verkehrsaufkommen vorhanden. Einzelne Güterzüge werden von der Deutschen Bahn AG erbracht.

DH 280.01, bei der BGW in Diensten, ist am 8. Juli 2000 mit einem Sonderzug unterwegs
Foto: John

Beschriftung	Baureihe	Ex-Bezeichnung	Bauart-Typ	Firma	Nr.	Baujahr
VEV V 2-01	323 546		Köf II	Gmeinder	4 886	1956
VEV V 34-02						
VEV VT2		angemietet IG Seelze	VT 98	Uerdingen	67 365	1960
VEV-BGW DE 300.02	232 057	EBG	Bauart 232	Lugansk	0 248	1974
VEV-BGW DH 280.01	219 001	T 1591 Italien	V 169	Deutz	57 846	1965

VGH Verkehrsbetriebe Grafschaft Hoya GmbH Hoya Niedersachsen

Die Verkehrsbetriebe Hoya GmbH befährt mit ihren Loks die etwa 40 km lange Strecke Eystrup–Hoya–Syke. Den Übergabeverkehr wickelt sie im Bahnhof Eystrup ab. Früher war das Verkehrsaufkommen, bedingt durch den Rübenverkehr, beträchtlich. Seit 1990 wird dieser Verkehr, sehr zum Leidwesen dieser Bahngesellschaft, auf der Straße abgefahren. Den planmäßigen Personenverkehr stellte man bereits 1972 ein. Gelegentlicher Museumsverkehr der DEV erfolgt noch auf dieser Strecke. Die Betriebsführung der VGH wurde mittlerweile durch die Weserbahn übernommen.

Diesellok VGH 60 021 am 6. September 1998 in Bremen

Beschriftung	Baureihe	Ex-Bezeichnung	Bauart-Typ	Firma	Nr.	Baujahr
VGH T 1				Gotha		1936
VGH V 36 004	236 222	V 36 004	V 36	Deutz	39 628	1943
VGH V 36 005	236 237	abgestellt	V 36	Deutz	47 179	1946
VGH V 60 021	60 021	OHE	650 D	MaK	600 125	1959
VGH V 124	323 210	Köf 6454	Köf II	Deutz	57 312	1959
VGH V 125	323 251	Köf 6625	Köf II	Orenstein & Koppel	26 032	1959
VGH V 126	324 011	Kbf 5059	Kbf	Deutz	46 541	1943

VHT Verkehrsverband Hochtaunus Hessen

Beschriftung	Baureihe	Bemerkung	Bauart-Typ	Firma	Nr.	Baujahr
FKE VT 11		TSB-Lackierung	VT 2 E	LHB	11 A/B	1992
FKE VT 12		TSB-Lackierung	VT 2 E	LHB	12 A/B	1992
FKE VT 13		TSB-Lackierung	VT 2 E	LHB	13 A/B	1992
FKE VT 14		TSB-Lackierung	VT 2 E	LHB	14 A/B	1992
FKE VT 15		TSB-Lackierung	VT 2 E	LHB	15 A/B	1992
FKE VT 16		TSB-Lackierung	VT 2 E	LHB	16 A/B	1992
FKE VT 17		TSB-Lackierung	VT 2 E	LHB	17 A/B	1992
FKE VT 18		TSB-Lackierung	VT 2 E	LHB	18 A/B	1992
FKE VT 19		TSB-Lackierung	VT 2 E	LHB	19 A/B	1992
FKE VT 20		TSB-Lackierung	VT 2 E	LHB	20 A/B	1992
FKE VT 21		TSB-Lackierung	VT 2 E	LHB	21 A/B	1992

VKP Verkehrsbetriebe Kreis Plön GmbH Kiel Schleswig-Holstein

Die Verkehrsbetriebe Kreis Plön betreiben überwiegend Busbetrieb im Kreis Plön. Als Eisenbahn betreibt die VKP eine etwa 20,5 km lange Strecke zwischen Kiel-Süd und Schönberg. Auf ihrem Gelände in Kiel-Süd findet man eine Triebwagenwerkstatt, die in Zusammenarbeit mit der NOB 2000 für Überholungs- und Instandsetzungsarbeiten der Lint-Triebwagen der NOB genutzt wird.

Diesellok VKP V 155 anlässlich
100 Jahre Kiel-Schöneberger Eisenbahn

Beschriftung	Baureihe	Ex-Bezeichnung	Bauart-Typ	Firma	Nr.	Baujahr
VKP V 103						
VKP V 155			G 1205	MaK	1 000 875	1992

VKSF Verkehrsbetriebe des Kreises Schleswig-Holstein Schleswig-Holstein

Die Verkehrsbetriebe des Kreises Schleswig betreiben keinen Personenverkehr, denn dieser endete bereits im Jahre 1972. Auf dem einst etwa 110 km umfassenden Streckennetz wird heute der Güterverkehr durch die DB-Cargo erbracht, jedoch nur noch auf einem Teilstück von etwa 15 km zwischen Süderbarup und Kappeln. Auf diesem Abschnitt wird auch noch Sonderverkehr durch die Angelner Dampfbahn erbracht. Die Eröffnung dieses Streckenstückes war bereits im Jahre 1904.

VLO Verkehrsgesellschaft Landkreis Osnabrück GmbH Niedersachsen

Die Wittlager Kreisbahn hieß einmal die jetzige VLO, die Verkehrsgesellschaft Landkreis Osnabrück GmbH in Niedersachsen. Auf der 33,7 km langen Strecke von Holzhausen–Heddinghausen über Bohmte nach Schwegermoor transportiert die VLO nur noch Güterverkehr, denn Personenverkehr findet nur noch mit Bussen statt und das seit 1971. Der Übergabebahnhof zur DB-AG ist in Bohmte. In Bohmte-Ost entstand 1996 ein neuer Betriebshof für die Eisenbahnfahrzeuge, sowie für die Busse dieser Gesellschaft.

Beschriftung	Baureihe	Ex-Bezeichnung	Bauart-Typ	Firma	Nr.	Baujahr
VLO 1		HABA 4	MCN 360 N	O&K		
VLO DL 1			400 C	MaK	400 005	1955
VLO T 3		GME T 1		Wumag		

VPS Verkehrsbetriebe Peine-Salzgitter GmbH Salzgitter Niedersachsen

Durch die Verbindung der Peiner und der Salzgitter Eisenbahn entstanden 1971 die Verkehrsbetriebe Peine-Salzgitter GmbH. Auf einem gemeinsamen Streckennetz von 70 km Länge wird enormer Güterverkehr abgewickelt. Dabei werden die Übergabebahnhöfe Ilsenburg-Peine, Salzgitter-Beddingen und Salzgitter-Voßpark angefahren.

Diesellok 1301 der VPS
am 8. August 2000 in Lehrte

Beschriftung	Baureihe	Ex-Bezeichnung	Bauart-Typ	Firma	Nr.	Baujahr
VPS 151				Deutz		1957
VPS 501			530 C	LHB	3 103	1964
VPS 502			530 C	LHB	3 114	1965
VPS 503			530 C	LHB	3 115	1965
VPS 504			530 C	LHB	3 116	1965
VPS 506			530 C	LHB	3 133	1966
VPS 507			530 C	LHB	3 134	1966
VPS 508			530 C	LHB	3 146	1966
VPS 509			530 C	LHB	3 153	1972
VPS 510			530 C	LHB	3 154	1972
VPS 511			530 C	LHB	3 155	1972
VPS 512			530 C	LHB	3 156	1972
VPS 513			530 C	LHB	3 157	1972
VPS 514			530 C	LHB	3 158	1972
VPS 515		VPS 301	530 C	LHB	3 095	1964
VPS 516		VPS 302	530 C	LHB	3 096	1964
VPS 517		VPS 303	530 C	LHB	3 098	1964
VPS 518		VPS 304	530 C	LHB	3 101	1964
VPS 519		VPS 305	530 C	LHB	3 102	1964
VPS 520		VPS 306	530 C	LHB	3 104	1964
VPS 521		VPS 307	530 C	LHB	3 108	1965
VPS 522		VPS 308	530 C	LHB	3 109	1965
VPS 523		VPS 309	530 C	LHB	3 110	1965
VPS 524		VPS 310	530 C	LHB	3 111	1965
VPS 525		VPS 311	530 C	LHB	3 112	1965
VPS 526		VPS 312	530 C	LHB	3 113	1965
VPS 527		VPS 313	530 C	LHB	3 123	1966
VPS 528		VPS 314	530 C	LHB	3 124	1966
VPS 529		VPS 315	530 C	LHB	3 125	1966
VPS 530		VPS 316	530 C	LHB	3 126	1966
VPS 531		VPS 317	530 C	LHB	3 127	1966
VPS 532		VPS 318	530 C	LHB	3 128	1966
VPS 533		VPS 319	530 C	LHB	3 129	1966
VPS 534		VPS 320	530 C	LHB	3 130	1966
VPS 535		VPS 321	530 C	LHB	3 131	1966
VPS 536		VPS 322	530 C	LHB	3 145	1966
VPS 537		VPS 324	530 C	LHB	3 151	1972
VPS 538		VPS 325	530 C	LHB	3 152	1972
VPS 539		VPS 607	530 C	LHB	3 135	1966
VPS 540			530 C	LHB		
VPS 541			530 C	LHB		
VPS 542			530 C	LHB		
VPS 543			530 C	LHB		
VPS 544			530 C	LHB		
VPS 601			685 C	LHB	3 097	1964
VPS 602			685 C	LHB	3 099	1964

Beschriftung	Baureihe	Ex-Bezeichnung	Bauart-Typ	Firma	Nr.	Baujahr
VPS 603			685 C	LHB	3 100	1964
VPS 604			685 C	LHB	3 105	1964
VPS 605			685 C	LHB	3 106	1964
VPS 608			685 C	LHB	3 136	1966
VPS 701			ME 05	Krauss-Maffei	19 885	1983
VPS 702			ME 05	Krauss-Maffei	19 886	1983
VPS 703			ME 05	Krauss-Maffei	19 887	1983
VPS 704			ME 05	Krauss-Maffei	19 912	1984
VPS 705			ME 05	Krauss-Maffei	19 913	1984
VPS 706			ME 05	Krauss-Maffei	19 914	1984
VPS 1101			1100 BB	LHB	3 139	1967
VPS 1102			1100 BB	LHB	3 140	1967
VPS 1301		VPS 1107	D 100 BB	CKG	5 708	1993
VPS 1302			D 100 BB	CKG	5 733	1996
VPS 1303			D 100 BB	CKG	5 734	1996
VPS 1501		VPS 1104	D 100 BB	CKG	5 690	1990
VPS 1502		VPS 1105	D 100 BB	CKG	5 691	1990
VPS 1503		VPS 1106	D 100 BB	CKG	5 707	1993
VPS 1504			D 100 BB	CKG		
VPS 1505			D 100 BB	CKG		

VSFT Vossloh Schienenfahrzeug-Technik GmbH Moers NRW

Beschriftung	Baureihe	Ex-Bezeichnung	Bauart-Typ	Firma	Nr.	Baujahr
VSFT			G 1206 BB	VSFT	1 001 117	2000
VSFT NEG 07			G 1206 BB	VSFT	1 001 018	2000
VSFT Schwaben Sprinter		ex RAG 826	G 1206 BB	VSFT	1 001 021	2000
VSFT			G 1206 BB	VSFT	1 001 022	2000
VSFT			G 1206 BB	VSFT	1 001 025	2001
VSFT			G 1206 BB	VSFT	1 001 026	2000
VSFT			G 1206 BB	VSFT	1 001 027	2000
VSFT			G 1206 BB	VSFT	1 001 028	2000
VSFT	RAG		G 2000 BB	VSFT	1 001 029	2001
VSFT	RAG 901		G 2000 BB	VSFT	1 001 030	2001
VSFT	RAG 902		G 2000 BB	VSFT	1 001 031	2001

Neues Fahrzeug bei der VSFT in Moers, noch ohne Abnahmedatum

VSFT-Lok in Gladbeck

VTG VTG-Tanklager Kirchweyhe Bremen

Beschriftung	Baureihe	Ex-Bezeichnung	Bauart-Typ	Firma	Nr.	Baujahr
VTG-Tanklager	323 442	Kö 5044	Kö			
VTG-Tanklager	323 108	Köf 6395	Köf			

VWE Verden-Walsroder Eisenbahn GmbH Verden Niedersachsen

Der zweigeteilte Streckenverlauf der Verden-Walsroder Eisenbahn Gmbh verbindet Verden-Süd und Stemmen mit einer Länge von 12,3 km sowie Böhme und Walsrode-Nord mit 12,6 km. Der größte Teil des Güterverkehrs ist auf der Verdener Strecke, auf der auch die Lokomotiven der VWE eingesetzt werden.

Beschriftung	Baureihe	Ex-Bezeichnung	Bauart-Typ	Firma	Nr.	Baujahr
VWE DL 1 II			R 30 C	Jung	13 620	1964
VWE DL 2		Lok 262	V 20	Gmeinder	4 275	1947
VWE DL 3			MS 650 D	Deutz		
VWE DL 4			240 B	MaK	220 086	1964
VWE 282 II		angemietet EVB	G 500 C	MaK	500 041	1966

VWK Verkehrsbetriebe Wolfgang Kissel Bingen Rheinland-Pfalz

Beschriftung	Baureihe	Ex-Bezeichnung	Bauart-Typ	Firma	Nr.	Baujahr
VWK VB 85		SWEG	GDT	MaK	504	1953
VWK VB 224		SWEG	einteilig	Esslingen	26 265	1958
VWK VB 236		SWEG	einteilig	Esslingen	23 349	1951
VWK VM 56		SWEG	VM 98	Uerdingen		
VWK VS 55		HEG	VS 98	Uerdingen		
VWK VS 235		SWEG	einteilig	Esslingen	25 264	1959
VWK VT 54		HEG	VT 98	Uerdingen	72 448	1966
VWK VT 104		SWEG	einteilig	Esslingen	23 498	1952

WAB Westfälische Almetalbahn GmbH Altenbeken NRW

Die Westfälische Almetalbahn GmbH verfügt in ihrem Fahrzeugpark über eine Anzahl verschiedener Triebfahrzeuge der Deutschen Bahn AG, der ehemaligen deutschen Reichsbahn und in der Sowjet-Union gebauter Lokomotiven. Diese Lokomotiven werden für die verschiedensten Aufgaben genutzt, im überwiegenden Teil jedoch setzt die WAB ihre Diesellokomotiven im Bauzugdienst ein. Bei einem Einsatz kam dabei die Diesellok WAB 27, das ist die ehemalige DDR-Regierungslok, vom rechten Weg ab und schied durch einen Unfall mit Rahmenschaden in Haspelmoor aus dem aktiven Dienst aus. Sie wurde zur RGB in Viechtach verbracht und steht dort zur Verschrottung und Ausschlachtung. Für den Einsatz der Nachtzüge zwischen Saßnitzer Fährhafen und Berlin setzt die Westfälische Almetalbahn auch Elektroloks der Bauart 109 der DR ein. Die Elektroloks tragen die Kennung 109 und tragen die Farben der WAB. Auf einer eigenen Strecke zwischen Paderborn und Büren fahren die Fahrzeuge der westfälischen Almetalbahn frisch renoviert seit 2001.

WAB 13, eine Lok der Bauart 293, unterwegs in Jossa am 22. April 2000

Die Lok 27 Ex-Baureihe 228 musste nach ihrem Unfall in Haspelmoor den Dienst quittieren

WAB 14, eine Lok der Bauart 710, in Döbeln am 6. August 2001

Diesellok V 200.005 Ex-CD-Lok 781 365 in Gerstungen 1. August 2001

Diesellok V 200.009 Ex-CD-Lok 781 545 in Hof am 15. August 2001

Beschriftung	Baureihe	Ex-Bezeichnung	Bauart-Typ	Firma	Nr.	Baujahr
WAB	220 501	120 981 II	V 200	Lugansk	1 305	1971
WABV 120 509	220 509	V 200 509	M 62	Lugansk	2 984	1977
WAB	231 040	131 040				
WAB	231 050	131 050				
WAB 1	-		V 22	LOB	262 634	1976
WAB 2	311 665	Rangierdienst	V 22	LOB	261 184	1962
WAB 3	236 255	ex HSW Wesel	V 36	MaK	2 012	1948
WAB 4	-	HKB L3	400 C	MaK	400 003	1955
WAB 5	323 104		Köf II	LOB	57 014	1959
WAB 9	52 5933		1'Eh 2	BMAG	12 359	1943
WAB 10		leihweise KOE	Knapsack	Krupp		
WAB 11	201	PCK Schwedt 4-16	V 100.4 Umbau	VEB Lokbau E. Werke	16 675	1981
WAB 12	293			ADtranz	72 510	2000
WAB 12 A	201	White Bear	V 100.4 Umbau	ADtranz	72 350	2000
WAB 13	293			ADtranz	72 520	2000
WAB 14	710 968	Grabenräumeinheiten	V 100.5	VEB Lokbau E. Werke	16 755	1983
WAB 15	201 742	DWU 14	V 100.5	VEB Lokbau E. Werke	14 443	1974
WAB 16	710 970	Grabenräumeinheiten	V 100.5	VEB Lokbau E. Werke	16 756	1983
WAB 17	-	Bernburg 4	V 60 D	VEB Lokbau E. Werke	12 380	1969
WAB 18	-	Wismut V 60 05	V 60 D	VEB Lokbau E. Werke	11 315	1966
WAB 19	-	Merkers 18	V 60 D	VEB Lokbau E. Werke	14 197	1974
WAB 20		Wismut V 60 04	V 60 D	VEB Lokbau E. Werke	11 314	1966
WAB 21		Merkers 12	V 60 D	VEB Lokbau E. Werke	12 945	1971
WAB 22			V 60 D	VEB Lokbau E. Werke		
WAB 23	23	NIAG V 2 nach Italien	1000 D	MaK	1 000 253	1963
WAB 24	228 633		V 180 BB	VEB Lokbau K. Marx	280 033	1967
WAB 25	228 719	in Viechtach überholt	V 180 CC	VEB Lokbau K. Marx	280 123	1968
WAB 26	220 512	Wismut V 200 512	M 62	Lugansk	2 987	1977
WAB 27 I	228 548	Unfall in Haspelmoor	V 180 CC	LOB	275 048	1964
WAB 27 II	781 418 / 582	PBSV 22	M 62	Lugansk	3 408	1972
WAB 28	781 416	PBSV 21	M 62	Lugansk	1 536	1972
WAB 31	781 365-2	EBGO V 200.05	M 62	Lugansk		
WAB 32	781 412-2	EBGO V 200.06	M 62	Lugansk		
WAB 33	781 430-4	EBGO V 200.07	M 62	Lugansk		
WAB 34	781 448-6	EBGO V 200.08	M 62	Lugansk		
WAB 35	781 545-9	EBGO V 200.09	M 62	Lugansk		
WAB 36	781 450 / 469	EBGO V 200.10	M 62	Lugansk		
WAB 37	781 469 / 540	EBGO 37	M 62	Lugansk		
WAB 38	781 487	EBGO 38	M 62	Lugansk		
WAB 39	781 530 / 557	EBGO 39	M 62	Lugansk		
WAB 40	781 505 / 566	EBGO 40	M 62	Lugansk		
WAB 41	781 324 / 412	EBGO 41	M 62	Lugansk		
WAB 42	781 469 / 550	EBGO 42	M 62	Lugansk		
WAB 43	781 482 / 355	EBGO 43	M 62	Lugansk		
WAB 44	781 349 / 591	EBGO 44	M 62	Lugansk		
WAB 45	781 433 / 540	EBGO 45	M 62	Lugansk		
WAB 46	781 484	EBGO 46	M 62	Lugansk		
WAB 47	781 501 / 555	EBGO 47	M 62	Lugansk		
WAB 48	781 518 / 580	EBGO 48	M 62	Lugansk		
WAB 97	216		V 160			
WAB 98	216 122		V 160	Deutz	58 144	1967
WAB V 120 509	220 509	ex 120 094	M 62	Lugansk	2 984	1977
WAB V 180 001	228 168	ex WAB 26	V 180 CC	LOB	185 155	
WAB VT 1	796 702		VT 98	Uerdingen	66 599	1960
WAB 101		Zuckerfabrik Uelzen 3	DVL 60	Diema	2 265	1959
WAB 109-1	109 084	109 084	E 11 084	LEW	15 116	1975
WAB 109-2	109 013	109 013	E 11 013	LEW	9 904	1962
WAB 109-28	109 028	109 028	E 11 028	LEW	9 939	1963

WB Weser Bahn GmbH Bremen

Die Betriebsführung der VGH und der BTE wurde durch die Weser Bahn übernommen.

WBB Westdeutsche Bahn- und Baubedarf Scholtz GmbH Hattingen NRW

Beschriftung	Baureihe	Ex-Bezeichnung	Bauart-Typ	Firma	Nr.	Baujahr
WBB 1	212					
WBB 2	212					

WDI Westälische Drahtindustrie WDI GmbH Hamm NRW

Beschriftung	Baureihe	Ex-Bezeichnung	Bauart-Typ	Firma	Nr.	Baujahr
WDI 1		ex Deumu RE		Krupp	3 594	1956
WDI 1			M 275 B	Krauss-Maffei	19 407	1969
WDI 2				Krupp	3 856	1960
WDI 3		ex Hümmlinger Kb.		Krupp	3 692	1957

WEBA Westerwaldbahn GmbH Steinebach Rheinland-Pfalz

Die Geschichte der Westerwaldbahn beginnt schon im Jahr 1913 als Nachfolgerin der ehemaligen Kruppschen Elbbachtalbahn von Scheuerfeld nach Steinebach mit einer Spurweite von 1000 mm. Nach dem Bau auf Trassenteilen dieser Bahn konnte 1913 die Eröffnung der Kleinbahn Scheuerfeld-Nauroth als Aktiengesellschaft gefeiert werden. Die Aufnahme des Personenverkehrs mit Triebwagen erfolgte 1942, deshalb wurde im Jahr 1950 der dampfbespannte Personenzugbetrieb eingestellt. Nach und nach erfolgte die Stilllegung einer Strecke nach der anderen. 1960 wurde der Personenverkehr komplett auf die Straße umgestellt. Nach der Wiedereröffnung der Strecke Betzdorf–Daaden, auch als Daadetalbahn bekannt, im November 1994 wird auch wieder stündlich Personenverkehr durch die WEBA erbracht. Für die Leistungen im Personenverkehr setzt dieses Unternehmen den Triebwagen VT 628 ein. Für den Ersatzverkehr, den Schülerverkehr und für notwendige Verstärkungsfahrten werden die VT 23/24 eingesetzt, die 1996 von der Firma Gmeinder angeliefert wurden. Die Westerwaldbahn GmbH hat ihren Betriebssitz in Steinebach an der Sieg. Hier befinden sich die Werkstatt und die Fahrzeughalle für die Omnibusse und Lokomotiven der WEBA, die über eigene Eisenbahnstrecken zwischen Scheuerfeld-Bindweide und Oberdreisbach mit einer Länge von 17 Kilometern und dem drei Kilometer langen Abschnitt Bindweide und Rosenheim verfügt, wo nur reiner Güterverkehr stattfindet. Auf der Stammstrecke Scheuerfeld–Bindweide–Oberdreisbach fahren regelmäßig zwei Zugpaare pro Tag. Im Bahnhof von Scheuerfeld werden die Züge der WEBA und die im Auftrage der DB-Cargo bediente Güterverkehrsstrecke Altenkirchen–Raubach zusammengestellt. Anschließend werden sie zum Bahnhof Betzdorf gefahren und an die DB-Cargo durch die Westerwaldbahn übergeben.

Beschriftung	Baureihe	Ex-Bezeichnung	Bauart-Typ	Firma	Nr.	Baujahr
WEBA V 26.01			R 30 B	Jung	12 102	1956
WEBA V 26.02			R 30 B	Jung	12 103	1956
WEBA V 26.03			R 30 B	Jung	12 748	1957
WEBA V 26.04			R 30 B	Jung	12 997	1959
WEBA 05	211 177		V 100.10	Henschel	30 526	1962
WEBA 06		BuH 530	M 700 C	Krauss-Maffei	19 454	1968
WEBA 23		WEG T 23	VT 23	Gmeinder	5 442	1968
WEBA VT 24		WEG T 24	VT 24	Gmeinder	5 443	1968
WEBA VT 796						
WEBA VT 628 677	628 677-7		VT 628	Duewag	91 286	1994
WEBA VS 928 677	928 677-4		VS 928	Duewag	91 287	1994

Dieselloks der Westerwald-Bahn am 21. Mai 1980

VT 24 der Westerwald-Bahn

WEG Württembergische EisenbahnGesellschaft Waiblingen Baden-Württemberg

Als Aktiengesellschaft wurde die WEG am 13. Mai 1899 gegründet. Danach erhielt sie die Konzession zum Bau von sieben Nebenbahnen. Heute ist die WEG neben der HzL und SWEG eine der größten Privatbahnen in Baden-Württemberg. Die WEG gehört zur Connex-Gruppe und betreibt auf mehreren Nebenbahnen den Personen- und Güterverkehr. Zur Zeit setzt sie neben ihren eigenen Fahrzeugen auch angemietete Lokomotiven aus dem ADtranz-Pool, der ESG und mittlerweile auch eine Diesellok der Bauart G 1206, den Schwaben-Sprinter, ein. In Wiesloch wird die V 332 01 der EMN zum Rangierdienst eingesetzt. VT 04 wurde nach Amstetten umstationiert. Triebwagen im Personennahverkehr setzt die WEG auf den Strecken Böblingen–Dettenhausen ein, hier werden Regio-Shuttle angeboten. Die Strecke Schorndorf–Rudersberg wird mit Regio-Shuttle und der Triebwagenbauart NE 81 bedient und Regio-Shuttle verkehren auch auf dem Sreckenabschnitt Nürtingen–-Neuffen.

VT 405 der WEG als DZt 17 090 am 5. September 1990 in München Donnersberger Brücke unterwegs

Triebwagen VT 415 der WEG am 10. August 1997 bei der 100-Jahrfeier der KSE in Schönberg

VT 440 der WEG in Wittmund am 5. Juli 2001

Foto: John

Beschriftung	Baureihe	Ex-Bezeichnung	Bauart-Typ	Firma	Nr.	Baujahr
WEG ESG V 1	V 65-12	angemietet von ESG	650 D	Maschinenbau AG Kiel	600 154	1960
WEG ESG V 3	332 046	angemietet von ESG	Köf III	KHD	13 630	1963
WEG EMN V 332 01	332 189	angemietet von EMN	Köf	Jung	13 802	1964
WEG V 13	202	angemietet ADtranz	V 100.10	ADtranz	72 520	2000
WEG V 62		FVE V 62	600 D	Maschinenbau AG Kiel	600 129	1956
WEG V 122		RStE V 122	1200 D	MaK	1 000 057	1961
WEG V 123	123					
WEG V 125	211 273	RStE V 125	V 100.10	Krupp	4 383	1962
WEG V	332 801		Köf III	Gmeinder	5 124	1959
WEG V Schwaben Sprinter		angemietet von LSG	G 1206 BB	VSFT	1 001 021	2000
WEG VB 108				Auwärter		1963
WEG VB 109				Auwärter		1963
WEG VB 477		von AVG angemietet	NE 81	Waggon-Union	33 635	1985
WEG VM 110						
WEG VM 113						
WEG VS 150			NE 81			
WEG VS 208				Auwärter		1963
WEG VS 220			NE 81	Waggon-Union	30 906	1981
WEG VS 230						
WEG VS 240				Esslingen	23 779	1955
WEG VS 250			NE 81	Waggon-Union	36 106	1993
WEG VS 425			NE 81	Waggon-Union		
WEG VS 426			NE 81	Waggon-Union		
WEG VS 471		von AVG angemietet	NE 81	Waggon-Union	33 630	1985
WEG VT 04			VT 70 901	Wegmann	35 254	1926
WEG VT 05				Fuchs	9 055	1956

Beschriftung	Baureihe	Ex-Bezeichnung	Bauart-Typ	Firma	Nr.	Baujahr
WEG VT 06		Reserve in Rudersberg		Fuchs	9 056	1956
WEG VT 09				Auwärter		1963
WEG VT 11				Fuchs		
WEG VT 12		VeBtr. Hornburg VT 12		MAN	142 776	1956
WEG VT 36				Fuchs	9 058	1956
WEG VT 401		T 11	VT 66 906	Dessau	10 629	1928
WEG VT 402		T 10		Esslingen	23 343	1951
WEG VT 403		T 20		Esslingen	23 493	1952
WEG VT 410		Korntal-Weissach	NE 81	Waggon-Union	30 901	1981
WEG VT 411		Korntal-Weissach	NE 81	Waggon-Union	30 902	1981
WEG VT 412		Korntal-Weissach	NE 81	Waggon-Union	36 104	1993
WEG VT 413		Korntal-Weissach	NE 81	Waggon-Union	36 105	1993
WEG VT 414		Korntal-Weissach	Regio-Shuttle	ADtranz	36 456	1996
WEG VT 415		Böblingen-Dettenhausen	Regio-Shuttle	ADtranz	36 457	1996
WEG VT 416		Korntal-Weissach	Regio-Shuttle	ADtranz	36 458	1997
WEG VT 420		Korntal-Weissach	NE 81	Waggon-Union		
WEG VT 421		Schorndorf-Rudersberg	NE 81	Waggon-Union	36 235	1994
WEG VT 422		Schorndorf-Rudersberg	NE 81	Waggon-Union		
WEG VT 423		Böblingen-Dettenhausen	Regio-Shuttle	ADtranz		
WEG VT 430		Böblingen-Dettenhausen	Regio-Shuttle	ADtranz		
WEG VT 431		Böblingen-Dettenhausen	Regio-Shuttle	ADtranz		
WEG VT 432		Böblingen-Dettenhausen	Regio-Shuttle	ADtranz		
WEG VT 433		Böblingen-Dettenhausen	Regio-Shuttle	ADtranz		
WEG VT 440		Schorndorf-Rudersberg	Regio-Shuttle	ADtranz	36 846	1999
WEG VT 441		Schorndorf-Rudersberg	Regio-Shuttle	ADtranz	36 487	1999
WEG VT 442		Nürtingen-Neuffen	Regio-Shuttle	ADtranz	36 848	1999
WEG VT 445	Leihtriebwagen DEG	Nürtingen-Neuffen	Regio-Shuttle	ADtranz		2000
WEG VT 446	Leihtriebwagen DEG	Nürtingen-Neuffen	Regio-Shuttle	ADtranz		2000
WEG VT 447	Leihtriebwagen DEG	Nürtingen-Neuffen	Regio-Shuttle	ADtranz		2000

Weiss Gleisbau Leonhardt Weiss Göppingen Baden-Württemberg

Beschriftung	Baureihe	Ex-Bezeichnung	Bauart-Typ	Firma	Nr.	Baujahr
Weiss Gleisbau	323 963	322 525	Köf 6387			

WerBH Werne-Bockum-Höveler Eisenbahn Gladbeck NRW

Betriebsführung durch Ruhrkohle AG

Die Werne-Bockum-Höveler Eisenbahn bedient die 12 km lange Strecke Werne–Stockum–Bockum–Hövel als Bahn des öffentlichen Verkehrs. Die Betriebsführung wird durch die Ruhrkohle AG in Gladbeck abgewickelt.

Beschriftung	Ex-Bezeichnung	Bauart-Typ	Firma	Nr.	Baujahr
WerBH 676	ex 796	G 1204 BB	— Mak —	1 000 807	1983
WerBH 677	ex 797			1 000 807	1983
WerBH 678	ex 798			1 000 807	1983
WerBH 679	ex 799			1 000 807	1983

WHE Wanne-Herner Eisenbahn und Hafen GmbH Herne NRW

Die Wanne-Herner-Eisenbahn und Hafen GmbH betreiben ein 13,7 km langes Streckennetz von Wanne-Westhafen-Wanne-Osthafen zum Übergabebahnhof der Deutschen Bahn in Wanne-Eickel. Desweiteren gelangt man auf dem Streckennetz zum Kraftwerk Herne oder zum Zechenbahnhof General Blumenthal. Das Verwaltungsgebäude und die Werkstatt findet man in Wanne-Westhafen. Als Denkmal vor dem Verwaltungsgebäude erinnert eine Dampflok von Krupp an nostalgische Zeiten des Dampfbetriebes. Erinnerungen sind auch die damaligen Tage der offenen Tür im September, die 100 000 Besucher anlockten. Das Angebot an Sonderfahrten und ausgestellten Fahrzeugen bot den Besuchern jedes Jahr etwas Neues. Leider findet diese Veranstaltung nicht mehr statt. Ein neues Güterverkehrszentrum ist mittlerweile auf einem Teil des Geländes im Westhafen entstanden.

Lok 25 der WHE im Übergabebahnhof Wanne-Eickel

Lok 27 der WHE mit Rheingold-Wagen beim Tag der offenen Tür der WHE in Wanne-Eickel am 2. September 1984

Lok 29 der WHE am 1. September 1996

Beschriftung	Baureihe	Ex-Bezeichnung	Bauart-Typ	Firma	Nr.	Baujahr
WHE		Dampflok	C n2t	Krupp	2 821	1949
WHE		Rangierroboter	RW 150 EM	Windhoff	130 618	1980
WHE 12			KS 55 B	Deutz	55 334	1952
WHE 13		nach Italien verkauft	1000 D	Mak		
WHE 14		nach Italien verkauft	1000 D	Mak		
WHE 15		nach Schweiz verkauft	1000 D	Mak		
WHE 16		nach Italien verkauft	1000 D	Mak		
WHE 20			G 1100 BB	Mak	800 186	1973
WHE 22			G 1600 BB	Mak	1 000 776	1978
WHE 23			G 1600 BB	Mak	1 000 777	1978
WHE 24			G 1600 BB	Mak	1 000 778	1978
WHE 25			G 1202 BB	Mak	1 000 783	1979
WHE 26		VPS 1601	G 1600 BB	Mak	1 000 517	1972
WHE 27		an NIAG vermietet	G 1204 BB	Mak	1 000 813	1983
WHE 28			G 1204 BB	Mak	1 000 816	1984
WHE 29			DE 502	Mak	700 078	1984
WHE 30			DE 502	Mak	700 079	1984

Wiebe Gleisbau Wiebe GmbH Achim Bremen

Die Firma Gleisbau Wiebe GmbH aus Achim bei Bremen hat ihr Betätigungsfeld im Gleisbau auf allen Netzen der Deutschen Bahn AG sowie Privat- und Nebenbahnen. Bei dieser Firma ist man von der Planung bis zur Fertigstellung im Bereich der Bauleistungen und der Erstellung von Eisenbahnanlagen in guten Händen. Sie verfügt über das notwendige Know-how auf diesem Sektor und zudem noch über einen innovativen Maschinen- und Gerätepark. Hier findet man Lokomotiven der unterschiedlichsten Bauarten. Ehemalige Diesellokomotiven der Ex-DB-Baureihen 211, 212, 216, 232 und 323 mit gelber Lackierung und markantem Firmenlogo kommen bei Wiebe zum Einsatz.

Ex-DB-Lok 211 341 als Wiebe-Lok 2

Ex-DB-Lok 212 192 als Wiebe-Lok 3

216 032-3, eine Ex-DB-Lok, wird als Wiebe-Lok 6 geführt

V 320 001 der Firma Wiebe am 13. Juli 2001 in Bebra

Beschriftung	Baureihe	Ex-Bezeichnung	Bauart-Typ	Firma	Nr.	Baujahr
Wiebe 1	323 639	Köf 6327	Köf II	Gmeinder	5 027	1958
Wiebe 2	211 341	V 100 1341	V 100.10	Jung	13 468	1962
Wiebe 3	212 192	V 100 2192	V 100.20	Jung	13 688	1964
Wiebe 4	212 107	V 100 2107	V 100.20	Henschel	30 793	1963
Wiebe 5	323 166-9	NEWAG	Köf II	Orenstein & Koppel	26 005	1959
Wiebe 6	216 032	V 160 032	V 160	Krupp	4 665	1965
Wiebe 7	232 001	HEG V 30	V 320	Henschel	30 400	1962
Wiebe URG	476 375	276 356	Staubsaugerzug			

Wimut Wismut AG Ronneburg Thüringen

Die Wismut AG war bis 1953 ein rein sowjetisches Unternehmen, das unmittelbar nach dem Zweiten Weltkrieg im Rahmen von Reparationsleistungen in Sachsen und Thüringen Uranerzlager ausbeutete. 1954 wurde die DDR mit 50 Prozent am Unternehmen beteiligt. Mit der deutschen Einheit wurde 1990 die Uranerzgewinnung unwiderruflich eingestellt. Seitdem ist diese Gesellschaft in den Stillegungs-, Sanierungs- und Rekultivierungsarbeiten von Uranerzgewinnungsanlagen tätig.

Wismut-Lok 15 am 14. August 2001 in Ronneburg

V 300 001 der Wismut AG am 14. August 2001 in Ronneburg

Beschriftung	Baureihe	Ex-Bezeichnung	Bauart-Typ	Firma	Nr.	Baujahr
Wismut AG	310	100 492	Kö 4492			
Wismut AG	220 506 II	120 506	V 200 506		1 841	1973
Wismut AG	220 514	120 515	V 200 514		2 990	1977
Wismut AG	220 515	120 515	V 200 515		2 991	1977
Wismut AG	231 015-	131 015	V 300			
Wismut AG 04		verkauft an WAB	V 60 D	VEB Lokbau E. Werke	11 314	1966
Wismut AG 05	-	verkauft an WAB	V 60 D	VEB Lokbau E. Werke	11 315	1966
Wismut AG 08		verkauft an EBM	V 60 D	LEW	11 418	1967
Wismut AG 09		verkauft an EBM	V 60 D	LEW	11 416	1967

Beschriftung	Baureihe	Ex-Bezeichnung	Bauart-Typ	Firma	Nr.	Baujahr
Wismut AG 10						
Wismut AG 14			V 60 D			
Wismut AG 15			V 60 D			
Wismut AG 22	99 2331	verkauft an MBB	1'D1'h2t	LKM	30 011	1951
Wismut AG 44	99 2332	verkauft an MBB	1'D1'h2t	LKM	30 013	1951
Wismut AG V 300 001	232 404	132 404	V 300 001			
Wismut AG V 300 002	232 405	132 405	V 300 002			
Wismut AG V 300 003	232 684	132 684	V 300 003			
Wismut AG V 300 004	232 429	132 429	V 300 004			
Wismut AG V 300 005	232 155	132 155	V 300 005			

WLE Westfälische Landes-Eisenbahn GmbH Lippstadt NRW

Die Westfälische Landes-Eisenbahn GmbH, eine Privatbahn mit 120jähriger Geschichte, zählt zu einer der größten deutschen Nebenbahnen. Das etwa 100 kilometerlange Streckennetz erstreckt sich von Münster über Neubeckum bis herunter ins Sauerland. Der Personenverkehr auf der WLE wurde eingestellt, dafür findet aber auf ihren Gleisen ein beachtlicher Güterverkehr mit Transport von Stein- und Zementzügen statt.

Beschriftung	Baureihe	Ex-Bezeichnung	Bauart-Typ	Firma	Nr.	Baujahr
WLE 01			Zweiwege-Fahrzeug			
WLE 04			Köf II	Windhoff	915	1944
WLE 05		Klöckner-Hütte	MG 530 C	KHD	57 876	1965
WLE 06			MB 170 N	O&K	26 744	1973
WLE 15		EH		Gmeinder	5 373	1965
WLE 16			Loktraktor	Breuer	3 082	1964
WLE 30		Helmut Elliger	DG 2000 BBM	KHD	57 651	1964
WLE 31			DG 1600 BBM	KHD	56 594	1957
WLE 34		Erwitte	DG 2000 BBM	KHD	56 288	1956
WLE 35		Ennigerloh	DG 1200 BBM	KHD	58 107	1969
WLE 36		Hoesch	DG 1000 BBM	KHD	57 419	1962
WLE 37		DE 30	DG 1500 CCM	KHD	58 251	1970
WLE 38		DE 31	DG 1500 CCM	KHD	58 252	1970
WLE 39		Münster	DG 1000 BBM	KHD	57 146	1961
WLE 40		Beckum	DG 1100 BBM	KHD	57 254	1970
WLE 44		KBE V 34	DG 1200 BBM	KHD	57 190	1961
WLE 46		Schwandorf M 14	DG 1100 BBM	KHD	57 660	1963
WLE 61			G 1600 BB	Mak	1 000 596	1974
WLE 62			G 1600 BB	Mak	1 000 599	1974
WLE 71		Lippstadt	G 1204 BB	Mak	1 000 796	1981
WLE 72		Warstein	G 1204 BB	Mak	1 000 806	1982

WLE-Lok 62 unterwegs mit dem Müllzug von Krefeld-Linn nach Hildesheim

WLE VL 631 bei der verdienten Mittagsruhe 1982 in Warstein

WLS Waggon- und Lokreparaturservice Moers, Duisburg-Rheinhausen NRW

Beschriftung	Baureihe	Ex-Bezeichnung	Bauart-Typ	Firma	Nr.	Baujahr
Waggon- und Lokrep.-Service MO		StEK DE	R 40 C	Jung	12 347	1956
Waggon- und Lokrep.-Service DU	323 972	321 211	Kö 4218			

WSBG Wendelstein GmbH Brannenburg Bayern

Die Wendelsteinbahn aus Brannenburg, in Bayern gelegen, zählt seit 1912 zu den ältesten Zahnradbahnen in den deutschen Alpen. Sie erklomm mühevoll den Aussichtsberg Oberbayerns. Eine Modernisierung der Wendelsteinbahn erfolgte im Jahr 1991. Seitdem verkehren nun von Brannenburg aus neue moderne Doppeltriebwagen zum Bergbahnhof. Man kann auf dieser malerischen Strecke – sie führt an Wiesen, Wäldern und schroffen Felsen vorbei – in 30 Minuten den Bergbahnhof erreichen, der auf 1723 m Höhe liegt. Diese Fahrt sollte jeder einmal genießen!

Beschriftung	Bauart-Typ	Nr.	Baujahr
WSBG E 2	Esslingen	3 628	1912
WSBG E 3	Esslingen	3 629	1912
WSBG E 4	Esslingen	4 239	1935
WSBG T 10	SLM	5 454	1990
WSBG T 11	SLM	5 455	1990

Arbeitslok der Wendelsteinbahn am 6. August 1991

Wagen der Wendelsteinbahn am 6. August 1991

Moderner Triebwagen der Wendelsteinbahn

WWW Werkbahn der Wolff Walsrode AG Walsrode Niedersachsen

Die Werkbahn der Wolff Walsrode AG verfügt über eine 14,8 km lange Strecke von Bomlitz nach Walsrode. Die WWW wickelt nur noch reinen Güterverkehr ab. Personenverkehr fand auf dieser Strecke bis zum Mai 1991 statt.

Beschriftung	Baureihe	Ex-Bezeichnung	Bauart-Typ	Firma	Nr.	Baujahr
WWW V 7			650 C	MaK	600 435	1962
WWW V 8			G 700 C	MaK	500 054	1967
WWW E 1		Denkmal	E-Lok	SSW	1 163	1917

Zementwerke

Beschriftung	Baureihe	Ex-Bezeichnung	Bauart-Typ	Firma	Nr.	Baujahr
Zement	236 255	an HSW Wesel	WR 360 C 14		2 012	1948
Zement						

Zuckerfabriken

Beschriftung	Baureihe	Ex-Bezeichnung	Bauart-Typ	Firma	Nr.	Baujahr
Südzucker AG Brottewitz Nr.1			FLC	Meiningen	03 118	1986
Südzucker AG Brottewitz Nr.1 II			V 22	LKM	262 679	1969
Südzucker AG Brottewitz Nr.1 III			V 15/22	LKM	261 259	1963
Südzucker AG Brottewitz Nr.2			N 4	LKM	251 232	1958
Südzucker AG Brottewitz Nr.I I			V 10 B	LKM	252 069	1959
Südzucker AG Brottewitz Nr.3			C-fl	LKM	146 653	1959
Südzucker AG Brottewitz Nr.4			V 22	LKM	262 016	1967
Südzucker AG Brottewitz Nr.5			FLC	Meiningen	03 144	1969
Südzucker AG Löbau			V 10B	LKM	252 419	1963
Südzucker AG Wabern	323 750	Köf 6550	Köf II	Gmeinder	5 184	1960
Zuckerfabrik Anklam	310 169	100 169	Kö 4069			
Nordzucker Baddeckenstedt				Henschel	31 206	1966
Nordzucker Baddeckenstedt			A 8 L 614R	KHD	56 957	1960
Nordzucker Baddeckenstedt 1			M V 6	Orenstein & Koppel	25 147	1952
Nordzucker Baddeckenstedt 2				KHD	55 862	1954
Nordzucker Baddeckenstedt 3	323 281	Köf 6655	Köf II	Orenstein & Koppel	26 062	1960
Nordzucker Baddeckenstedt 3				Ruhrtaler	2 719	1948
ZuckerfabrikHalle	310 282	100 282	Kö 4182			
ZuckerfabrikRoitzsch	310 694	100 694	Kö 4694			
ZuckerfabrikWarburg 1	323 069		Köf 6112	Klöckner Humboldt Deutz	46 993	1949

Züricher Gleisbau Meißenheim Baden-Württemberg

Die Gleisbaufirma Züricher setzt für Bauzugdienste eine Lokomotive der Baureihe 332 ein. Zu ihren Einsätzen wird die Lok per Tieflader transportiert. Es handels sich um eine ehemalige Lok der Deutschen Bahn, wurde aber 1996 im Bahnbetriebswerk Osnabrück ausgemustert.

Beschriftung	Baureihe	Bauart-Typ
ZGB 1100 0050	332 152	Köf III

Lok 1100 0050 der Züricher Gleisbau ist die Ex-DB-Lok 332 152

ZVS Zweckverband Schönbuchbahn Dettenhausen Baden-Württemberg

Die Strecke Böblingen nach Dettenhausen des Zweckverbandes Schönbuchbahn konnte Ende des Jahres 1996 nach langer bahnloser Zeit wieder zum Leben erweckt werden. Die Wiederaufnahme des Personenverkehrs auf dieser Strecke erfolgte mit neuen modernen Regio Shuttle-Triebwagen von ADtranz. Der Zugverkehr wird seit November 1998 an den Wochentagen bis 20 Uhr sogar im Halbstundentakt angeboten. Zur Verstärkung wurden mittlerweile die Triebwagen VT 415 und der VT 423 zur Schönbuchbahn umstationiert, denn in den eingesetzten Zügen wurde das Platzangebot zu eng. Das Fahrgastaufkommen auf dieser Strecke erreichte Zuwächse von ungeahnter Höhe, inzwischen über 5000 Fahrgäste pro Tag. Die Betriebsführung obliegt auf der Strecke von Böblingen nach Dettenhausen der WEG.

Regio-Shuttle der Schönbuchbahn in Henningsdorf-Nord
Foto: John

VT 432 der Schönbuchbahn in Böblingen

VT 433 der Schönbuchbahn

Beschriftung	Baureihe	Ex-Bezeichnung	Bauart-Typ	Firma	Nr.	Baujahr
ZVS VT 415		ex WEG		ADtranz	36 457	1996
ZVS VT 423		ex ZVVW	Regio-Shuttle	ADtranz	36 554	1997
ZVS VT 430		Dettenhausen	Regio-Shuttle	ADtranz	36 549	1996
ZVS VT 431		Weil im Schönbuch	Regio-Shuttle	ADtranz	36 460	1996
ZVS VT 432		Holzgerlingen	Regio-Shuttle	ADtranz	36 461	1996
ZVS VT 433		Böblingen	Regio-Shuttle	ADtranz	36 462	1996

ZVVW Zweckverband Wieslauftalbahn Rudersberg Baden-Württemberg

Durch anliegende Gemeinden wurde 1995 der Zweckverband Wieslauftalbahn gegründet und 1995 die Strecke Schorndorf–Rudersberg von der Deutschen Bundesbahn übernommen. Eingesetzt werden auf dieser Strecke Triebwagen der Bauart NE 81 und der Bauart Regio Shuttle. Die Betriebsführung hat auch in diesem Fall die WEG. Auch hier konnte das Fahrgastaufkommen enorm gesteigert werden, mittlerweile werden etwa 4500 Fahrgäste pro Tag gezählt.

Regio-Shuttle VT 423 Wiesel der ZVVW in Eisenach am 28. Juni 1997

Beschriftung	Baureihe	Ex-Bezeichnung	Bauart-Typ	Firma	Nr.	Baujahr
ZVVW VS 425			NE 81	Waggon Union	36 237	1994
ZVVW VS 426			NE 81	Waggon Union	36 238	1994
ZVVW VT 420			NE 81	Waggon Union	36 234	1994
ZVVW VT 421			NE 81	Waggon Union	36 235	1994
ZVVW VT 422			NE 81	Waggon Union	36 236	1994
ZVVW VT 423		an ZVS	Regio-Shuttle	ADtranz	36 554	1997
ZVVW VT 440		ex WEG VT 440	Regio-Shuttle	ADtranz	36 846	1999
ZVVW VT 441		ex WEG VT 441	Regio-Shuttle	ADtranz	36 487	1999

Quellenverzeichis

Verwendete Literatur

Verschiedene Ausgaben der Zeitschriften: Eisenbahn-Journal, Eisenbahn-Kurier, Bahn-Report, Schienenbus, Lok-Rundschau, Lokreport, Eisenbahn-Magazin

Informationen der einzelnen Unternehmen

Dieter Riehemann, Tecklenburger Nordbahn, Gifhorn, 1978 ■ EK-spezial 45, Privatbahn-Lexikon 1997 ■ Ludger Kenning, Bahn-Nostalgie Deutschland 2000 ■ Ludger Kenning, Die Bentheimer Eisenbahnen ■ Rolf Löttgers, Die Dürener Kreisbahn, Lok-Magazin ■ Triebfahrzeuge der Zechen-und Hafenbetriebe ■ Helge Hufschläger, 100 Jahre Tegernsee-Bahn, Bufe Egglham 1983 ■ Dieter-Theodor Bohlmann, Die Eisenbahnen und Verkehrsbetriebe Elbe Weser ■ Lothar H. Hülsmann, Die Eisenbahnen der Georgs-Marien-Hütte ■ Gert Wolff, Die Privatbahnen in der Bundesrepublik Deutschlands ■ Gert Wolff, Deutsche Klein- und PrivatbahnenTeil 2

Weitere Bücher unseres Verlages

Fordern Sie kostenlos und völlig unverbindlich unseren neuesten Prospekt an mit Büchern über:

- Traktoren
- Baumaschinen
- Lastwagen
- Omnibusse
- Feuerwehren
- Lokomotiven
- Autos
- Motorräder

Podszun-Verlag GmbH
Postfach 1525, D-59918 Brilon
Telefon 02961 / 53213
Fax 02961 / 2508
verlag.podszun@t-online.de

144 Seiten, fester Einband
ISBN 3-86133-110-1
EUR 19,90

152 Seiten, fester Einband
ISBN 3-86133-285-X
EUR 24,90

208 Seiten, fester Einband
ISBN 3-86133-241-8
EUR 34,90

260 Seiten, fester Einband
ISBN 3-86133-274-4
EUR 44,90

238 Seiten, fester Einband
ISBN 3-86133-282-5
EUR 29,90

144 Seiten, fester Einband
ISBN 3-86133-283-3
EUR 19,90

144 Seiten, fester Einband
ISBN 3-86133-273-6
EUR 19,90

144 Seiten, fester Einband
ISBN 3-86133-286-8
EUR 19,90

278 Seiten, fester Einband
ISBN 3-86133-281-7
EUR 39,90

Die Jahrbücher erscheinen jeweils im Oktober neu:

144 Seiten, Leinenbroschur
ISBN 3-86133-268-X
EUR 14,90

144 Seiten, Leinenbroschur
ISBN 3-86133-269-8
EUR 14,90

144 Seiten, Leinenbroschur
ISBN 3-86133-267-1
EUR 14,90